雷达对抗系统

潘继飞　编著

国防工業出版社
·北京·

内 容 简 介

雷达对抗是当代电子战和军事电子发展最为活跃的技术领域之一。本书重点讨论雷达对抗系统的基本原理、功能及结构组成，从系统组成的角度进行阐述，为读者建立起雷达对抗系统的整体概念，适合雷达对抗相关专业的本科生使用，也可作为从事电子战科研、生产等方面技术人员的参考书。

图书在版编目（CIP）数据

雷达对抗系统 / 潘继飞编著. —北京：国防工业出版社，2022.1

ISBN 978-7-118-09234-9

Ⅰ. ①雷…　Ⅱ. ①潘…　Ⅲ. ①雷达对抗－研究
Ⅳ. ①TN974

中国版本图书馆 CIP 数据核字（2021）第 238995 号

※

国防工业出版社出版发行

（北京市海淀区紫竹院南路 23 号　邮政编码 100048）

天津嘉恒印务有限公司印刷

新华书店经售

*

开本 710×1000　1/16　**印张** 17½　**字数** 324 千字

2022 年 1 月第 1 版第 1 次印刷　**印数** 1—2000 册　**定价** 139.00 元

（本书如有印装错误，我社负责调换）

国防书店：（010）88540777　　书店传真：（010）88540776

发行业务：（010）88540717　　发行传真：（010）88540762

前言

在现代战争中，雷达已成为目标探测、定位、识别和确定目标运动特征的有效工具。雷达在军事中的广泛应用，极大地提高了军队的战斗力，对保障战役、战斗的胜利起着十分重要的作用。随着雷达技术的发展，自第二次世界大战以来，雷达对抗的发展十分迅速，特别是海湾战争以来，雷达对抗系统在现代战争中的作用和重要性进一步得到证明，雷达对抗已成为当代电子战和军事电子发展最为活跃的技术领域之一。

本书重点讨论雷达对抗系统的基本原理、功能及结构组成，从系统组成的角度进行阐述，为读者建立起雷达对抗系统的整体概念。本书适合雷达对抗相关专业的本科生使用，也可作为从事电子战科研、生产等方面技术人员的参考书。

全书共有 5 章。第 1 章讨论雷达对抗系统的发展及应用，重点从原理的角度介绍雷达对抗侦察系统与雷达干扰系统的基本功能、特点及典型组成，并介绍了雷达对抗系统的主要战术和技术指标。第 2 章重点讨论雷达对抗侦察系统，依据雷达对抗侦察系统的典型组成，按照天线与微波前端分系统、接收机分系统、信号处理分系统及显示控制分系统的顺序进行详细论述，在论述的过程中，结合实例介绍各分系统的原理、组成及结构。第 3 章重点讨论无源定位系统，首先简要介绍无源定位系统的分类与特点，然后分别讨论了交叉定位系统与时差定位系统，在论述过程中，重点介绍了系统涉及的最新关键技术与典型结构，本章最后介绍了无源定位系统的发展趋势。第 4 章重点讨论雷达干扰系统，结合现代雷达干扰系统的典型组成，按照干扰引导与控制分系统、干扰发射分系统、伺服跟踪分系统及显示控制分系统的顺序对各分系统的组成结构进行了详细的论述，本章最后简要介绍了无源干扰系统。第 5 章介绍了雷达对抗系统的发展趋势，分别介绍了雷达对抗总体发展趋势、雷达对抗技术发展趋势与雷达对抗系统的发展趋势，本章最后还介绍了无线电引信对抗技术的发展趋势。

在本书的撰写过程中，姜秋喜、毕大平、莫翠琼、毛云祥对全书进行了审阅，贺彬、王天云、韩振中、石树杰提供了诸多具体的帮助，在此一并感谢。

雷达对抗系统是一个不断发展和永无止境的论题，加上编著者水平有限，书中难免存在不成熟与不完善之处，恳请读者批评指正。

编著者

2022 年 1 月

目录

第1章　概　　论

雷达是现代战争中的一种重要军事电子装备，它不仅被广泛应用于战场侦察和目标监视，而且能进行火炮瞄准、导弹制导、轰炸瞄准和引导歼击机作战等。在现代战争中，雷达已经成为探测目标、定位目标、识别目标和确定目标运动特征的有效工具。雷达在军事中的广泛应用，极大地提高了军队的战斗力，对保障战役、战斗的胜利起着十分重要的作用。

破坏敌方雷达的有效使用，可造成雷达的迷茫及相关联武器系统失效，从而极大降低敌军的战斗力。自第二次世界大战以来，雷达对抗的发展十分迅速，特别是海湾战争以后，雷达对抗系统在现代战争中的作用和重要性进一步得到体现与证明，雷达对抗已经成为当代军事电子发展最为活跃的技术领域之一。

雷达对抗是以雷达为主要作战对象，为削弱、破坏敌方雷达使用效能，保护己方雷达正常发挥效能而进行的电子对抗。雷达对抗主要包含雷达对抗侦察、雷达干扰和雷达电子防御等，本书重点阐述雷达对抗侦察与雷达干扰两个内容。

1.1　雷达对抗系统的发展及应用

雷达对抗侦察与雷达干扰是雷达对抗最为重要的两大组成部分，因此，本节分别从雷达对抗侦察系统、雷达干扰系统的发展及应用两大方面进行论述。

1.1.1　雷达对抗侦察系统的发展及应用

1. 雷达对抗侦察及其含义

1）雷达对抗侦察的定义

雷达对抗侦察是指为获取雷达对抗所需要的情报而进行的电子对抗侦察。主要通过搜索、截获、分析和识别敌方雷达发射的信号，查明雷达的工作频率、脉冲宽度、重复频率、天线方向图、天线扫描方式和扫描速率，以及雷达的位置类型、工作体制、用途等。雷达对抗侦察的结果可进行威胁告警、情报支援、雷达干扰机和杀伤武器引导等。

2）雷达对抗侦察系统关键技术

雷达对抗侦察系统包含的关键技术主要包括：①雷达信号截获、检测技术；②雷达信号参数测量技术；③雷达信号分选技术；④雷达辐射源识别技术；⑤雷达辐射源测向技术；⑥无源定位技术；⑦雷达信号情报分析技术；⑧雷达干扰引导技术；等等。

2. 雷达对抗侦察系统的应用

雷达对抗侦察系统按装载平台可分为陆基侦察系统、舰载侦察系统、机载侦察系统和星载侦察系统等；按照任务性质可分为雷达告警侦察（RWR）系统、雷达对抗情报侦察（ELINT）系统和雷达对抗支援侦察（ESM）系统，以下按照任务性质分类方法进行解释。

1）雷达告警侦察系统

在现代战争中，敌方使用的进攻性武器系统将对己方构成严重威胁，因此，为了在威胁实际作用到己方之前给予及时的告警，以便采取相应的规避或攻击措施，已方需要装备一些威胁告警设备。由于现代武器系统在使用时大多会伴随一些无线电辐射信号，这就为采用电子手段进行威胁告警提供了可能性，雷达告警侦察就是一种电子告警的重要类型。

雷达告警侦察是指采用雷达对抗侦察接收机接收空间中存在的各种雷达信号，通过告警设备内部的信号处理机，识别其中是否存在与威胁关联的雷达信号，如果存在威胁雷达信号，就实时发出告警。雷达告警侦察系统主要应用于作战飞机、舰艇和地面机动部队的自身防护，告警的对象是对本平台构成威胁的敌方雷达，它可连续、实时、可靠地检测敌雷达所在方向和威胁程度，并通过声音报警和灯光显示等方式向作战人员提供告警信息，以便采取相应的对付措施。

雷达告警侦察系统的应用十分广泛，发达国家几乎所有的武器平台，包括每一架飞机、每一艘战舰，甚至每一辆坦克都装有雷达告警侦察设备，告警设备多被用来提供以下信息。

（1）威胁种类。这一般是在设备识别出信号后，用不同的视觉和音响效果来加以区分。

（2）威胁方向。有了威胁的方位信息，使用者就有可能采取一些必要的反应，避开或消除可能的威胁，因此，告警设备有一定的信号方位测量能力。

（3）威胁大概距离。可以理解为离真正威胁的到来可能还有多少时间。

（4）侦察干扰引导。当一个平台上存在多个电子对抗设备时，告警设备往往还有一个引导的用途，即引导同一平台上的其他侦察设备尽快截获并分析信号，或者是引导同一平台上的干扰设备尽快跟踪干扰对象。正是这种用途的存在，在设计告警设备时一般都要求它有一个可扩展的接口，它将向其他设备提供威胁存在与否的标记，可能的话，还要外送威胁的方向和最基本的参数。目前，与雷达告警侦察设备关联最密切的是同一平台上的雷达干扰机，有时设计师直接把这两种不同的设备统一设计，以确保告警设备充分地发挥这一用途。

告警侦察是一种简单的雷达对抗侦察手段，其基本特点是能够接收与各种威胁相关的雷达信号，从中提取信息和识别威胁，给出对敌方威胁的某种告警，它具有下列一些特点。

(1) 告警隐蔽。由于属于无源侦察范畴，因此不容易暴露。

(2) 告警距离相对较近。相对于其他雷达对抗侦察系统来说，系统灵敏度不高，作用距离较近。

(3) 告警实时。要求告警设备处理速度快，实时性强，达到及时告警。

(4) 告警设备简单。由于安装平台、处理速度等的限制，告警设备相对比较简单。

另外，雷达告警侦察系统的应用一般都是战术性的，保护的目标一般是一个平台，有时是一个小的区域。

雷达告警侦察系统可以按照安装平台、告警空域及告警对象的频率不同进行划分。按安装平台划分，可分为机载、舰载、车载等多种类型。按告警空域划分，如果告警所针对的威胁允许来自所有的方位，就称为全向告警设备；如果告警的空域仅包括相对于运载平台的某种重要的方位，就以那部分方位的范围来命名，如前向告警、后向告警、机尾告警等。一般说来，告警是针对各种可能的外来威胁，不能限定空域范围。因此，绝大多数告警设备是全向告警，但也有一些特殊用途的告警设备，告警范围比较小。按告警对象的频率划分，如果被告警信号频率位于2～3cm 波段，可以称为2～3cm 告警设备，该频段也是告警设备的典型频段。

在雷达告警设备中，国外的研究与应用相对成熟，主要经历了3个阶段。

第一代雷达告警设备研发于20世纪中叶，在越南战争中，苏制S-75型防空导弹对美军战斗机造成极大威胁，促使美军开始研制针对这一威胁的雷达告警设备，由于技术条件的限制和战场迫切需要，这一时期研发的告警接收机如AN/APR-25、AN/APR-35、AN/APR-36/37、AN/APR-38 及 AN/APR-26 地空导弹告警接收机等，都只能针对特定目标进行告警，信号处理能力差，具有较高的虚警概率，这是因为其主要依靠雷达信号重复频率判断载机是否被敌方锁定，不具备信号分选能力，不能适应战场信号的复杂变化。

第二代雷达告警设备的标志是数字集成电路的大规模应用，这时的告警接收机具备通过分析天线扫描方式来分辨雷达工作状态的能力，并且能够同时对多个目标进行侦察，功能与性能较第一代雷达告警接收机有了较大的增强和提高，典型产品有 AN/ALR-46 数字式告警接收机，可同时对 16 个威胁辐射源进行分析，并能按优先等级排序处理。这一代的告警设备告警对象有限，战场适应能力不足。

第三代雷达告警接收机是以微处理器和软件控制技术应用为代表的，雷达告警接收机在向着无源快速定位功能方向发展，具有现场可编程能力和极强的战场适应能力，能够实时快速地处理大量战场雷达信号。典型的装备应用如 F-22 战斗机上采用的 Sanders 公司研制的 AN/ALR-94 无源电子战设备。

降低虚警率、实现精确实时告警是未来雷达告警侦察系统相关技术的重要发展方向。

2）雷达对抗情报侦察系统

雷达对抗情报侦察是对侦察区域内的敌方雷达信号进行长期监视或定期核查的电子对抗侦察。雷达对抗情报侦察系统能够全面、准确地获取敌方雷达的技术和军事情报，向决策指挥机关和中心数据库提供各种翔实的雷达数据。它主要通过电子侦察卫星、电子侦察飞机、电子侦察船和地面电子侦察站等加以实施。为了减轻侦察平台的有效载荷，一些情报侦察系统的信号截获、录取与信号处理等设备是异地配置，通过数据通信链联系在一起。情报侦察允许有较长的信号处理时间，在和平时期和战争时期都可进行。

雷达对抗情报侦察系统的主要用途可以分为战略用途与战术用途。

战略用途可以理解为技术情报和军事情报的获取。雷达对抗情报侦察系统的主要用途是获取雷达的各种工作参数和各种工作状态信息，在远离雷达的情况下获取有价值的情报。雷达对抗情报的价值在于：①及时地提供关于威胁目标的信息；②评估威胁目标的战术技术能力；③评估敌方部队编成和部署位置；④是设计未来雷达对抗系统的重要依据，也是预测和评估敌方雷达技术发展水平的主要依据。

战术用途一般比较具体，例如在交战中，可以制定特定的情报侦察任务，以便为制订一个特定的攻击计划而搜集数据。一个典型的战术任务就是确定一个特定区域内的防御性搜索雷达、截获雷达和武器制导雷达的数目、型号和位置，这些数据用于确定雷达干扰设备的最佳使用方式，以便压制这些雷达，这种侦察几乎实时地报告要干扰的雷达的全部技术参数与物理坐标，以便有效地实施干扰。其他战术应用如通过对敌方雷达信号消失或变化的监控，实时地反馈干扰是否有效以及揭示敌方战略上的可能变化。此外，还可通过情报侦察确定敌方的电子战斗序列（EOB），用于构成和更新电子支援和雷达干扰用的威胁雷达数据库。

雷达对抗情报侦察系统具有以下特点。

(1) 隐蔽性。由于雷达对抗情报侦察直接接收雷达辐射的电磁波，本身不发射任何电磁信号，因此具有很好的隐蔽性。

(2) 宽开性。雷达对抗情报侦察对被接收的雷达信号没有任何先验信息，且要求尽可能适应所有雷达信号，这就要求侦察设备必须具备频率宽开性，它要能瞬时或顺序地接收各种各样的雷达信号。

(3) 信号分选的复杂性。雷达对抗情报侦察的信号处理比较特殊和复杂，正是由于前面所说的宽开性，当一个雷达对抗情报侦察设备工作时，一般情况下，将会有不止一个雷达信号被接收到。因此，一定要分离出各个雷达信号，以便分别获取不同雷达的信息。

(4) 参数测量的高精度。雷达对抗情报侦察允许测量信号的时间长，但要求获取的雷达信息尽可能多和全面，雷达技术参数和位置信息的测量要有很高的精度。获取的雷达信息要能记录下来供事后分析，或直接传送给情报分析中心进行处理。

(5) 侦察的长期性与连续性。雷达对抗情报侦察一般是在执行特定任务之前的和平时期内、在常规的条件下完成，也可以在实际战争条件下或一个攻击期间进行，以尽可能多地截获和收集有关敌方重要地区内的整个雷达辐射源的特性、活动规律及具体位置，在时间和频率上分析敌方的雷达信号，并把它与敌方装备的序号关联起来，从中获取敌方军事活动和技术状况的信息，由此推断敌方军事活动的背景和趋势。

雷达对抗情报侦察系统可按安装平台和所处频段等进行分类。按安装平台可分为电子情报侦察卫星、电子情报侦察飞机、海上电子情报侦察船和地面电子情报侦察站等。电子情报侦察卫星具有许多特殊的优点：能快速地侦察世界范围内的军事情报；能居高临下在高空观察远距离的目标，视野广阔、覆盖范围广、获得情报信息多；可装备不同类型的传感器，搜索各种电磁频谱的信息；不受国界的限制，可深入敌国进行侦察。因此，电子情报侦察卫星是现代化战场上重要的情报收集系统。其缺点是受体积和重量的限制，侦察频段和参数测量精度受到一定的限制，且不能长期停留在某一重要地区进行长期监视。

地面电子情报侦察站和海上电子情报侦察船的优点是受到体积和重量的限制较少，可装备不同频段、不同功能和不同用途的情报侦察设备，因此侦察频段宽，参数测量精度高，能对特定区域内的雷达信号进行长期、连续的侦察和监视。其缺点是运动速度慢，机动性不高，且受视距限制，对地（海）面低空雷达目标侦察能力受限。

以上各种情报侦察设备各有优缺点，因此在现代战争中往往把这些侦察设备综合在一起，构成一个功能互补的立体化电子情报侦察体系，以获得更全面、更准确和更可靠的雷达情报信息。

雷达对抗情报侦察系统也可按它所能接收的雷达信号的频率范围来分，通常，雷达对抗情报侦察设备按相应的频段大致分成三大类：1000MHz 以下为低频段，这一频段的最大特点是存在很多非雷达信号；1000MHz ~ 18GHz 为中间频段，大部分雷达在这一频段范围内出现；18GHz 以上为高频段，目前这一频段的侦察设备较少。目前，单部雷达对抗情报侦察系统的频段范围一般覆盖几百兆赫至几十吉赫范围，典型值为 0.1 ~ 18GHz。

3）雷达对抗支援侦察系统

雷达对抗支援侦察是在作战准备和作战过程中实时截获、识别敌方雷达信号，判明其属性和威胁程度的电子对抗支援侦察。雷达对抗支援侦察属于战术情报侦察，其任务是为战术指挥员和有关的作战系统提供当前战场上敌方雷达的准确位置、工作参数及其转移变化等情报，以便采取及时、有效的战斗措施（引导干扰机实施干扰，或引导反辐射导弹对其进行攻击等）。

雷达对抗支援侦察系统的主要功能是对雷达目标进行搜索、截获、快速识别及定位，主要用于迅速识别战场雷达，以供部队采用相应的战术行动，一般情况下，支援侦察系统最感兴趣的是那些与武器系统相关联的雷达信号，装载平台一般为飞机、舰船和地面机动侦察站。

雷达对抗支援侦察系统的另外一个重要用途是干扰引导。众所周知，实施雷达干扰的基本条件是要预先知道敌方雷达所在的方向和基本工作参数，因此，基本上所有雷达干扰系统都配备有引导干扰机工作的雷达对抗支援侦察系统，向雷达干扰机提供雷达的方位、频率和威胁等级等有关信息，以便指挥员根据干扰资源的配置和能力，选择合理的干扰对象、干扰样式和干扰时机。在实施干扰的过程中，也需要由支援侦察设备不断地监视信号环境和雷达信号参数的变化情况，动态地调控干扰资源。

雷达对抗支援侦察系统的特点与雷达对抗情报侦察系统类似，随着相关技术的发展，这两类侦察系统之间的区别越来越小。支援侦察与情报侦察的主要区别是：支援侦察要求对威胁雷达的实时反应能力较强，而在系统复杂度及参数测量精度方面要求相对较低。

3. 雷达对抗侦察系统的功能

归纳起来，雷达对抗侦察系统的主要功能有以下几个。

1）雷达参数测量

对雷达参数的测量是雷达对抗侦察系统的基本功能，也是获取其他电子情报的基础。通过对获取的雷达参数进行测量分析：一方面可以判定雷达的工作能力、推断雷达威胁等级和引导雷达干扰机对雷达实施干扰；另一方面，通过对敌方雷达长期、连续的侦察，可以建立敌方雷达数据库。雷达对抗侦察系统可测量的雷达参数主要包括雷达信号载频及特性、脉冲宽度及特性、脉冲重复频率或重复间隔及特性、天线扫描周期及特性、天线方向图、脉内细微特征参数、雷达指纹特征参数等。从中可掌握雷达的技术水平与发展动向，为制定雷达对抗技术和战术决策、制订雷达对抗科研计划、发展雷达对抗装备提供技术情报基础。

2）雷达位置测量

通过对雷达信号到达方向及脉冲到达时间等参数的测量，雷达对抗侦察站可实现对雷达部署位置的测量，对雷达位置测量是对其实施火力打击的重要前提。

3）雷达属性识别

通过侦察获取的雷达工作参数与敌方雷达数据库进行比较，可进一步判定雷达的敌我属性、信号类型、雷达型号及相关联的武器平台。如果通过侦察系统能够获得雷达的“指纹”特征参数，也可采用个体识别的方法识别雷达个体，相关技术称为SEI技术。

4）雷达威胁告警

利用雷达告警侦察设备实时对敌方雷达信号进行截获、参数测量、信号分选识别，确定敌方雷达属性和威胁程度，实时以灯光和音响等方式发出威胁告警信号，并显示威胁的方向、距离和威胁程度，以便操作员及时采取灵活的雷达对抗手段或者其他战术对抗措施，保护己方的安全。

5）引导干扰和杀伤性武器攻击

利用雷达对抗侦察设备获取敌方雷达的各种工作参数，确定敌方雷达的工作频率和信号到达方向，然后引导干扰机在频率和方向上对准敌方雷达，对敌方雷达实施最有效的干扰；利用无源定位系统对敌方雷达辐射源进行定位和跟踪，同时引导杀伤性武器进行火力摧毁。

6）情报获取

雷达对抗侦察系统可获取的情报较多，除了能够获取雷达工作参数与战斗序列等直接技术情报，还可通过进一步对其工作状态和战斗序列分析，获取有关部队编成、部署变化和军事行动等更为重要的军事情报，以判明敌方的动态和战略意图，为高层次领导决策提供可靠的情报依据。

7）雷达发展预测

雷达对抗侦察系统除了以上功能，还能够对敌方雷达的发展做出预测。例如，通过对敌方雷达信号频率稳定度的分析可进一步判定雷达所采用的发射机类型及相关的技术，对雷达调制波形的分析可判定雷达所能采用的信号处理方法，对天线扫描特性的分析可获取雷达天线的类型及天线的设计水平等，这些预测对于研制新型雷达对抗系统至关重要。

从以上功能可以看出，雷达对抗侦察是实施进攻性雷达对抗的基础与前提，因此，在实施雷达软、硬杀伤之前，统一组织各种侦察力量和侦察手段对敌方雷达网实施周密的电子侦察是十分必要的。这种雷达对抗侦察活动贯穿于整个雷达对抗的全过程，以便实时准确地为雷达对抗提供充分的情报支援，这对于夺取战场电磁优势，赢得战役、战斗的胜利具有十分重要的意义。

1.1.2 雷达干扰系统的发展及应用

1. 雷达干扰及其含义

1）雷达干扰的定义

雷达干扰是指削弱和破坏敌方雷达探测和跟踪目标能力的电子干扰。对于雷达来说，除带有目标信息的有用信号之外，其他各种无用信号都是干扰信号。

2）雷达干扰关键技术

雷达干扰所包含的关键技术较多，主要包括以下几个方面。

（1）侦察引导技术。

（2）干扰信号生成技术。

（3）干扰样式选择与控制技术。

（4）干扰资源分配与调度技术。

（5）干扰信号放大与发射技术。

2. 雷达干扰系统的应用

1）雷达干扰系统分类

雷达干扰可分为有源干扰和无源干扰两大类。有源干扰是利用专门的干扰机，主动发射或转发干扰信号，以压制、扰乱或欺骗敌方雷达，使其无法正常工作，又称为积极干扰。无源干扰是利用箔条、角反射器等特制器材，反射、衰减或吸收雷达辐射的电磁波，扰乱雷达电磁波的传播，改变目标的雷达散射特性或形成雷达假目标和干扰屏障，以掩护真实目标，又称为消极干扰。

根据战术应用方式及用途的不同，雷达干扰又可分为支援性干扰和自卫性干扰。支援性干扰是用地面干扰站、专用电子干扰飞机等对敌方雷达系统实施电子干扰，以掩护己方作战平台和其他军事目标的安全，支援式干扰又可分为远距离支援干扰、近距离支援干扰和随队支援干扰等，支援性干扰往往是旁瓣干扰。自卫性干扰是指飞机、军舰等作战平台为自身安全用于对付敌方威胁雷达辐射源而携带的干扰设备，自卫性干扰往往是主瓣干扰。

按照干扰效果的区别，雷达干扰又可分为压制性干扰和欺骗性干扰。压制性干扰是指通过人为发射噪声干扰信号或大量投放无源干扰器材，使敌方雷达接收到的有用信号模糊不清或完全被干扰信号所淹没，从而破坏敌方雷达对目标的探测和跟踪。欺骗干扰则是人为发射、转发或反射与目标回波信号相同或相似的信号，以扰乱或欺骗雷达系统，使其难以鉴别真假信号，以致产生错误信息。在一个实际的干扰系统中，可能既有压制干扰方式，也有欺骗干扰方式。

根据干扰设备装载平台的不同，雷达干扰设备也可分为地面干扰设备、机载干扰设备和舰载干扰设备等。地面雷达干扰设备既可用于支援干扰，以掩护飞机或军舰完成作战任务，也可用于干扰来袭飞机等作战平台的雷达，完成地域防空任务。机载干扰设备的典型应用是远距离支援干扰和自卫干扰，舰载干扰设备则主要是用于自卫干扰。

按照干扰体制的不同，干扰机可分为引导式干扰机和回答式干扰机。这两种干扰机从功能上讲，都可以用来施放压制性干扰或欺骗性干扰。但实际上，在现有的干扰机中，引导式干扰机多用来施放压制性干扰，其中主要是复合调制的噪声干扰，而回答式干扰机多以脉冲工作方式来施放欺骗性干扰。

当前，雷达干扰设备一般同时具有一种或者多种干扰样式。

图 1.1 列出了可能对雷达造成干扰的各种干扰源。对于雷达对抗来说，对雷达的干扰总是有意的，然而，对于雷达来说，除有意干扰以外，经常存在大量的各种无意干扰。无意干扰也存在有源、无源之分，还有自然界形成与人工产生之分。

自然界的有源无意干扰主要来自于宇宙干扰和雷电干扰，自然界的无源无意干扰由山、岛、林木、海浪、雨、雪、云、鸟群、建筑物等形成。人为的有源无意干扰有工业干扰、友邻雷达干扰和电台电视台干扰等，人为的无源无意干扰主要来自工业设施、建筑物、电力线等地物。

2）雷达干扰系统的功能

对付敌方雷达的措施主要有 3 种：一是火力消灭；二是告警和回避；三是对其进行干扰。实施火力消灭是最有效的办法，但不是经常可以实现的，它受客观条件的限制，尤其是对敌纵深的雷达、隐蔽的雷达，很难进行火力消灭。采用告警和回避的方法是不得已的方法，是较为被动的措施，这是运动目标为保护自己而经常采取的措施，这种措施对敌方雷达没有影响，在很多情况下，如被保护的目标是非运动的，或为了完成特定的任务必须通过敌方雷达的监护区时，告警和回避是不能采取的措施。无论是防御还是进攻，雷达干扰都是对付敌方雷达最常用的方法。

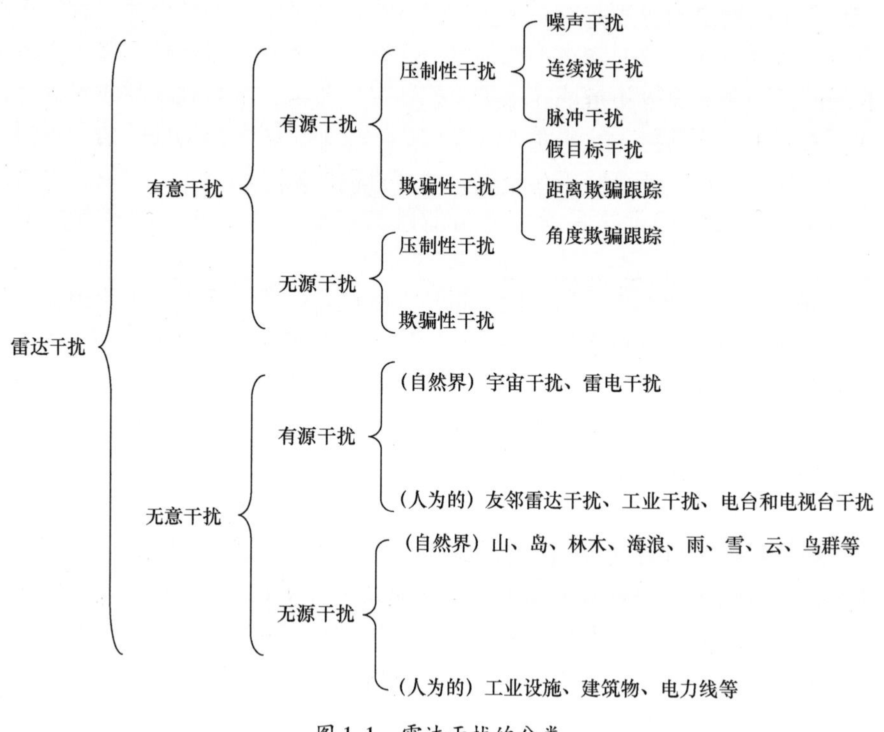

图 1.1　雷达干扰的分类

雷达干扰系统的功能包括两个方面：一是通过使用电子干扰设备，发射强烈的干扰信号，达到扰乱或破坏敌方雷达设备正常工作的目的，从而削弱和降低其作战效能，比如对于搜索雷达而言，强烈的压制性干扰能够使雷达对目标的发现概率下降，目标坐标的测量精度降低，甚至使雷达完全丧失作用；二是转发、吸收、抑制、发射电磁信号，传递错误信息，使敌方雷达接收设备因收到虚假信号而真伪难辨，如产生虚假场景、模拟作战机群等假目标，同时，干扰所产生的大量虚假信号还增加了雷达接收设备的信息量，从而影响雷达信号处理速度甚至使雷达信号处理系统饱和。

雷达干扰的主要对象包括预警雷达、目标监视雷达、导弹制导雷达、火控雷达和无线电引信等。雷达干扰的用途就是削弱或破坏敌方雷达的探测和跟踪能力。雷达干扰主要应用于进攻作战、防御作战和主战平台自卫 3 个方面，在军事上主要完成下述任务。

（1）干扰敌方警戒雷达，破坏它对目标的探测能力，使它得不到正确的目标信息进而出现作战指挥失误，掩护我方的行动。

（2）干扰敌方跟踪雷达，使它不能跟踪或错误跟踪，降低敌方武器系统的命中率，以保护我方或掩护我方的作战平台有效工作。

（3）构成我方的防空系统，干扰敌方轰炸瞄准雷达，或形成地形地物的虚假图像，以掩护我方的重要目标。

1.2 雷达对抗系统的组成

1.2.1 雷达对抗侦察系统的组成

雷达对抗侦察设备为了完成各种不同的任务，其种类是多种多样的，由于用途和装载平台的不同，雷达对抗侦察设备的实现技术、功能及组成也有所区别，但它们的原理组成基本相同，其组成主要包括天线分系统、微波前端分系统、接收机分系统、信号处理分系统、显示控制终端分系统、伺服分系统和电源分系统等。其中，天线和接收机完成对雷达信号的截获及基本参数的测量，信号处理分系统完成雷达信号的分选、分析与识别，显示控制终端分系统完成对各分系统的控制，并对信号处理分系统输出的结果进行分析显示。

一个典型的雷达对抗侦察系统的组成如图 1.2 所示，重点包括天线分系统、接收机分系统（含测向接收机与测频接收机）、信号处理分系统（含预处理器和主处理器）和显示控制终端分系统等。

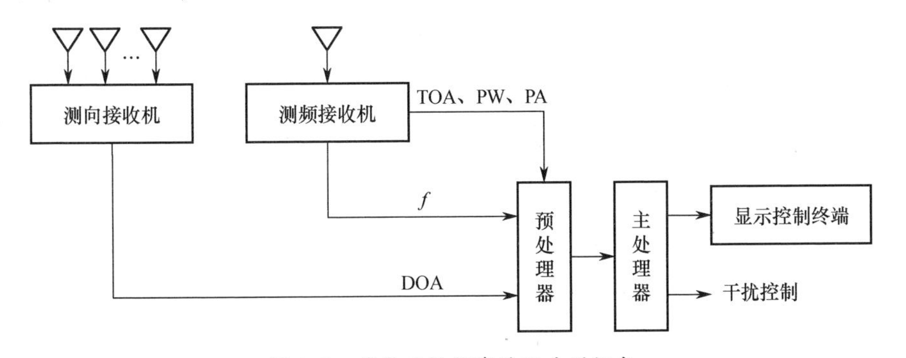

图 1.2　雷达对抗侦察系统典型组成

天线分系统的主要作用是将空间的电磁波信号转换为微波电信号，并对信号加以放大与空间滤波，测向天线还要用来配合测向接收机测量雷达信号的入射方位。在通常情况下，侦察天线多采用宽带圆极化天线。

测频接收机的主要作用是进一步放大天线送来的微弱微波信号，重点完成雷达信号载频的测量，并将微波信号转换为相应的中频、视频信号。在有些系统中，测频接收机还完成信号脉冲参数（脉冲幅度、脉冲宽度、脉冲到达时间）的测量；而在有些系统中，信号脉冲参数的测量在信号处理分系统中完成，接收机分系统最终输出雷达脉冲描述字（f、TOA、PW、PA、DOA、调制特征等），送到信号处理分系统进行进一步分析。在某些雷达对抗侦察系统中，测向与测频功能往往能够在一个接收机中实现，且接收机除了能够提取传统的雷达脉冲描述字，某些先进设备还具备提取雷达脉内细微特征与“指纹”特征的能力。

信号处理分系统重点完成对信号的分选、分析和识别（在某些侦察系统中，识别功能在显示控制终端完成）。信号处理分系统通常由预处理器和主处理器两部分组成，预处理器的主要作用是将高密度的脉冲信号流降低到主处理器可以适应的信号密度。预处理器通常采用高速专用电路，通过简单的处理步骤，将大量不感兴趣的或已知的不需要再次处理的雷达信号从输入脉冲信号流中剔除。主处理器的主要作用是完成对雷达信号的分选、分析和识别。主处理器分析的目的是得出雷达信号脉冲串所包含的信息，如天线扫描形式、天线方向图、雷达重频及其变化规律、载频及其变化规律、脉宽及其变化规律等。主处理器识别的目的是得出雷达的本身属性，重点包括型号、装载平台甚至雷达个体。

显控终端分系统完成向各个分系统下发送控制指令，对各分系统上报的信息进行处理、显示、记录等。

1.2.1.1 雷达告警侦察系统的组成及简要原理

雷达告警侦察系统通常由天线、接收机、信号处理单元、显示告警单元和威胁雷达数据库组成，如图 1.3 所示。

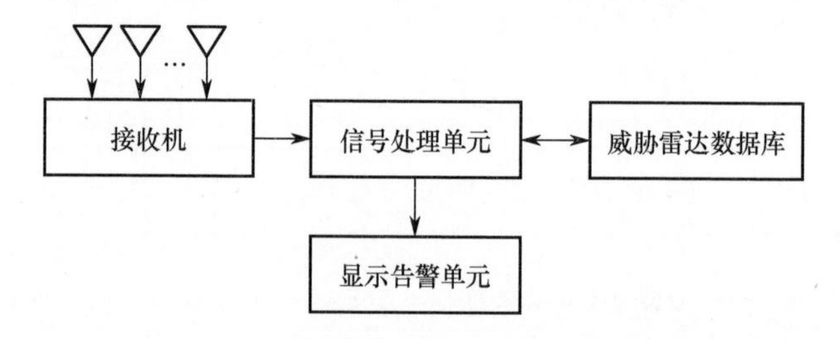

图 1.3　雷达告警侦察系统的典型原理组成

雷达告警侦察系统通常体积较小，处理速度快，为了提供威胁来源和种类信息，告警系统应当具备快速测向、测频的功能，为了确认威胁的等级和性质等信息，系统内部应当安装威胁雷达数据库。

1. 雷达告警侦察系统的天线选择

告警天线除了能够截获雷达信号，还可以配合测向接收机提供雷达信号的方位信息，该类天线通常是全向瞬时测向天线，其工作频率范围应能覆盖重要威胁雷达的频率范围。为了实现全向侦察，系统通常采用多个具有方向性的天线组成一个天线阵完成全向瞬时测向功能。在雷达工作的频段，可用于告警的天线主要有两种类型：一是喇叭天线；二是平面螺旋天线。

2. 雷达告警侦察系统的测向原理

测向是雷达告警侦察系统中的重要功能，为了实现全向瞬时测向，大部分的雷达告警系统当前多采用多波束比幅测向体制。

3. 雷达告警侦察系统的测频原理

为了实现对雷达信号频率的快速测量，雷达告警系统的测频接收机通常采用多波道接收机、瞬时测频接收机和信道化接收机。比较简单的测频可以用滤波器组的方法实现，这种接收机的测频精度不高，测频误差约为滤波器带宽的1/2，图1.4虚线框内为典型的雷达告警侦察接收机的原理组成。

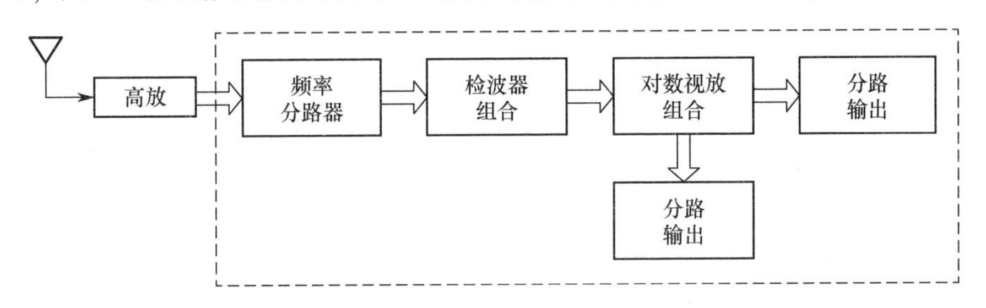

图1.4　典型的雷达告警侦察接收机的原理组成

4. 雷达告警侦察系统的信号处理

雷达告警侦察系统的信号处理一般仅限于对威胁雷达的分析识别，因此典型的处理方法是简单的比对。一个雷达告警侦察系统尽管比较简单，但在电子对抗装备中仍是一个复杂的综合电子系统，图1.5所示为一个典型的雷达告警侦察系统的原理组成。

1.2.1.2　雷达对抗情报侦察（ELINT）系统的组成及简要原理

雷达对抗情报侦察系统主要由侦察天线、侦察接收机和信号处理终端构成。下面，从天线到终端简要介绍雷达对抗情报侦察系统的各部分是怎样工作的。

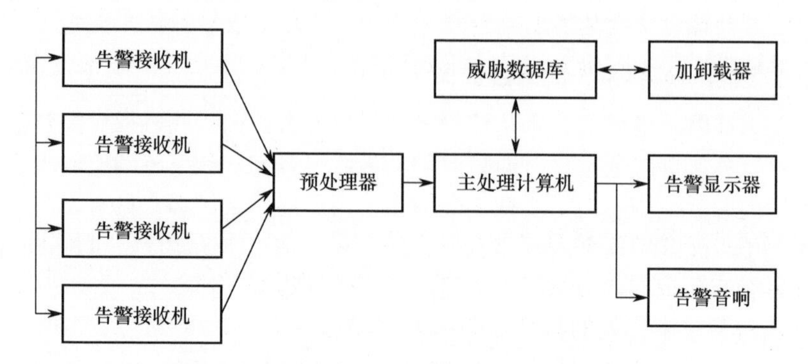

图 1.5　典型的雷达告警侦察系统的原理组成

1. 雷达对抗情报侦察系统的天线

雷达对抗情报侦察系统具有宽开的特点，对于天线而言，宽开意味着：一是要在宽的频率范围内工作；二是要在宽的方位范围内响应。由于情报侦察系统需要覆盖较宽的频率范围，因此其天线多由多部不同频段的天线组合而成，天线的类型多为对数周期天线与抛物面天线，对数周期天线覆盖低频段，抛物面天线覆盖高频段。

2. 雷达对抗情报侦察系统的简要测向原理

情报侦察系统的接收天线不仅用来接收信号，而且用来配合测向接收机测量雷达信号的方位角，称之为无源测向。测向是雷达对抗情报侦察系统的重要用途之一，无源测向的基本方法有最大（最小）信号测向法、比幅测向法、比相测向法、时差测向法、混合测向法和方位估计测向法等，具体测向原理见《雷达对抗原理》等相关资料。

3. 雷达对抗情报侦察系统的测频原理

接收机是雷达对抗情报侦察系统的重要组成部分，它有两个重要功能：一是把信号接收进来，称为截获；二是测量雷达的某些参数，重点为载频信息，最终形成脉冲描述字（PDW），并送往信号处理分系统进行分析处理。

雷达对抗情报侦察接收机测量雷达信号载频的方法很多，不同的测频方法对应不同类型的接收机，目前较为成熟的有晶体视频接收机（该接收机无法测频）、多波道接收机、射频调谐接收机、超外差接收机、数字化接收机、瞬时测频接收机、信道化接收机、压缩接收机、声光接收机和数字接收机等，超外差接收机和数字化接收机是情报侦察系统最为常用的接收机类型。

4. 雷达对抗情报侦察系统的信号处理

信号处理分系统是决定情报侦察系统性能优劣的重要组成部分。从原则上来讲，信号处理分系统基本上担当两个任务：一是对信号做脉冲参数测量，并且将测量结果返回接收机分系统，形成脉冲描述字；二是对雷达信号做分选、分析和识别。

注意，某些雷达对抗情报侦察系统的脉冲参数测量在接收机分系统中完成，或者在单独的脉冲参数测量器中完成。

5. 雷达对抗情报侦察系统的情报分析

雷达对抗情报可以分为初级情报与高级情报。初级情报：包括雷达基本工作模式和不同模式下的特征参数。初级情报的获取能够为雷达数据库的装订、雷达干扰机的干扰引导提供依据。高级情报：通过辐射源识别、定位等信息，进行战场态势分析，获取战场电磁态势，为各级指挥员的决策提供依据。

1.2.1.3 雷达对抗支援侦察（ESM）系统的组成及简要原理

ESM 系统的典型原理组成如图 1.6 所示。

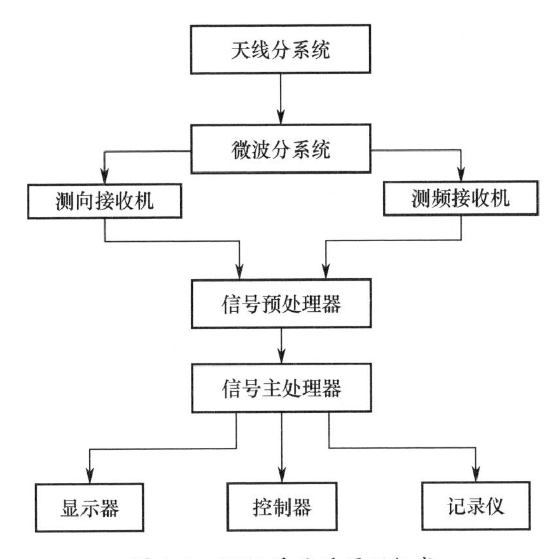

图 1.6 ESM 系统的原理组成

1. ESM 系统测量的参数

ESM 系统截获的每个雷达脉冲信号必须以一组参数来表征。ESM 系统通常测量的脉冲参数如图 1.7 所示，包括载波频率（RF）、脉冲幅度（PA）、脉冲宽度（PW）、脉冲到达时间（TOA）和脉冲到达角（DOA），在有些系统中，信号的极化特征、脉内细微特征、雷达“指纹”特征也需要测量，这些参数组合起来，便得到描述每个截获脉冲的脉冲描述字（PDW）。

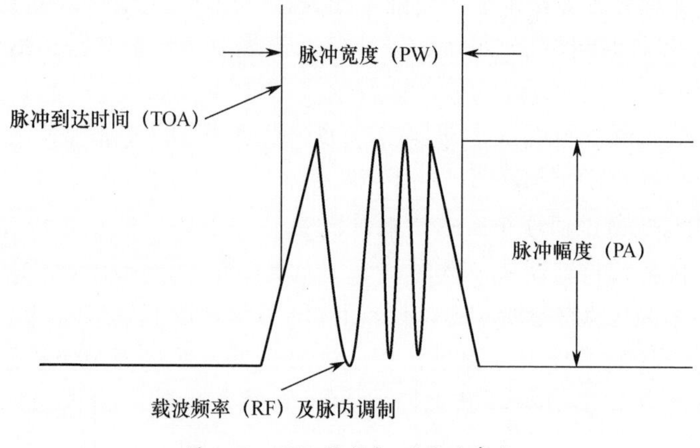

图 1.7　ESM 接收机测量的参数

2. ESM 系统的信号处理

1）信号分选

信号分选也称为脉冲去交错，脉冲去交错是分选多个雷达信号的处理过程。ESM 系统通过参数测量，获取每个截获脉冲的 PDW，PDW 在参数空间内形成一列向量，通过多个脉冲的向量匹配，可以将那些与某一辐射源相关的信号分离出来，这个过程称为去交错。

将 ESM 系统接收机截获的多个脉冲分离成与特定辐射源相关联的各个信号流，这个处理过程如图 1.8 所示。为了完成这个分选过程，截获的每个脉冲必须与其他所有截获的脉冲相比较，以确定它们是否来自同一部雷达。

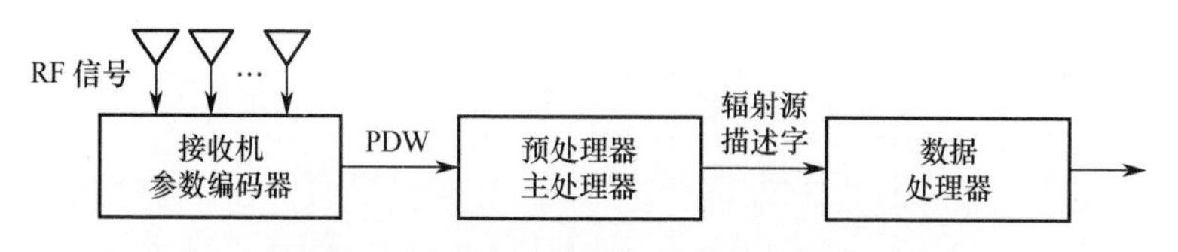

图 1.8　ESM 系统信号分选处理过程

信号分选的具体方法可以参考《雷达对抗原理》等相关专业书籍，当然，就目前的信号分选方法来看，没有哪一种信号分选方法是百分百有效的，每一种信号分选方法能够对满足该方法分选规则的信号有效，但是对于不满足分选规则的其他信号样式可能无效，因此，信号分选技术应当随着雷达信号的不断变化而不断改进。

2）辐射源描述字形成

一旦各部雷达脉冲得到分离，另外一组与雷达相关的参数便可以确定，这些参数包括载频及其变化规律、脉冲重复间隔（PRI）及其变化规律（通过多个 TOA 统计分析得到）、天线波束宽度（通过多个 PA 统计分析得到）、天线扫描速率或类型（通过多个 PA 统计分析得到）、模式切换（通过多个 PW 和 TOA 统计分析得到）和位置信息（通过多个 DOA 得到或者通过多个 TOA 得到）。这些导出的参数合并后称为辐射源描述字，可用于识别 ESM 系统截获的特定雷达辐射源信号。另外，ESM 系统对雷达辐射源模式切换的观察特别有用，因为它经常表明敌方某种特定的意图，比如特定辐射源重复频率（PRF）的增加通常表示从搜索状态切换到跟踪状态。

3）信号识别

在辐射源描述字形成之后，要完成的下一个步骤是识别辐射源，该过程称为雷达信号识别。辐射源识别是通过将截获信号的辐射源描述字与存储在 ESM 系统数据库中的已知辐射源相比较实现的。

4）信号跟踪

ESM 信号处理器只能处理有限的脉冲密度，这个密度通常低于接收机截获的脉冲密度。所以，一旦一个辐射源的特征得到确认，通常没有必要再对这个辐射源的后续脉冲信号进行处理，通过一个跟踪锁定信号就可以实现这一功能，并且能预测随后脉冲的到达时间，跟踪模块的输出用于阻止已识别的辐射源脉冲进入分选流程，这样就减轻了 ESM 信号处理器的处理压力。

跟踪模块可以看作多维滤波器组，通常跟踪辐射源的 DOA、PRF 和频率，对于任意一个要跟踪的信号都需要一个跟踪器，有时跟踪器也是电子干扰系统的组成部分，通常类型的跟踪器如图 1.9 所示。

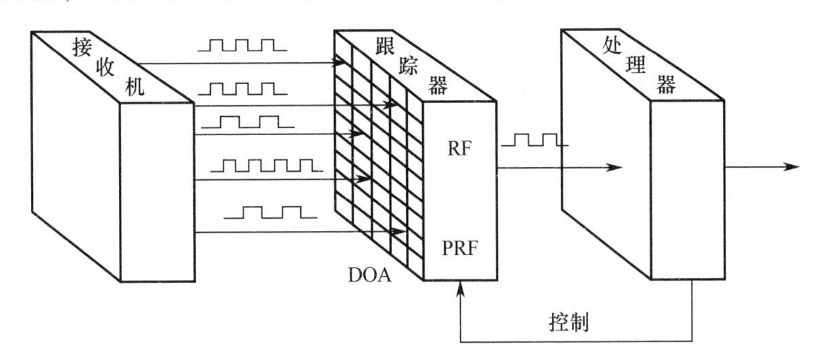

图 1.9　在密集的信号环境中采用跟踪器处理信号的过程

1.2.2　雷达干扰系统的组成

本节主要讲解雷达有源干扰系统的组成，雷达无源干扰系统将在后续章节中加以介绍。

1. 雷达有源干扰系统的一般组成

雷达有源干扰系统的组成根据不同具体用途、使用平台而有所不同，但从功能来说，有源干扰系统主要由侦察分系统、干扰分系统和系统管理分系统组成。其中侦察分系统包括测频/测向天线、侦察接收机和信号处理器，干扰分系统主要包括引导控制单元、干扰波形生成单元、功率管理单元、发射机及角跟踪单元等。

雷达有源干扰系统的典型组成如图 1.10 所示。

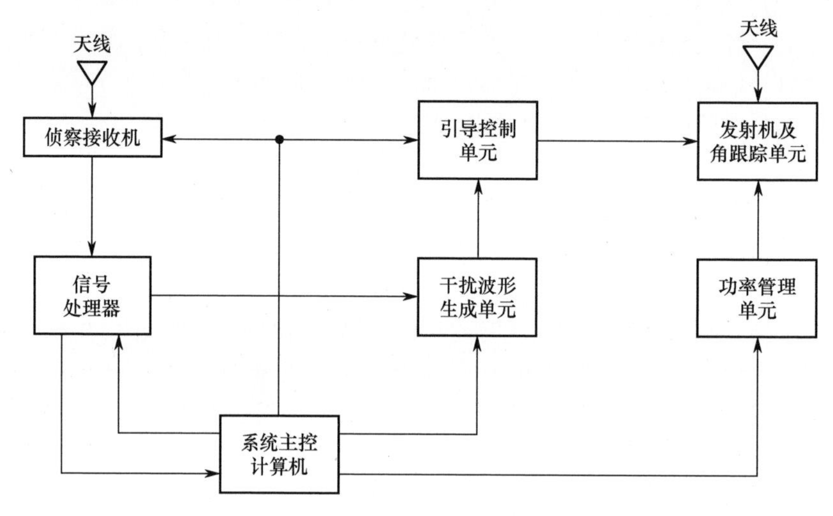

图 1.10　雷达有源干扰系统的典型组成

侦察分系统的作用是截获分析干扰系统所面临的电磁环境，侦收作战环境内的雷达信号，测量分析雷达信号参数，形成雷达描述字送往系统主控计算机，并在干扰过程中或者干扰间隙监视电磁环境中雷达信号的变化情况。系统主控计算机根据侦收到的雷达信号对雷达进行识别，确定雷达的威胁等级并进行干扰决策，控制干扰分系统对雷达实施有效的干扰。干扰分系统根据系统主控计算机的决策命令和被干扰雷达的参数分配干扰资源，并在干扰过程中根据雷达信号的变换情况，适时调整干扰波形和干扰功率。

根据采用干扰机制的不同，雷达有源干扰系统可分为压制式有源干扰系统和欺骗式有源干扰系统。压制式有源干扰系统的干扰机制是利用强的干扰信号压制雷达对目标的探测，而欺骗式有源干扰系统则是利用干扰系统产生的假目标欺骗雷达对真实目标的探测和跟踪。

2. 压制式有源干扰系统的典型组成

压制式有源干扰系统的典型组成如图 1.11 所示。由侦察设备经干扰决策后提供的威胁雷达频率码f_0送给频率设置单元，该单元输出与频率码f_0相对应的直流压控振荡器（VCO）的中心频率。调频干扰波形产生器根据调频干扰样式和参数的决策控制命令，输出相应的调频信号去调制 VCO 的振荡频率；调幅干扰波形产生器根据调幅干扰样式和参数的决策控制命令，输出相应的调幅信号去控制幅度调制器，使输出信号幅度产生相应的幅度变化；干扰功率合成与波束形成单元则根据干扰方向和干扰功率的决策控制命令，对小功率的干扰信号进行功率放大与合成，在指定的方向上辐射强功率的干扰信号。

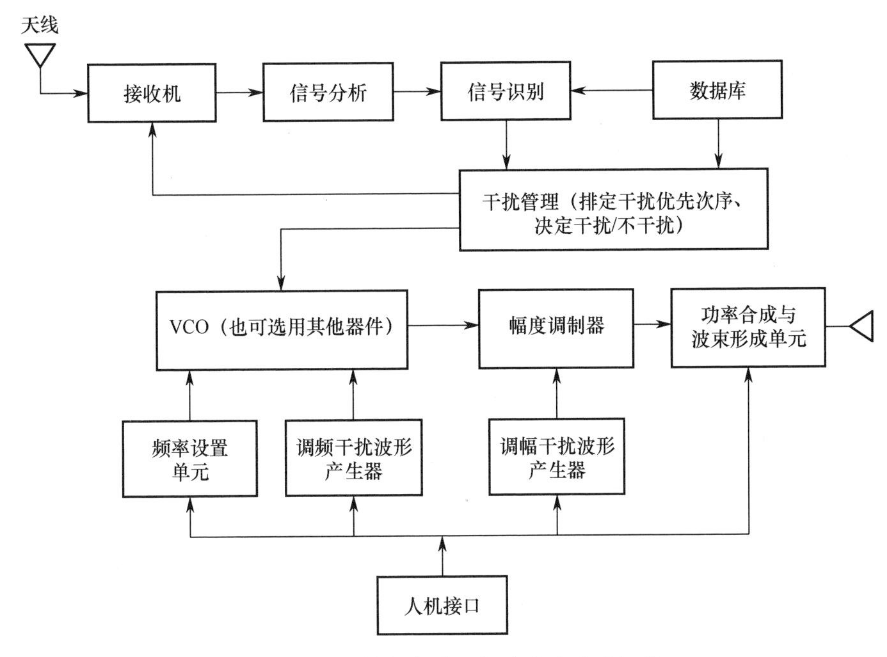

图 1.11　压制式有源干扰系统的典型组成

由于压制式有源干扰系统的干扰信号由 VCO 产生，其中心频率、调频样式与参数、调幅样式与参数等都需要引导，因此也称为引导式干扰机。

注意，图 1.11 中，干扰载波信号产生采用 VCO，某些系统中可能采用其他器件，如 DTO、DDS 等。

3. 欺骗式有源干扰系统的典型组成

欺骗式有源干扰系统根据干扰信号源的不同，可分为转发式干扰系统和应答式干扰系统两类。

转发式干扰系统的典型组成如图 1.12 所示。转发式干扰的输入是接收到的威胁雷达的射频脉冲和决策控制命令。射频信号经定向耦合器分别送至射频信号存储器和信号解调器，射频信号存储器将射频信号保存足够的时间，即延迟一定时间后再送给干扰调制器。信号解调器首先将射频信号经检波器解调为代表距离基准的视频脉冲，然后由检波器和滤波器解调出角度欺骗干扰时所需的雷达天线扫描调制信号。干扰控制单元根据决策控制命令和基准信号向射频信号存储器发出存储开始和结束控制信号，从射频信号存储器中取出经延迟后的射频信号、对角度信息进行欺骗干扰的调制信号、对速度信息进行欺骗干扰的调制信号、对干扰方向进行控制的信号分别送给干扰调制器和功率合成与波束形成单元。

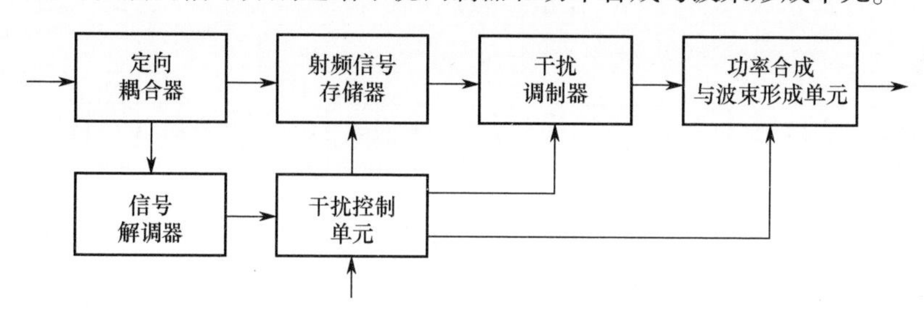

图 1.12　转发式干扰系统的典型组成

应答式干扰系统的基本结构如图 1.13 所示。应答式干扰采用 VCO 代替转发

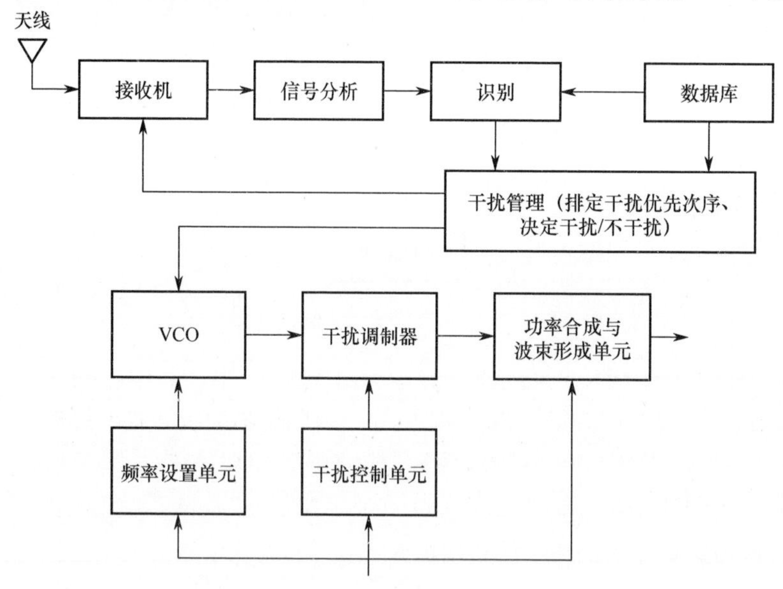

图 1.13　应答式干扰系统的基本结构

式干扰中的射频信号存储器，它不需要输入威胁雷达的射频信号，只需要输入检波后的威胁雷达脉冲包络信号和雷达天线扫描调制信号。VCO 的频率设置方法类似于压制式干扰，干扰控制单元根据决策控制命令产生各项调制信号。由于应答式干扰的信号与威胁雷达信号不相干，因此不能进行速度欺骗干扰。

由于应答式干扰与压制式干扰在组成上具有相似的特点，只要对干扰控制单元稍加改进，就可同时具有压制式干扰和应答式干扰的能力。

1.3 雷达对抗系统的主要战术和技术指标

1.3.1 雷达对抗侦察系统的主要战术和技术指标

雷达对抗侦察系统的任务不同，其性能指标的要求也有所侧重，但从雷达对抗侦察的共同要求出发，其主要性能指标可归结如下。

1. 侦察频率范围

雷达对抗侦察系统的侦察频率范围是系统侦察能力的重要指标之一。从技术实现的角度，一个侦察系统完成对整个频率范围的侦察相当困难，甚至是不可能的。因此，实际的侦察系统通常是分几个频段（波段）实现的。另外，由于装载平台和用途不同，侦察设备的侦察频率范围的要求也不相同，通常是工作在其中的某个或几个频段。例如，ELINT 系统通常工作在全频段，典型频率覆盖范围为 10MHz 量级至 10GHz 量级，典型值为 0.1 ~ 18GHz；机载雷达告警侦察系统通常工作在 X、Ku 波段。

2. 系统灵敏度

系统灵敏度直接影响侦察系统的作用距离。高的灵敏度意味着系统具有较远的侦察距离和对小功率雷达较强的发现能力。虽然灵敏度对侦察距离具有决定性的影响，但并非灵敏度越高越好，应视具体的应用场合选择合适的系统灵敏度。如果系统灵敏度过高，虽然作用距离会增加，但是进入系统的信号密度也会增加，将加重后续接收机、信号处理分系统的接收处理压力。

3. 作用距离

侦察系统的作用距离直接影响系统的作战使用，是系统最为重要的战术指标之一，对侦察作用距离的要求视使用场合而异。例如，对情报侦察系统来说，通常要求具有较大的作用距离。侦察系统的作用距离除了与系统灵敏度有关，还直接与雷达的辐射功率和侦察系统的架设高度等因素有关。因此，在讨论某型侦察系统的作用距离时，需要明确目标雷达的辐射功率。

4. 系统动态范围

动态范围是系统适应信号环境能力的重要指标，是指系统适应大输入信号与小输入信号的能力，采用适应的最大输入信号功率与灵敏度信号功率的比值进行度量。对动态范围的要求根据使用场合不同而有所区别，通常当系统具有较高灵敏度时，往往还要求系统具有较大的动态范围。若系统仅具有高的灵敏度，而动态范围较小，则系统对大功率的雷达信号适应能力就较差。

5. 参数测量精度

雷达对抗侦察系统的参数测量精度是衡量系统性能的重要指标，但根据其应用场合的不同，测量精度的要求差别很大。ELINT 系统对参数测量的精度要求很高，而 RWR 系统则要求较低。当然，在同样的条件和状态下，系统测量参数的精度越高越好。雷达侦察系统测量的主要参数有信号载频、脉冲重复频率、脉冲宽度和雷达天线扫描周期、到达方位及脉内调制特征等。

6. 侦察信号能力

侦察信号能力是系统适应各种体制雷达信号能力的反映。在新体制雷达信号不断出现的现代雷达对抗电磁环境下，要求系统具有适应各种体制雷达信号的能力。然而，不同的雷达对抗侦察系统适应雷达信号的能力差别很大。侦察信号适应能力在告警侦察、情报侦察和支援侦察系统中的要求和侧重点有所不同。对于告警侦察系统，要求能对各种体制雷达进行快速识别和报警，并能进行威胁等级判定；对于情报侦察系统，要求系统能准确测量信号参数，并识别雷达的体制和类型；对于支援侦察系统，则要求能适应对各种体制雷达的快速测量和体制识别，但分析测量精度相对情报侦察的要求较低。

7. 处理信号能力

侦察系统处理信号能力是指单位时间内，侦察系统处理的环境中的雷达脉冲总数。在现代战争条件下，雷达信号环境日趋复杂和密集。因此，侦察系统处理信号能力极为重要，尤其是对 ESM 系统。处理信号能力通常用系统可适应的信号密度来表示，即多少万脉冲/每秒，当前，雷达对抗侦察系统处理信号的能力典型值为 100 万脉冲/s。

8. 信号截获概率

侦察系统对雷达信号的截获是一个概率事件：一方面，雷达不可能一直连续工作；另一方面，雷达和侦察系统通常都处于搜索状态，两波束在空间的相遇也是随机的和间断的，即使相遇，频率对准也是随机事件。为了提高侦察系统的截获概率，通常要求侦察系统的天线是全向的，其接收机是频域宽开的，但这样的侦察系统是以牺牲方位和频率的测量精度为代价的。根据侦察系统的用途不同，信号截获概率和测量精度的选择需要有所侧重和折中考虑，对于ESM系统和RWR系统，信号截获概率要求很高，而ELINT系统的要求相对较低。

9. 系统反应时间

系统反应时间是指从截获雷达信号到完成测量、分析及识别所需要的时间。从使用观点来看，系统反应时间越少越好。系统反应时间与参数测量种类、参数测量精度和信号处理速度密切相关，应视用途区别对待。对ELINT系统要求较低，但ESM系统和RWR系统则要求其具有实时的处理和反应能力。

除上述几个重要指标外，系统的空域覆盖范围、可靠性、可维修性、机动性、架设/撤收时间、供电等都是需要考虑的指标。表1.1列出了现代ESM系统的典型性能指标。

表1.1　现代ESM系统典型性能指标

频率范围	0.1～40GHz
脉冲宽度测量范围	50ns到连续波
灵敏度	优于－70dBm
频率分辨力	优于2MHz
测频精度	优于3MHz
动态范围	优于70dB
幅度测量精度	优于1dB
测向精度	优于1°（rms）
脉宽分辨力	优于25ns
脉冲到达时间分辨力	优于50ns
截获概率	100%
适应信号环境	优于100万脉冲/s

为了帮助大家对雷达对抗侦察系统指标的理解，下面列出了典型的雷达对抗情报侦察系统包含的技术指标，供读者参考。

（1）频率覆盖范围。

（2）空域覆盖范围。

（3）测频精度。

（4）测向精度。

（5）系统灵敏度。
（6）动态范围。
（7）能适应的信号密度。
（8）脉宽测量范围。
（9）重复频率测量范围。
（10）侦察信号的能力。
（11）天线极化形式。
（12）雷达扫描周期测量范围。
（13）反应时间。
（14）抗烧毁能力。
（15）最大侦察距离。
（16）天线扫描形式。
（17）最大显示目标数。
（18）最大处理目标数。
（19）记录存储能力。
（20）工作模式。
（21）显示方式。
（22）UPS 供电。
（23）雷达数据库数量。
（24）架设/撤收时间。

1.3.2 雷达干扰系统的主要战术和技术指标

雷达干扰系统的主要战术和技术指标如下。

1. 工作频率范围

工作频率范围是指雷达干扰系统对雷达实施有效干扰的最低频率和最高频率范围。由于雷达对抗系统面临的雷达频率是未知的，因此雷达干扰系统应尽可能地具有较宽的工作频率范围。工作频率范围决定了干扰系统的作战用途，干扰机的频率范围应能覆盖整个被干扰雷达的频率范围（包括跳频范围），频率引导的侦察机频率范围应不小于干扰机的频率范围。

2. 适应信号密度

信号密度是指干扰系统在单位时间内能正确测量分析雷达脉冲信号的最大脉冲个数，通常用多少万脉冲每秒表示。该指标表征了干扰系统适应密集信号环境的能力，干扰系统面临的信号密度取决于侦察系统波束宽带、雷达部署数量和瞬时工作频率范围等因素。

3. 系统灵敏度

系统灵敏度是干扰系统正常工作时所需要的最小雷达信号功率。雷达干扰系统通常包含侦察分系统和干扰分系统，因此，系统灵敏度可分为侦察引导灵敏度和干扰跟踪灵敏度。起引导作用的侦察分系统通常是用于在较远的距离上截获和分析雷达信号，应具有较高的灵敏度；对雷达方位和俯仰角起跟踪作用的跟踪分系统，由于干扰距离相对较近，其灵敏度通常低于侦察分系统。

4. 干扰机发射功率与有效辐射功率

干扰机发射功率是指在发射机的发射输出端口上测得的射频干扰信号功率。有效辐射功率则是指发射机发射功率与天线增益的乘积。对干扰系统而言，有效辐射功率决定了干扰系统的实际干扰功率，在某种程度上也决定了干扰系统的作用距离和威力范围。

5. 干扰空域与有效干扰扇面

干扰空域是指干扰系统能实施有效干扰的空间范围。干扰空域的方位面由干扰天线的水平面扫描范围决定，而干扰俯仰面则由干扰天线的垂直扫描范围决定。干扰空域包括干扰距离和干扰角度。干扰空间范围的大小根据干扰机的用途和战术要求决定。例如，舰载干扰机要求全方位干扰，而机载自卫干扰机的干扰角度范围主要是飞机前方一定角度范围（如 $120° \times 60°$）和后方一定角度范围（如 $90° \times 60°$）。

干扰系统的另一个重要指标是瞬时干扰空域，瞬时干扰空域是指干扰系统瞬时覆盖的干扰空间范围，它由干扰天线的水平波束宽度和垂直波束宽度决定。

有效干扰扇面是指雷达干扰系统对雷达实施干扰时，雷达在多大的方位扇面内不能发现被保护的目标。

6. 同时干扰目标数

同时干扰目标数是指在特定时间内雷达干扰系统能同时有效干扰的雷达数量，它与被干扰目标的特性及瞬时干扰空域等有关。

7. 干扰雷达的类型

干扰雷达的类型是指干扰系统能对哪些类型的雷达实施有效干扰。由于现代雷达体制的不断出现，如频率捷变雷达、脉冲压缩雷达和脉冲多普勒雷达等，干扰多种体制雷达的能力成为衡量雷达干扰系统的重要指标之一。

8. 系统反应时间与系统延迟时间

系统反应时间是指干扰系统从接收到第一个雷达脉冲到对雷达施放出干扰之间的最小时间。反应时间取决于对雷达信号的参数测量与分选识别时间、频率引导与参数调整时间、干扰信号产生以及干扰天线瞄准及干扰信号发射时间。

系统延迟时间则是指干扰系统已瞄准目标后从收到雷达脉冲到发射干扰信号之间的延迟时间，对转发式干扰机这项指标尤为重要。

9. 测向精度与测频精度

测向精度是干扰系统测量雷达方向精确程度的反映。通常用测量方位（或俯仰）与雷达真实方位（或俯仰）之差的均方根表示，因此也称测向误差。

测频精度是干扰系统测量雷达信号频率精确程度的反映。通常也用频率测量值与雷达信号真实频率之差的均方根表示，因此也称测频误差。

对于干扰系统而言，测向精度和测频精度涉及测向接收机和测频接收机的技术体制和系统的总体方案选择。

10. 频率瞄准精度

频率瞄准精度又称为频率引导精度，是指干扰系统发射的干扰信号的中心频率与被干扰雷达信号频率的差值。

11. 角跟踪精度

角跟踪精度是指干扰系统的跟踪天线指向与雷达真实的方向之差的均方根值。角跟踪精度可分为方位角跟踪精度和俯仰角跟踪精度。

12. 最小干扰距离与最大暴露半径

最小干扰距离是指在干扰有效时，被干扰系统保护的目标与雷达之间的最小距离。当雷达与目标之间的距离小于这个距离时，目标回波功率大到使干扰信号不起作用，好似回波烧穿干扰形成的纸片一样，因此也称雷达烧穿距离。

地面干扰机用以保护地面目标，干扰机与被保护目标通常不配置在一起。空中轰炸机从不同方向进入时，雷达干扰系统对雷达目标的有效干扰距离范围也不相同。能对雷达实施有效干扰的区域称为有效干扰区，不能实施有效干扰的区域称为干扰暴露区。通常干扰暴露区是一个鞋底形状，被保护目标到暴露区边界的最大距离称为最大暴露半径。显然，对于确定的干扰机配置，当轰炸机从不同方向进入时，最小干扰距离也不同。

13. 雷达干扰波形

噪声干扰波形和转发干扰波形是雷达干扰的两种最基本波形。最佳的噪声干扰波形是与雷达接收机内部噪声相似的高斯型白噪声；而最佳的转发式干扰波形则是与雷达发射波形相似的相干波形。

为了帮助大家对雷达干扰系统指标的理解，下面列出了典型的对空雷达干扰系统包含的主要技术指标，供读者参考。

（1）工作频率范围。

（2）适应雷达信号类型。

（3）空域覆盖。

（4）频率瞄准精度。

（5）角跟踪精度。

（6）天线极化方式。

（7）反应时间。

（8）接收机抗烧毁功率。

（9）天线扫描方式。

（10）干扰样式。

（11）记录存储能力。

（12）工作方式。

（13）显示方式。

（14）UPS 电源。

（15）台站指挥方式。

（16）部署与撤收时间。

（17）电源要求。

第2章　雷达对抗侦察系统

任何一部雷达对抗侦察系统，不管其类型如何，均包含天线与微波前端分系统、接收机分系统、信号处理分系统、显示控制分系统及伺服分系统等部分。本章重点从以上几个部分着手，分别论述其功能、组成及典型结构。在此基础上，介绍雷达对抗侦察系统实例，以加深对本章内容的理解。

2.1　天线、伺服及微波前端分系统

2.1.1　天线分系统

1. 天线的基本概念

天线定义为一种附有导行波与自由空间波互相转换区域的结构，天线将电子转换为光子，或者将光子转换为电子，并且加以放大。无论其具体形式如何，天线都基于由加速或减速电荷产生辐射的共同机制。更为通俗地说，在接收过程中，天线将电磁波转换为电信号并且加以放大，以供后端进一步处理；在发射过程中，天线将电信号加以放大，转换为电磁波信号，向空间辐射出去。因此，在发射方式和接收方式工作时，天线起到的是互易的、相互关联的作用。在这两种方式下还有一个重要的功能是确定目标的方位角，为了实现此目的，需要有定向的窄波束，从而不仅达到所需要的角度测量精度，而且能够分辨相互靠得很近的目标。

2. 天线的主要指标

下面介绍天线的几个主要技术指标。

1）增益

天线作为无源器件，不能产生能量，增益用来描述一部天线将能量聚集于一个窄的角度范围（方向性波束）的能力。天线增益一般分为方向增益和功率增益，前者通常称为方向性系数；后者常称为增益。

方向增益定义为最大辐射强度与平均辐射强度之比，实质是最大辐射功率密度 P_{max} 与各向同性时的功率密度之比，可以表示为

$$G_D = \frac{\text{最大辐射功率密度}}{\text{辐射的总功率}/(4\pi R^2)} = \frac{P_{max}}{P_t/(4\pi R^2)} \tag{2.1}$$

功率增益定义为最大辐射功率密度 P_{max} 与天线输入端的功率密度之比，即

$$G = \frac{\text{最大辐射功率密度}}{\text{输入端总功率}/(4\pi R^2)} = \frac{P_{max}}{P_0/(4\pi R^2)} \tag{2.2}$$

功率增益通常情况下可以简单定义为天线的输出端功率与输入端功率之比，单位常用 dB 表示。

对于实际的非理想的天线，辐射功率 P_t 等于输入功率 P_0 与天线辐射效率因子 η 之积，即

$$P_t = P_0\eta \tag{2.3}$$

方向增益 G_D 和功率增益 G 之间的关系表示为

$$G = \eta G_D \tag{2.4}$$

因此，除理想无损耗天线之外（$\eta = 1.0$），天线增益总是小于方向性系数。

2）有效孔径

天线的孔径是指天线在与主波束方向垂直平面上的投影的实际面积，有效孔径的概念在分析天线工作于接收方式时是很有用的。天线的方向性增益 G_D 与天线的有效孔径面积 A 之间的关系为

$$G_D = 4\pi A/\lambda^2 \tag{2.5}$$

式（2.5）表明，要达到相同的天线增益，天线频率越低（波长越长），天线尺寸越大。另外，对于同类天线，增益 G_D 提高 3dB，天线尺寸增加 1 倍。

3）辐射方向图

雷达电磁波在三维空间中的分布所形成的曲线称为天线辐射方向图。这种分布可用各种方式绘制成曲线，坐标系可以是极坐标或笛卡儿坐标系，物理量可以选择电压强度、功率密度及辐射强度等，图 2.1 ~ 图 2.3 所示为典型的圆孔径天线的方向图，该图将等距离上的对数功率密度与方位角、俯仰角的关系绘制在笛卡儿坐标系中。

常见的天线方向图主要有 4 种形状，即全向性方向图、锐波束方向图、扇形波束方向图和赋形波束方向图。

全向性方向图是指其辐射能量均匀地分布在所有的方位上，其中，水平面方向图通常是圆形，垂直面方向图有一定的方向性。锐波束方向图是一种强方向性的方向图，当需要获得最大增益，使辐射能量尽可能集中在窄的角度区域内时一般采用这种方向图，锐波束方向图在两个主平面上的波束宽度几乎相同。扇形波束方向图和锐波束方向图相似，其不同点仅在于扇形波束的截面不是圆形，而是椭圆形，它在一个主平面上的波束宽度要比另一个主平面窄得

多。赋形波束方向图通常用于形成预定的特殊形状的波束，余割式方向图就是其中的典型，它通常在某一个俯仰范围内具有等值增益，而在另一个主平面其方向图通常是针状的。

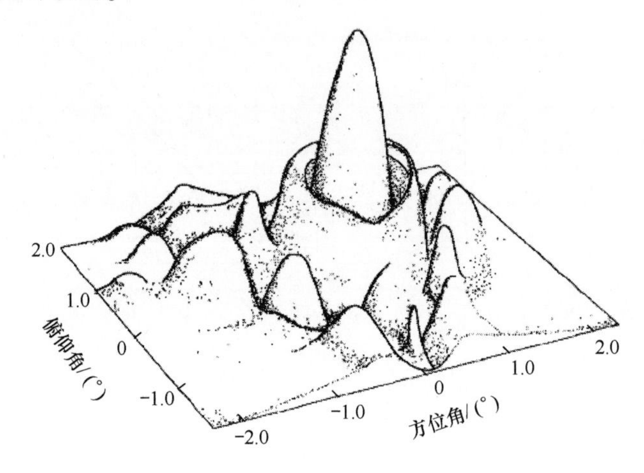

图 2.1　天线方向图的三维笛卡儿坐标系曲面图

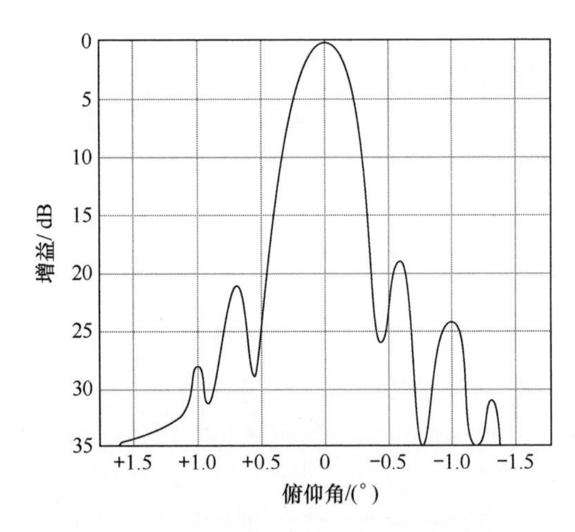

图 2.2　天线方向图主平面垂直方向图

天线的方向图特性通常用两个主平面内的波束宽度和旁瓣电平来表征。这两个指标后续会介绍。

4）波束宽度

天线波束宽度是天线的主要指标之一，也称为角宽度。由于主瓣是连续函数，它的峰值到零点的宽度是不一样的，因此最频繁使用的是半功率波束宽度（3dB 波束宽度），半功率波束宽度也常常用作度量天线的角度分辨力，如果同距离处的两个目标能够通过半功率波束宽度分辨开，说明两个目标在角度上是可分的。除 3dB 波束宽度之外，还有 10dB 波束宽度，通常用于度量机载天线波束宽度。

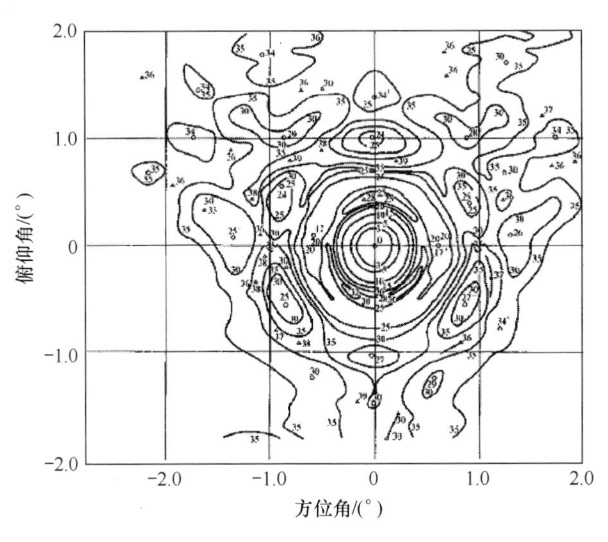

图 2.3　天线方向图等强度线

天线的波束宽度 θ 与天线口径 D、信号波长 λ 存在的关系为 $\theta = \eta_1 \dfrac{\lambda}{D}$，该公式表明，在相同天线口径 D 的情况下，信号频率越大（波长越小），天线的波束宽度 θ 越小，角度分辨力越高。

图 2.4 所示为同一个 sinc 函数方向图的不同表现形式。

5）副瓣

在天线主瓣区域之外，天线的辐射方向图常常由大量较小的波瓣组成，其中，靠近主瓣的是副瓣。然而，通常的做法是将所有较小的波瓣统称为副瓣，其中，偏离主瓣 180°左右的副瓣称为尾瓣。对于整个雷达对抗系统来说，旁瓣通常意义下意味着功率的浪费，在接收工作方式下，它们使得能量从不希望的方向进入系统，导致测向的多值性与错误；在发射方式下，能量照射到其他方向而不是预期的方向，导致能量的浪费。

天线方向图的副瓣一般采用相对副瓣电平、绝对电平、平均副瓣电平表示。相对副瓣电平是最为通用的表述，定义为最大副瓣峰值电平与主瓣峰值电平之比，比如 -30dB 相对副瓣电平是指用强度表示时，最大副瓣的峰值是主瓣峰值的 1/1000。绝对电平是指用相对于各向同性天线的绝对电平来定量表示，在本例中，如果天线主瓣增益是 35dB，则 -30dB 的相对副瓣电平的绝对电平是 5dBi，即高于各向同性天线 5dB。平均副瓣电平是一种功率平均（有时候称为 rms 电平），通常对主瓣以外的所有副瓣的功率求积分，再表示成相对于各向同性天线的分贝值而得到。

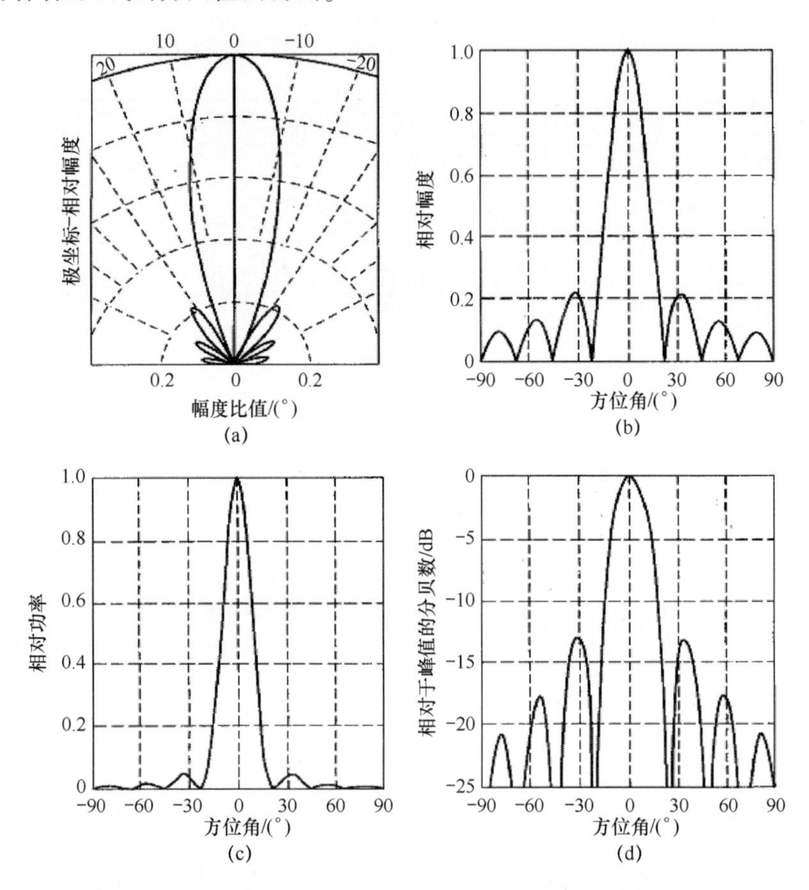

图 2.4　同一个 sinc 函数方向图的不同表现形式

6）极化

天线的极化通常定义为：在最大值辐射方向上电场向量的取向，极化通常分为线极化、圆极化和交叉极化。

线极化又分为垂直极化与水平极化。电场矢量垂直于地面的称为垂直极化，平行于地面的称为水平极化。两个互相垂直，且有 90°相差的线极化就会构成一个圆极化；当两个互相垂直的矢量大小不等时，就产生了椭圆极化，圆极化又分为右旋极化和左旋极化。交叉极化是指天线在非期望的极化上辐射不需要的能量；对线极化来说，交叉极化方向就是和预定的极化方向垂直的方向；对圆极化来说，交叉极化就是与预定的旋向相反的分量。

7）阻抗

在微波波段通常用反射系数或驻波比来表示天线的匹配状况，如图 2.5 所示。

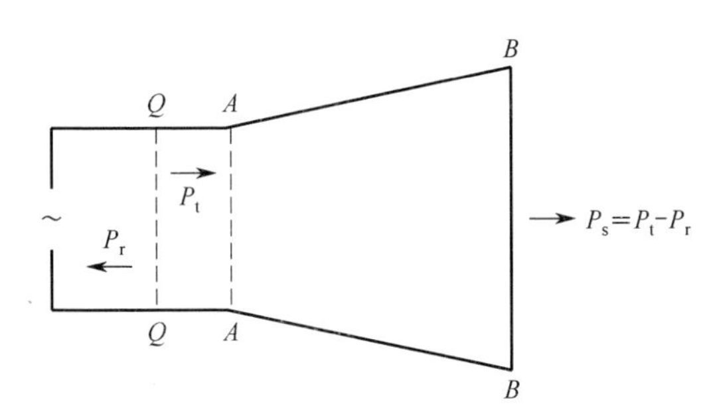

图 2.5　天线阻抗测量示意图

假设在波导管 Q 处向天线传输的功率为 P_t，则天线的 AA 和 BB 两点阻抗不匹配将会引起反射，假定反射功率为 P_r，则 Q 点处反射系数 r 定义为 $r = P_r/P_t$，天线的实际输出功率为 $P = P_t - P_r = P_t(1-r)$，可见，反射系数越小越好。

天线的驻波比 D 与反射系数 r 之间的关系可以表示为

$$D = \frac{1+r}{1-r} \tag{2.6}$$

8）工作频率

工作频率是指天线的工作频率范围，在这个频率范围内，天线能够正常辐射与接收信号。

3. 天线的主要类型

通常情况下，天线分为光学天线和阵列天线两类，光学天线包含两类，反射面天线和透镜天线，反射面天线在雷达对抗领域获得了广泛的应用。反射面天线有各种各样的形状，相应地，照射表面的馈源也是各种各样的，每种都用于特定的场合，图 2.6 所示为最常用的几种。

由于大多数雷达对抗系统均工作在微波波段，反射面天线的馈源常常是某种形式的波导张开的喇叭。在较低频率（通常为 L 波段及以下）有时采用偶极子馈源，特别是采用偶极子线阵来实现抛物柱面反射面的馈电。图 2.7 所示为反射面天线常用的各种喇叭馈源。

雷达对抗侦察系统中最常用的天线类型包括抛物面天线、喇叭天线、对数周期天线等。

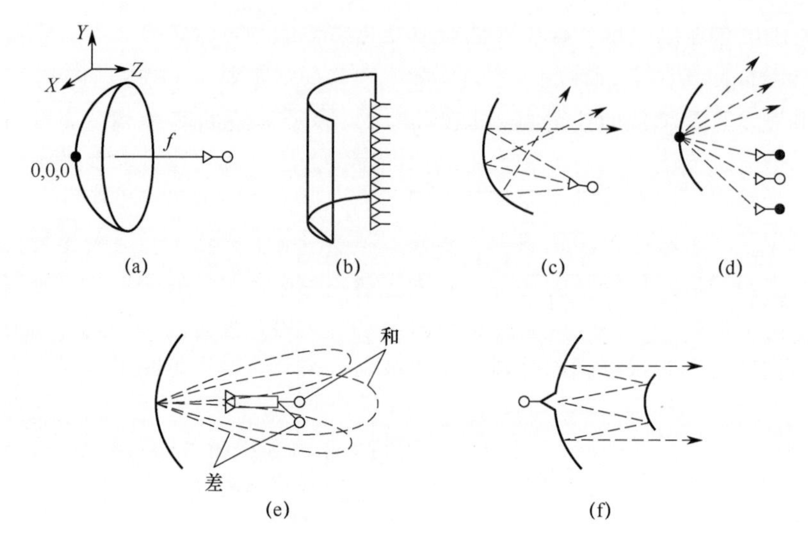

图 2.6　反射面天线的常用类型

(a) 抛物面天线；(b) 抛物柱面天线；(c) 赋形天线；(d) 堆积波束天线；(e) 单脉冲天线；(f) 卡塞格伦天线。

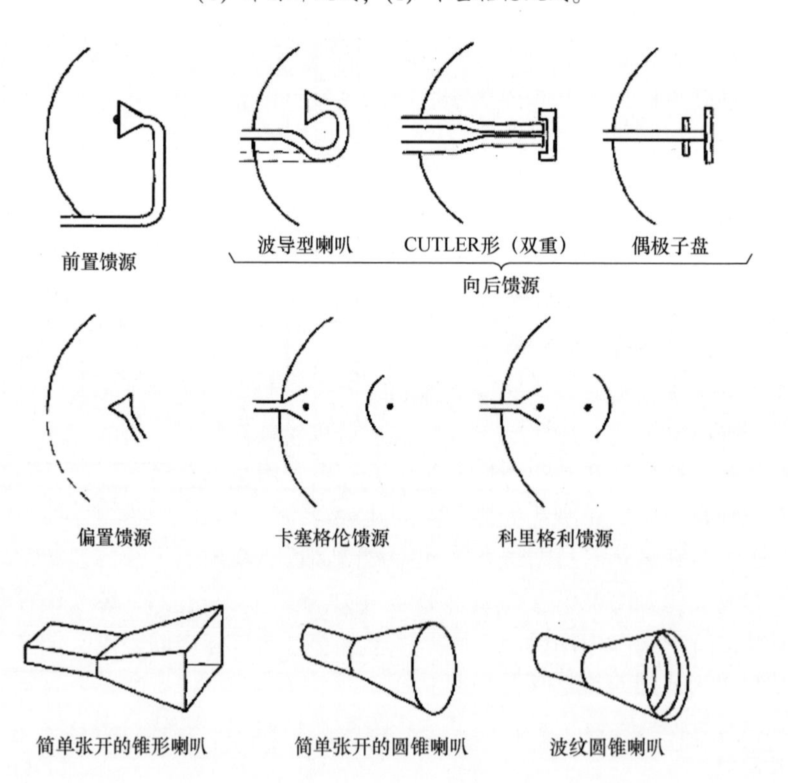

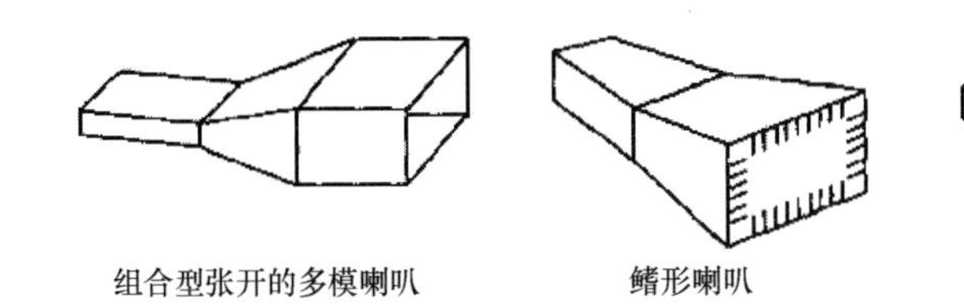

图 2.7　反射面天线常用的各种喇叭馈源

喇叭天线可视为张开的波导，喇叭的功能是在比波导更大的口径上产生均匀的相位波前，从而获得较高的定向性。喇叭天线的形状主要包括矩形喇叭、圆形喇叭等。

对数周期天线是非频变天线的一种，若天线按照某一个比例因子 τ 变换后仍等于原来的结构，则天线的频率为 f 和 τf 时的性能相同。对数周期天线一般工作在短波、超短波和微波波段，在雷达对抗侦察系统中一般工作在 2GHz 以下。

4. 天线在雷达对抗侦察系统中的典型运用

在雷达对抗侦察系统中，天线的种类与类型很多，从功能上来划分，主要包括主天线、副瓣抑制天线、近区强信号抑制天线（阻塞天线）、自检天线、数传天线等，所有的天线基本上都是安装在天线转台上，用天线罩罩住，可以随天线转台做方位扫描。天线直接与微波前端分系统相连，因此，许多雷达对抗系统将天线与微波部分合称为天线微波分系统。

1）主天线

主天线一般具有较窄的天线波束，主要用于发现信号和测定目标方位，因而也称为定向天线，由于定向天线具有较窄的波束，从而能够起到在空间稀释、分选信号的作用。工作频率在 1GHz 以上的主天线一般由照射器与反射体两部分组成，反射体多采用抛物面，照射器一般采用平面螺旋天线、喇叭天线等。1GHz 以下的主天线，目前多采用对数周期天线。

2）副瓣抑制天线（副天线）

副天线一般具有较宽的天线波束，主要用于抑制主天线的旁瓣与尾瓣，提高系统的测向精度，一副主天线一般配置多副副天线，覆盖 360°方位。副天线一般由平面螺旋天线、喇叭天线承担。

3）近区强信号抑制

用于阻塞已方强雷达信号进入系统，波束宽度要求很宽，一般根据要求需达到 180°左右。多采用径向宽波段喇叭天线、对数周期天线。

4）自检天线

用于辐射射频自检信号，以便检查系统能否正常工作，一般是对数周期天线、喇叭天线等。

一个雷达对抗侦察系统要覆盖较宽的工作频段，其天线分系统往往采用多种天线的组合以达到对接收频段内信号的有效侦收。为了加深对天线分系统的理解，下面举例说明。

假设雷达对抗侦察系统频率覆盖范围为0.1~18GHz，其天线分系统按照频段划分设计如下。

0.1~1GHz频段，采用对数周期天线，波段测向方法采用旋转式单脉冲交叉波束测向技术，即采用两个相同的0.1~1GHz天线组成一个天线阵进行测向，如图2.8所示。

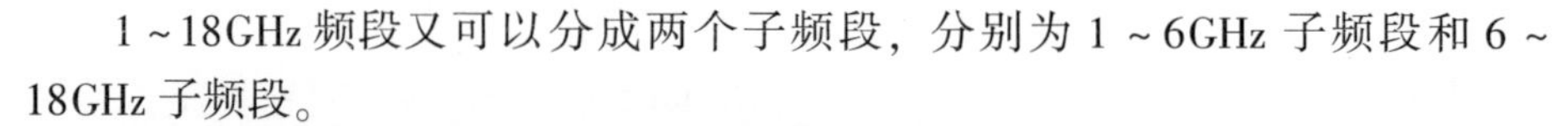

图2.8　0.1~1GHz天线阵构成示意图

其典型指标如下。

工作频率：0.1~1GHz。

电压驻波比：≤2.0。

天线增益：6dB。

方向图：方位：40°~60°；俯仰：-15°~40°。

1~18GHz频段又可以分成两个子频段，分别为1~6GHz子频段和6~18GHz子频段。

1~6GHz定向天线单元主要指标如下。

频率覆盖范围：1~6GHz。

方位面波束宽度：40°。

增益：2.5dB。

俯仰波束宽度：-10°~20°。

极化形式：斜45°极化。

6~18GHz定向天线单元主要指标如下。

频率覆盖范围：6~18GHz。

方位面波束宽度：20°。

增益：6dB。

俯仰波束宽度：-10°~20°。

极化形式：斜45°极化。

2.1.2　伺服分系统

雷达对抗装备的伺服分系统是控制天线转动的传动系统，控制系统天线在方位、俯仰上精确对准目标，并且及时获取目标方位信息，辅助完成雷达信号的分选、跟踪等功能。

伺服分系统一般由伺服转台、伺服电机、减速器、轴角编码器、伺服驱动分机、伺服控制分机等组成。

伺服分系统的主要技术指标包括天线转速、天线扫描中心及扫描范围、工作方式等，其中工作方式可能包括扇扫、圆扫、手工等。

伺服分系统典型组成及简要工作原理如图 2.9 所示。

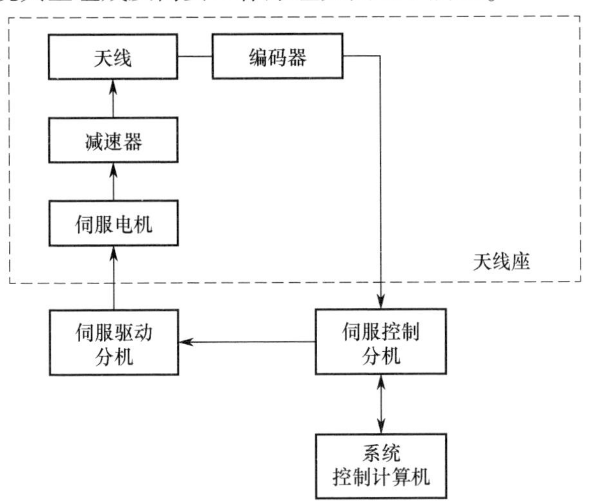

图 2.9　伺服分系统典型组成及简要工作原理

伺服控制分机是伺服系统的核心。功能为接收系统控制计算机的命令控制天线完成圆扫、扇扫、引导、校北等功能。伺服控制分机接收系统控制计算机的命令，向天线座发出驱动信号，控制天线座按指定的方式工作。系统控制计算机的功能是设置伺服系统的工作方式，显示天线当前的工作方式和方位。伺服控制台通过按键可手动操控天线，显示天线方位。伺服电机在伺服驱动分机提供的驱动信号的作用下，带动天线座工作。伺服电机根据加在其上的电压大小控制其转动速度，根据电压极性确定转动范围，实现扇扫。

例如，某伺服分系统采用二轴控制方式，其作用是根据显控台的置位命令及数据，将天线的方位轴、俯仰轴调转到需要的置位角度，或根据预先设定的方式在规定的空域进行扫描或跟踪。

伺服分系统的工作方式主要包括以下几种。

（1）置位工作方式。伺服分机接收到置位命令后，驱动天线调转到预定的角度值。

（2）圆扫方式。在圆扫方式下，控制台设定扫描速度，伺服分机接收到命令后，按照设定的扫描速度进行扫描。控制台撤销该状态后，伺服分机将自动转入“置位”状态。

（3）扇扫方式。在扇扫方式下，控制台设定扫描空域和扫描速度，伺服分机接收到命令后将根据设定的扫描空域调转天线到预定角度，调转到位后按照设定的扫描速度进行扇扫。控制台撤销该状态后，伺服分机将自动转入“置位”状态。

（4）人工方式。在人工方式下，控制台检测到人工转动开始，将扫描方向和扫描速度发送给伺服分机，伺服分机接收到命令后将根据设定方向和速度开始调转天线，由控制台检测到人工转动结束，再给伺服分机发送“人工转动结束”命令，伺服分机将保持停留状态。

（5）跟踪方式。在跟踪方式下，控制台设定角度，伺服分机接收到命令后将根据设定调转天线到预定角度，调转到位后，不断按照其他分机送来的角误差数据定时调整天线角度。控制台撤销该状态后，伺服分机将自动转入“置位”状态。

伺服分系统的主要技术指标及典型指标值如下。

（1）分辨力：0.1°。

（2）控制精度：0.1°。

（3）齿轮回差：0.05°。

（4）转速：最大10r/min。

（5）承重：250kg。

2.1.3 微波前端分系统

1. 概述

微波前端的主要作用是对射频微波信号进行衰减控制、放大、频分、功率分配、变频处理等。雷达对抗侦察系统的微波前端还为系统提供副瓣抑制射频信号、测向信号，以及将不同频段的输入信号合成一路射频输出，供后端接收机测频等使用。在系统控制下，微波前端一般还具有连续波斩波功能。微波前端主要由衰减器、放大器、耦合器、带通滤波器、频分器、变频器、检波器及微波开关等组成。

2. 主要功能

射频微波信号的衰减控制、放大、频分、功率分配、变频处理等，滤除带外杂波，低噪放大微波信号，提高系统动态范围与灵敏度等。

3. 主要技术指标

（1）工作频率范围。与系统工作频率相一致。

（2）测向射频输出：①增益；②射频信道一致性。

（3）测频射频输出：①增益；②射频信道一致性。

（4）射频线性动态范围。

（5）谐波抑制。

（6）噪声系数。

（7）驻波比。

（8）视频信号技术指标要求。微波前端一般还提供不同频段的视频信号，多用于粗测向与信号检测，主要参数包括：①信道间视频幅度一致性；②切线灵敏度；③动态范围；④对数斜率；⑤线性度；⑥适应脉冲脉冲宽度范围和精度；⑦适应脉冲重复间隔范围和精度。

（9）工作温度、振动。

4. 典型结构

微波前端的主要功能是前置放大、滤波、强信号限幅和控制射频衰减等，图2.10与图2.11所示为两种典型微波前端原理结构简图。

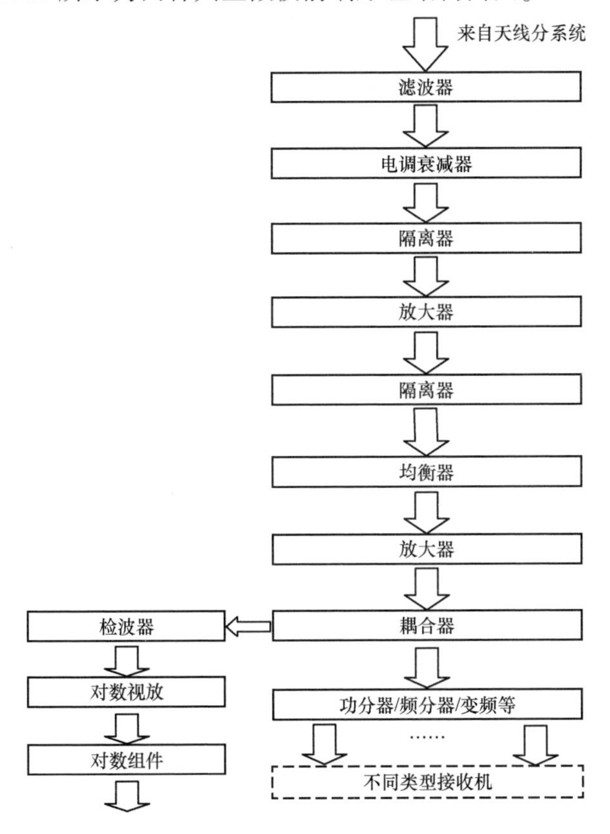

图2.10　典型微波前端组成结构简图（1）

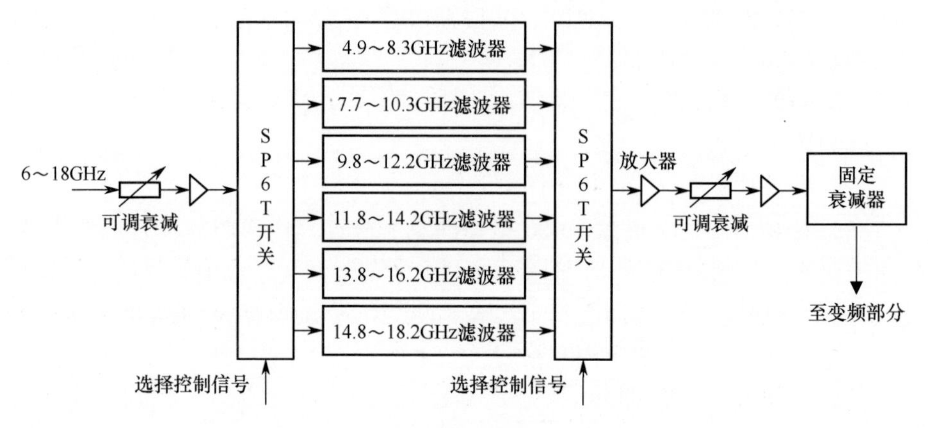

图 2.11　典型微波前端组成结构简图（2）

在图 2.11 中，微波前端对天线分系统输入的 6～18GHz 微波信号进行衰减、放大、SP6T 开关选择后，送 6～18GHz 开关滤波器进行信号选择滤波，被选择的某一通道的信号经 SP6T 开关选择后输出，经放大、衰减后送后端变频部分。

2.2　接收机分系统

2.2.1　功能简介

接收机分系统是雷达对抗侦察系统的重要组成部分，主要用于接收微波前端分系统送来的射频雷达信号，并进行选择、滤波、放大和参数测量等。接收机分系统主要包括测向接收机和测频接收机。测向接收机与天线分系统配合，完成对雷达信号的方位测量。测频接收机主要用于测量雷达信号的载频，通常还输出雷达视频脉冲用于时序控制和脉冲参数的进一步测量。其中，数字化测频接收机可以实现对雷达中频信号的采样量化处理，输出雷达脉冲描述字（PDW）。

2.2.2　主要技术指标

本节讨论那些带有 PDW 输出的接收机的性能指标，这些指标既可用于模拟接收机，也可用于数字接收机，输入信号被限制在一个或同时两个。

1. 单信号输入性能指标

（1）工作频率范围：接收机能够接收的最大信号频率值与最小信号频率

值的差。在雷达对抗侦察系统中，单部接收机的工作频率范围一般小于系统的工作频率范围。

（2）频率测量精度：测量频率的可重复性，一般采用多次测量值的均方根来表示。

（3）频率测量分辨力：频率测量数据的最小步长。

（4）灵敏度：接收机可以对输入信号正确检测并且正确编码时的最小输入信号功率。正确编码表明所测量的参数误差在规定的精度之内。

在实际情况下，接收机的灵敏度随着脉冲宽度与载频等参数的变化而变化。一部宽带接收机的灵敏度在整个频率范围内也应该是一个范围，如 -65 ~ -55dBm。因此，确定一部接收机灵敏度时，一般应该给出灵敏度与频率等参数的关系。

（5）动态范围：在接收机不产生虚假响应时所能检测的最大信号功率与灵敏度信号功率之比。实际上接收机动态范围是一个测量值而不是理论计算值。

（6）瞬时带宽：接收机中频输出的带宽。

（7）噪声系数：接收机输入端信号噪声比与输出端信号噪声比的比值。

（8）脉冲幅度分辨力：脉冲幅度测量数据的最小步长。通常用 dB 表示。在脉冲幅度的测量中，输入频率和脉冲宽度保持不变，按照步长增加输入功率，并记录增加每一步长时输出的脉冲幅度。

（9）脉冲宽度测量范围：接收机能够处理的最大脉冲宽度与最小脉冲宽度的差值。

（10）脉冲宽度测量精度：测量脉宽的可重复性，一般采用多次测量值的均方根来表示。

（11）脉冲宽度数据分辨力：脉冲宽度测量数据的最小步长。高的脉冲宽度数据分辨力可以测量短脉冲，低的脉冲宽度数据分辨力可以测量长脉冲。

（12）TOA 数据分辨力：TOA 测量数据的最小步长。由于 TOA 的测量是以接收机内部的时钟作为参考的，因此把测量得到的 TOA 与入射脉冲进行比较没有实际意义，通常的做法是测量 TOA 差。

（13）到 AOA 数据分辨力：AOA 测量数据的最小步长。

（14）吞吐率：接收机在单位时间内可以处理的最大脉冲数。

（15）阴影时间：接收机对相邻的两个脉冲进行编码时，脉冲的下降沿与下一个脉冲的上升沿之间的最小时间间隔。这个参数通常与 PW 有关，这里按照最小脉冲宽度来定义。

（17）延迟时间：脉冲到达接收机的时间到接收机输出脉冲描述字的

时间。

（18）虚警率：接收机输入端无信号时，单位时间内报告的虚警次数。

2. 两个同时到达信号输入性能指标

为了简化讨论，以下定义仅适用于相同脉宽和时间上重合的两个输入信号。

（1）频率分辨力：接收机能够对其进行正确编码、入射角相同的两个同时到达信号的最小频率间隔。

（2）无杂散动态范围：接收机能够对其进行正确编码而且不会产生可检测的三阶互调分量的最大信号电平与灵敏度信号电平之比。三阶互调分量是指当接收机输入端存在两个频率分别为f_1、f_2强信号输入时，可能会产生频率值为$2f_1-f_2$或者$2f_2-f_1$的信号输出。

（3）瞬时动态范围：接收机可以对同时接收到的一个最大信号和一个最小信号进行正确编码时，这两个信号的功率之比。

（4）到达角分辨力：接收机可以对在相同频率上同时接收到的两个辐射源进行正确编码时，这两个信号的功率之比。

2.2.3 分类及典型结构

进行频率测量是接收机的最重要任务之一，接收机具有很多种类型，每一种类型接收机的测频方法均不同。

雷达对抗侦察接收机种类很多，大致可以分为晶体视频接收机、多波道接收机、射频调谐接收机、超外差接收机、瞬时测频接收机、信道化接收机、压缩接收机、声光接收机及数字接收机等，其中，晶体视频接收机不具有频率测量功能，射频调谐接收机、超外差接收机属于典型的搜索法测频接收机。

1. 晶体视频接收机

晶体视频接收机是所有接收机中最为简单的一种，图2.12所示为一部基本晶体视频接收机原理结构。

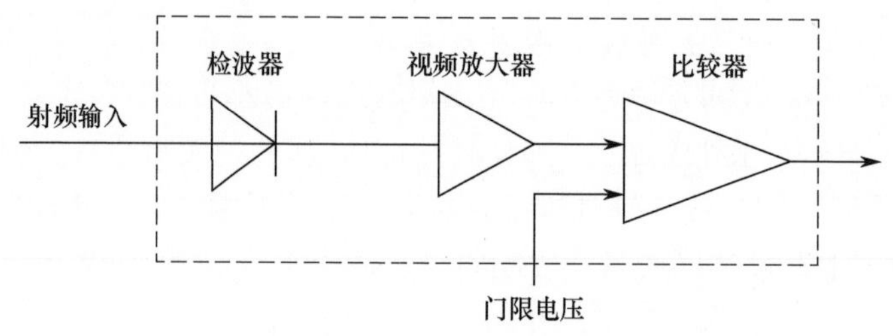

图2.12 基本晶体视频接收机原理结构

基本晶体视频接收机的突出优势是能够覆盖很宽的射频带宽（典型值为几个倍频程），具有很高的截获概率，而且设备简单，体积小，价格便宜，处理速度快。其缺点也很明显，包括灵敏度较低，一部能够覆盖几吉赫兹、增益有限的基本晶体视频接收机的灵敏度典型值为 -30dBm。除灵敏度低之外，基本晶体视频接收机无法获取雷达信号的频率、相位信息，不能从频率上区分信号，因此，对于时间上重合的信号无法进行区分，容易造成对威胁信号的漏警。

基本晶体视频接收机的灵敏度主要由检波器与视频放大器的噪声系数决定，因此，改善灵敏度最常用的方法是改善检波器特性与降低视频放大器的噪声系数。目前，在此基础上多采用的另外一种方法是在检波器前增加一个低噪声射频放大器，当前已经有了能够覆盖很宽带宽的单片微波集成电路，频率覆盖范围能够满足当前雷达对抗侦察系统的需求，如图 2.13所示。

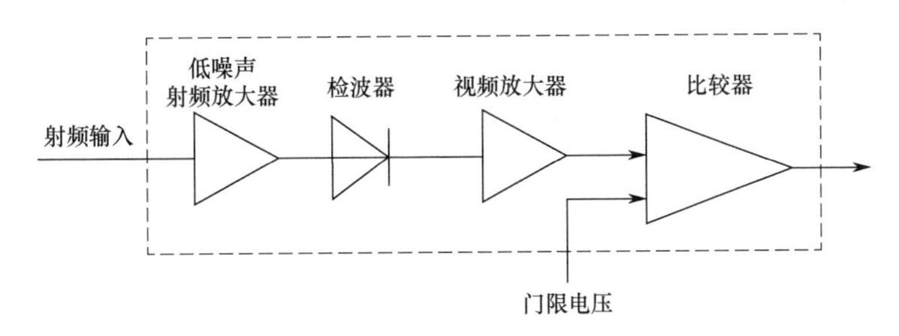

图 2.13 增加射频放大器的晶体视频接收机

由于晶体视频接收机的突出特性，其在电子战领域获得了广泛的应用，具体表现如下。

1）雷达告警侦察设备中的应用

早期雷达告警侦察设备中，不需要提供雷达信号的载频信息，只要测量出雷达信号的 PRI，根据 PRI 的值推断雷达的威胁等级。由于其他类型接收机的推广应用，目前告警设备多已不采用晶体视频接收机，而采用多波道接收机、信道化接收机等。

2）雷达对抗测向分系统中的应用

在比幅法测向系统中，晶体视频接收机获得了广泛的运用，具体见第 3 章“无源定位系统”。

雷达对抗测向分系统中一般会设计副瓣抑制分系统，副瓣抑制分系统中，晶体视频接收机获得了广泛的运用。

任何一部天线的方向图，除了主瓣，还不可避免存在旁瓣与尾瓣。由于它们的存在，不可避免会导致测向的多值性错误，因此必须采取措施，使得雷达对抗侦察系统只有在天线主瓣接收到信号时，才进行处理，而旁瓣与尾瓣接收到信号时，后端不进行处理，该功能由副瓣抑制分系统完成。

副瓣抑制分系统的设计思想为：在主天线的基座上增加辅助天线，辅助天线采用宽波束天线。判定雷达信号位于主天线的主瓣或旁瓣的准则为：当雷达信号在主天线的主瓣区时，主接收天线主瓣增益×主路接收机增益应大于副接收天线增益×副路接收机增益；当雷达信号在主天线的副瓣区时，主接收天线副瓣增益×主路接收机增益应小于副接收天线增益×副路接收机增益，主天线与副天线方向图如图2.14所示。

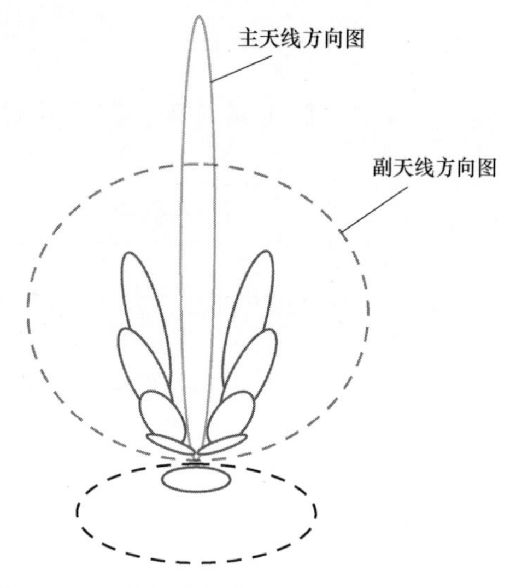

图2.14　副瓣抑制分系统主天线与副天线方向图

副瓣抑制分系统的典型组成如图2.15所示。

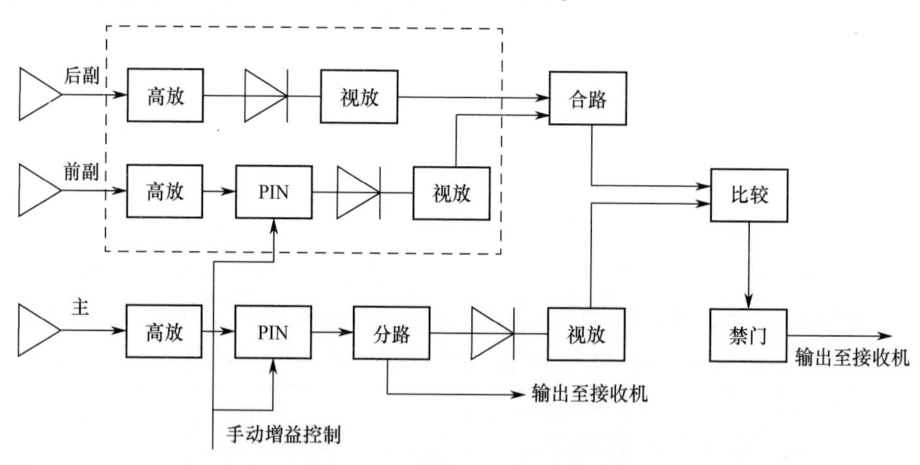

图2.15　副瓣抑制分系统典型组成

图2.15中虚线部分的功能与晶体视频接收机相同。当主路输出的视频信号幅度大于副路视频信号的幅度时（一般为3dB），判定雷达信号来自主天线的主瓣，后端接收机才对输入信号进行处理，否则，不处理。副瓣抑制分系统

主副路视频信号输出与比较示意图如图 2.16 所示。

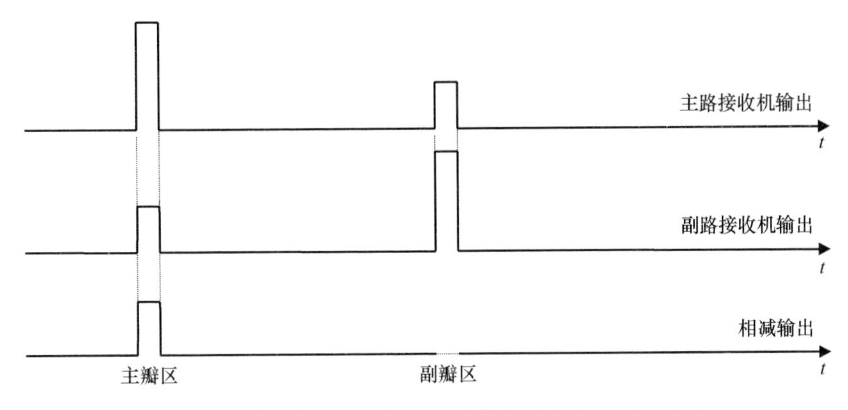

图 2.16 副瓣抑制分系统主副路视频输出与比较示意图

3）与其他接收机配合使用

（1）运用于多波道接收机，见本节的多波道接收机。

（2）运用于瞬时测频接收机，见本节的瞬时测频接收机。

（3）运用于超外差接收机，见本节的超外差接收机。

2. 多波道接收机

从原理构成上看，多波道测频接收机可以看成是 m 个射频窄带滤波器组合后同时接收同一雷达信号，而各窄带滤波器的通带组合后能够覆盖整个侦察频段，多波道测频接收机的组成原理框图如图 2.17 所示。

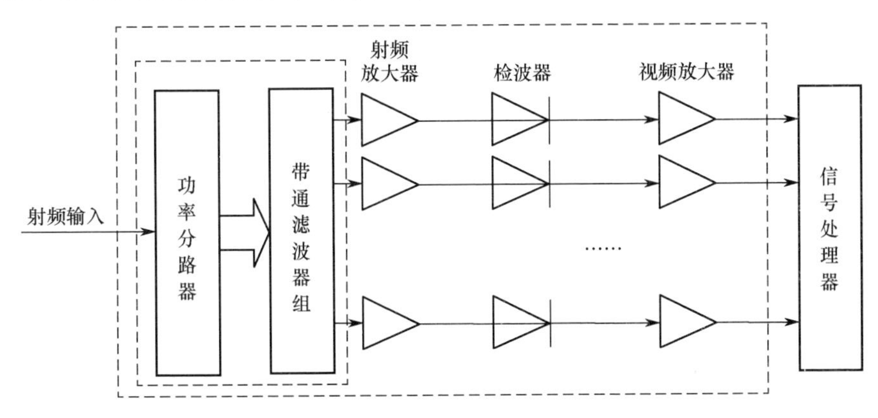

图 2.17 多波道测频接收机的组成原理框图

为了实现对整个侦察频段 $f_1 \sim f_2$ 之间的雷达信号 100% 的截获概率，要求 m 个带通滤波器的通带组合后能够覆盖整个侦察频段，最常见的方法是将侦察频段$f_1 \sim f_2$划分成m个宽度相同的分频段，每个分频段和一个带通滤波器的通带宽度相同。因此，多波道测频接收机的工作过程如下。

（1）微波功率分路器将输入的射频雷达信号（可能含有多个不同频率的雷达信号）从功率上均匀地分成m等份，送给每个带通滤波器。

（2）虽然某个带通滤波器i的输入端可能有多个不同频率的雷达信号，但仅让频率落入窄带带通频率器i通带内的雷达信号通过，其他雷达信号被滤除。微波功率分路器和各带通滤波器合起来可看成是一个频率分路器。

（3）各路检波和视放输出雷达信号包络，并放大到信号处理器要求的电平，其中，射频放大器、检波器、视频放大器组合类似于一个晶体视频接收机。

（4）信号处理器根据收到信号的分波段号数i，可以确定雷达信号频率f_R在第i分波段内。通常，认为雷达信号频率在分波段频率中心处，即

$$f_R = \frac{1}{2}\left[f_1 + \frac{f_2 - f_1}{m}(i-1) + f_1 + \frac{f_2 - f_1}{m}\right] = f_1 + \frac{f_2 - f_1}{m}\left(i - \frac{1}{2}\right) \quad (2.7)$$

（5）频率模糊区的产生及克服。由于多波道测频接收机的带通滤波器频率特性不是理想矩形，因此在相邻频带需要有部分重叠，以便使整个频带衔接良好。当信号频率处于频率重叠区时，相邻波道都有信号输出，使得信号处理器无法确定信号频率处于相邻波道中的哪一个，或是由于有两个信号分别处于不同的波道中，这样就出现了测频模糊。

解决的方法通常是采用封闭电路，即让第i路输出视频脉冲信号去封闭第$i+1$路的视频输出。当相邻两路的视频输出是由同一个雷达信号引起时，由于两个分波道输出视频脉冲的时刻相同，第$i+1$路输出通路就被第i路输出视频信号所封闭，仅有一路（第i路）分波段有输出信号；当相邻两路雷达信号是由不同载频的雷达信号引起时，由于两个雷达脉冲的到达时刻和脉宽不可能完全相同，因此第$i+1$路分波段输出信号大多数情况下可以通过封闭门，不受第i路分波段输出信号的封闭，这时信号处理器就可正确确定有两个不同频率的雷达信号处于相邻的分波段中。

多波道测频的性能指标如下。

① 频率分辨力和测频精度。由于分波道带宽为$\Delta f = \frac{f_2 - f_1}{m}$，最大测频误差$\delta_{f\max}$和频率分辨力分别为$\Delta f/2$和$\Delta f$。而受到体积的限制，分波道数$m$不能太大，通常$m$为10～20左右。又由于带通滤波器处在微波频段，无法制造出很窄的带宽，因此Δf通常要在50MHz以上，不能实现精确测频，通常只能作为频率粗测部分，在进行频率粗测引导接收机使用时，Δf的取值大于500MHz。

② 由于送到每个分波段的信号功率只有输入功率的 $1/m$，因此灵敏度受到影响，通常要低于高灵敏度的超外差接收机，在天线后加射频宽带放大器可以提高灵敏度。

③ 由于没有本振等搜索部分，总的结构简单，工作可靠，对单脉冲的截获概率为 100%。

鉴于多波道接收机的特点，在现代电子战系统中，多与其他测频精度高的接收机配合使用，作为其他接收机的引导接收机，提高截获概率。例如，对于 1～18GHz 的侦收频率范围，可以采用多波道接收机作为频率粗引导，每个波道的带宽设置为 1GHz，可以快速截获雷达信号。

3. 射频调谐接收机

某些场合，在晶体视频接收机的基础上，插入一个预选滤波器（YIG 调谐滤波器等可调谐滤波器）来限制输入信号的射频带宽，预选滤波器可以提供输入信号的粗频率信息。更为重要的是，预选滤波器降低了噪声带宽，但是预选滤波器所引入的额外损耗将部分抵消降低噪声带宽的效果。在检波器前增加窄带可调谐射频滤波器的晶体视频接收机称为射频调谐接收机。

射频调谐接收机是最简单的测频接收机，基于 YIG 预选滤波器的射频调谐接收机的原理构成如图 2.18 所示。YIG 预选滤波器就是一个通频带可调谐的高频窄带滤波器，它在侦察频段内调谐，选择所需信号，抑制通带外的信号和干扰，检波、视放的功能与基本晶体视频接收机相同。

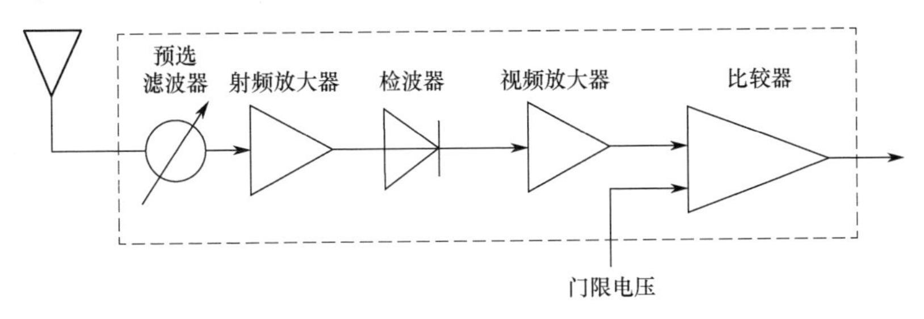

图 2.18　基于 YIG 预选滤波器的射频调谐接收机的原理构成

这种接收机的灵敏度由 YIG 预选器的损耗（每级约 1dB）和检波器、视频放大器的内部噪声所决定，其中检波器和视频放大器的内部噪声是限制灵敏度的主要因素。带有 YIG 预选器的搜索式测频接收机速度慢，因此可与其他能够快速截获信号的接收机组合使用。例如，可以采用多波道接收机作为射频调谐接收机的频率引导分机，多波道接收机完成频率的粗测，并引导射频调谐接收机完成频率的精测。

多波道接收机与射频调谐接收机相配合能够完成雷达信号的快速截获与频率测量，多波道接收机粗测信号载频，目的是提高截获概率，为精测信号载频提供频率引导。图 2.19 所示为多波道接收机与射频调谐接收机组合设计的典型结构。假设接收系统工作频率范围为 8～12GHz，多波道接收机将 8～12GHz 波段细分为 4 个分波段，每一个分波段为 1GHz 带宽。当任何一个波段接收到雷达信号后，送接收机经高频放大器、功率分配器分别送到粗测和精测支路，粗测支路经频率分路器、检波器、对数视放后送到信号控制器，指示雷达信号所处的分波段，对雷达信号进行粗测和对精测信号载频提供频率引导，并可选择该波段的信号进行分析处理。当接收到的雷达信号经高频放大器、功率分配器送到射频调谐接收机后，由信号预处理经信号控制器送来的扫频电压，控制 YIG 滤波器的调谐频率正好对准雷达信号的载频，这样 YIG 滤波器才有信号输出；经隔离器送到检波器，经过对数放大器送至信号控制器，经信号控制器的选择控制后送到信号处理机进行参数分析测量，精测载频。

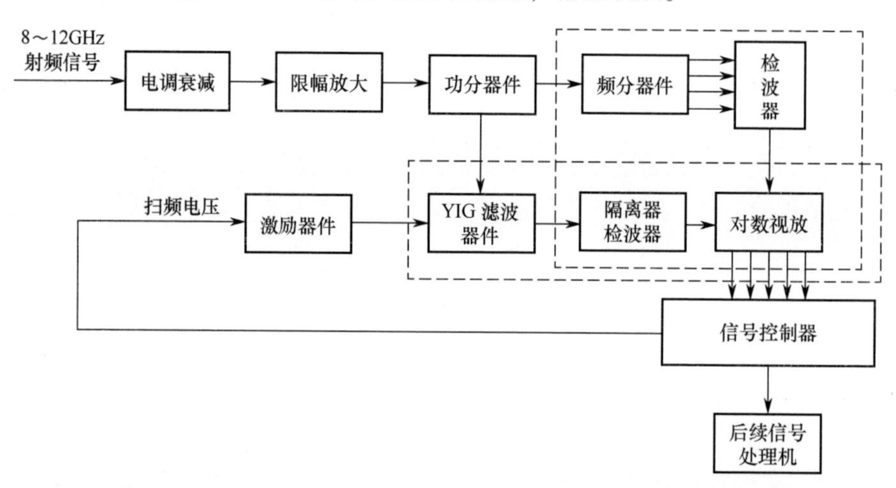

图 2.19　多波道接收机与射频调谐接收机组合设计的典型结构

射频调谐接收机的频率分辨力由 YIG 预选滤波器的瞬时带宽决定。测频精度不仅与 YIG 预选器的瞬时带宽有关，还与 YIG 的频率－温度漂移、YIG 调谐特性的线性度与滞后效应有关。由于 YIG 预选滤波器从本质上讲是处于微波频段的带通滤波器，它的瞬时带宽 Δf 与工作频率 f_0 之间的比例 $\Delta f/f_0$ 通常在 1% 左右，若 f_0 为 10GHz，则 Δf 在 100MHz 左右。因此，射频调谐接收机的频率分辨力和测频精度是较低的，但它的结构简单、可靠，不存在镜像干扰信道，而且测频范围可达几个甚至十几个倍频程，如果在预选器中间加上射频放大器，还可改善灵敏度低的缺点。

4. 超外差接收机

1）基本超外差接收机

超外差接收机的应用范围很广，在电子战应用中，超外差接收机具有较高的灵敏度、较大的动态范围与很好的频率选择性，这些均是现代战场上高密度信号环境中的重要考虑因素。因此，超外差接收机是很理想的选择，特别是电子战情报侦察系统中，超外差接收机几乎是必不可少的接收机。

基本超外差接收机的原理组成如图 2.20 所示。

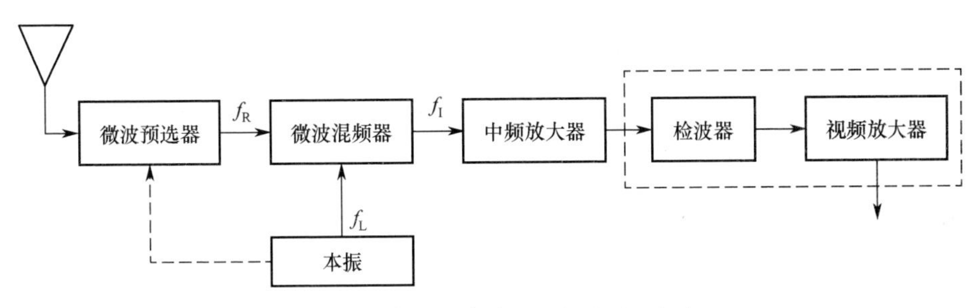

图 2.20　基本超外差接收机的原理组成

基本超外差接收机重点应关注以下几个方面。

（1）微波混频器的输入信号：由载频为f_R的雷达信号和频率为f_L的本振信号两部分组成。通常，雷达信号是载频f_R不变的脉冲信号，而本振信号是频率f_L连续变化的连续波信号。

（2）混频器的输出信号：由于混频器的非线性作用，它的输出信号频率f_I包含了本振信号和输入雷达信号的各次谐波组合，即输出信号的频率f_I有以下频率成分。

$$f_I = mf_L + nf_R \tag{2.8}$$

式中：m、n 为任意整数。

f_I 的频率成分虽然多，但从各种频率成分拥有的功率来看，由于本振信号通常比输入雷达信号强得多，因此在混频过程中只需考虑输入雷达信号的基波成分（$n = \pm 1$）。同时，由于本振信号的谐波功率大约以 $1/m^2$ 的规律下降，因此在混频过程中也只需考虑 $m = \pm 1$ 的情况。设 $m = 1$，$n = -1$ 时的情况为主信道，即有用信号为$f_R = f_L - f_I$，则 $m = -1$，$n = 1$ 时的情况为镜像频率干扰信道，镜像频率为$f_M = f_L + f_I$，主信道与镜像信道的关系如图 2.21 所示。

在设计搜索式超外差接收机时，通常选择输出信号幅度最强的$f_I = f_L - f_R$中频信号作为有用信号频率，而微波混频器输出的其余信号作为干扰信号，f_I是中放通频带的中心频率。

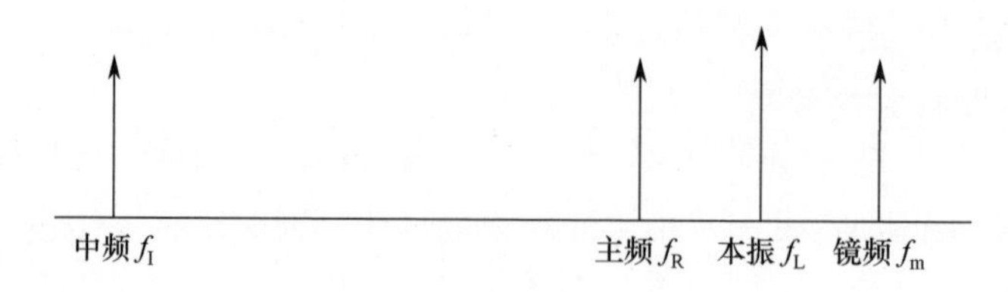

图2.21 主信道与镜像信道的关系

(3) 中放的输出差频信号：中放就是一个中频窄带选频放大器，仅当$f_I = f_L - f_R$随f_L的变化到落入中放通频带时，中放才输出并放大频率为f_I的中频信号。超外差接收机的本振和中放的有关参数是经过特别设计的，使此时混频器输出的其他频率成分始终不可能落入中放通频带而被滤除。

(4) 检波和视放电路的作用是取出中频脉冲的包络并放大到处理机需要的视频电压，其功能与晶体视频接收机相同。

(5) 超外差接收机的本振。超外差接收机的本振是超外差接收机的一个重要组成部分，本振的频率稳定度和调谐曲线（频率—控制电压）的线性程度直接影响到测频精度。本振的调谐速率决定超外差接收机的搜索速度。

超外差接收机的本振主要有两种类型：频率合成器和电压控制振荡器（VCO）。

频率合成的方法有直接频率合成和间接锁相环频率合成两种。它们的共同特点是输出信号的频率是离散分布的，各频率点有一定的间隔，并均匀地分布在本振变化范围内。通过频率控制码可以选择任意一个频率点，输出该频率的信号，从而容易实现步进搜索中的灵巧频率搜索，并且频率精确度和稳定度都很高。缺点是输出频率不是连续可调的，并且随着输出频率点的增加，频率合成器的体积增大。

VCO常用于超外差接收机的本振，但是VCO的调谐曲线（频率-控制电压）通常是非线性的，即输入控制电压是锯齿波时，输出信号频率并不是线性增长的，常见情况是输出信号频率f近似与输入控制电压的平方根$\sqrt{v}$成正比。因此，不能方便地从锯齿波电压的电压值或扫描时刻换算出此时本振的输出信号频率。由于VCO的调谐曲线是单调并且光滑的，即在任意控制电压上输出频率只可能有一个，控制电压连续增加时，输出频率也连续增加。因此，这种非线性调谐曲线可以利用线性化装置加以校正，使得输入控制电压和输出信号频率之间的调谐曲线变换成线性。

对于基本超外差接收机来说，最严重的问题在于存在干扰信道问题，特别是镜频干扰，消除镜像信道的方法是采用以下两种改进的超外差接收机。

（1）预选器－本振统调超外差接收机。在混频器之前加上一个与本振统调的预选器（即通频带始终对准$f_L - f_I$的带通滤波器），就可增强接收机的频率选择性，只让主信道内的信号输出，而滤除镜像信道和其他干扰信道。

（2）高中频超外差接收机。抑制镜像信道干扰信号的另一种方法是提高中放的频率，用这种方法抑制镜频干扰的超外差接收机，称为高中频超外差接收机。在中频选择时，中频必须大于1/2的测频范围才能达到高中频抑制镜频干扰的目的，中频越高，镜频离开信号频率越远，抑制镜频干扰的效果越好。但中频太高时，中放的选择性和增益将变坏，通常取$f_I = (0.6 \sim 0.7) \cdot |f_2 - f_1|$，其中$f_2$为超外差接收机测频上线，$f_1$为超外差接收机测频下线。例如，带通滤波器限定了接收机的测频范围为2000～3000MHz，中放频率选为$f_I = 0.6 \cdot |f_2 - f_1| = 600$MHz，当本振在2600～3600MHz范围内搜索时，主信道的频率范围正好是2000～3000MHz。相应的镜像信道的频率范围为3200～4200MHz。由于在频率搜索过程中，任意f_L值对应的镜像频率都处于带通滤波器的通频带之外，从而有效地抑制镜像频率的干扰。

超外差接收机的主要性能指标如下。

（1）频率分辨力和测频精度。由于仅当中频信号落入中放通频带时，雷达信号才能输出，因此频率分辨力和测频精度分别为中放带宽的100%和50%，一般可达兆赫兹量级。

（2）灵敏度和动态范围。由于超外差接收机的中放带宽很窄，内部噪声可以做到很小，中放增益可以很大，而接收机不自激，再加上超外差接收机通常在混频器之前加射频放大器，因此接收机的灵敏度很高。由于超外差接收机的放大电路有多级对数放大器，因此动态范围也很大。

（3）测频范围。由于测频本振的调谐范围可达几个倍频程，因此测频范围由本振调谐范围决定。超外差接收机由于瞬时测频范围只有中放带宽Δf_I那么大，存在频率分辨力与截获概率之间的矛盾。

总之，超外差接收机除了截获概率低的主要缺点，其他性能指标都很好。在电子情报侦察中，需要从密集雷达信号中，消除其他信号的干扰，对某个信号进行精确的分析，这时超外差接收机是电子情报侦察设备必备的测频接收机。

超外差接收机可以分为三类，分别是窄带超外差接收机、宽带超外差接收机、宽带预选超外差接收机。

（1）窄带超外差接收机。在侦察接收机的工作波段内，窄带微波预选器与本振统调，从而实现对频率的顺序调谐，对每个频率分辨力单元进行顺序调谐，对每个频率分辨力单元进行侦察。这种接收机以牺牲截获时间为代价换取高的频率分辨力，降低了频率截获概率，难以检测频率捷变信号和线性调频等扩谱信号。窄带超外差接收机除了频率分辨力高，还具有灵敏度高、抗干扰能力强、输出信号流密度低、对信号处理机速度的要求可以放宽等优点。

（2）宽带超外差接收机。由于窄带超外差接收机的射频带宽受微波预选器的限制，一般为20～60MHz。如果将带宽展宽到100～200MHz，再与宽带中频放大器相连接，便构成了宽带超外差侦察接收机。与窄带超外差接收机相比，宽带超外差接收机存在以下优点：能检测和识别宽带雷达信号，如线性调频、相位编码、频率捷变等信号；由于瞬时带宽的扩展，缩短了对给定测频范围的扫描时间，提高了截获概率。随着带宽的增加，接收机的灵敏度也随之下降。

（3）宽带预选超外差接收机。如果采用宽带预选器和高中频频率，便可以进一步展宽超外差侦察接收机的瞬时带宽。

晶体视频接收机的灵敏度与频率选择性差，在检波器前增加射频放大器可以改善晶体视频接收机的灵敏度，但是这种补救放大要求有带宽很宽的微波放大器，这种放大器的价格是很昂贵的。在检波器前增加可调谐射频放大器可以改善晶体视频接收机的频率选择性，但是这将增加晶体视频接收机的成本和复杂性，且测频精度低。超外差接收机不需要宽带射频放大器就能在很宽的频率范围内得到高灵敏度，而且超外差接收机本质上就是一种选频接收机，测频精度高，能够对雷达信号进行精确分析，唯一的缺点就是截获概率低。

实际在制作一部超外差接收机的过程中，一般将超外差接收机分为几大部分，分别为变频组件、本振、中频解调器及接收机控制器等，如图2.22所示。

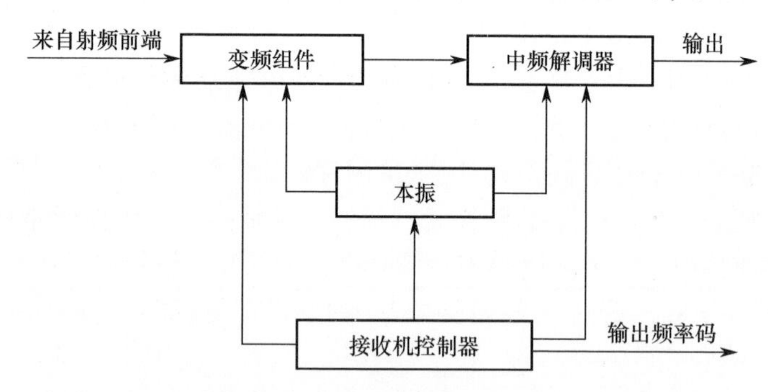

图2.22 超外差接收机原理结构

变频组件完成对射频信号的变频，得到雷达中频信号进入中频解调器。变频组件是超外差接收机的前端装置，可将信号进行预选，多级混频，产生中频信号。

中频解调器完成对中频信号的带宽选择、保幅、保宽脉冲形成、鉴频、中频放大等解调器功能，中频解调器的保宽、保幅、鉴频输出送参数测量器进行幅度、频率量化，然后把量化结果送接收机控制器处理。

接收机控制器完成频率测量、扫描方式控制、中频衰减、中频带宽变换、虚假信号判别等。

2）零差接收机

零差接收机（homodyne receiver）是一种特殊的超外差接收机。零差接收机与普通超外差接收机的主要区别是：零差接收机的本振频率等于输入射频信号的载频。事实上，零差接收机的本振通常是直接从输入射频信号得到的，图2.23所示为基本零差接收机的示意图。

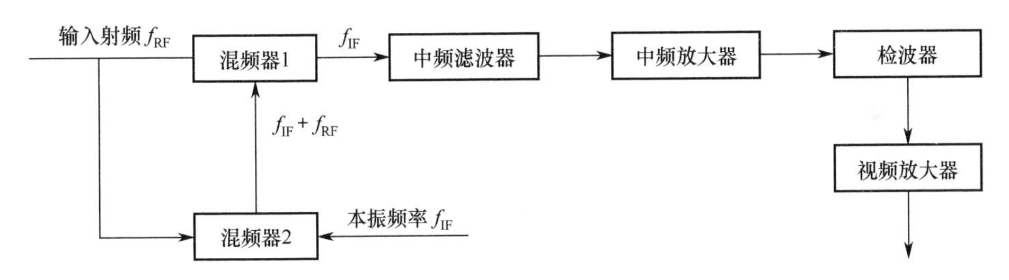

图2.23　基本零差接收机的示意图

输入射频信号被分为两路，一部分射频信号 f_{RF} 与频率为 f_{IF} 的固定频率振荡器进行混频来产生本振频率 $f_{RF}+f_{IF}$，固定频率振荡器的频谱纯度能极大地影响接收机的噪声系数，因此在设计这种振荡器时必须特别小心。接着，本振频率又与射频信号混频，产生固定中频 f_{IF}。这种接收机可能会存在本振直通问题。当没有射频输入信号时，两个混频器隔离固定本振信号，使它不进入中频滤波器。当存在输入射频信号时，尽管不能确定输入射频信号频率 f_{RF}，但在中频滤波器的输出端将能够检测到信号。因此，基本零差接收机的作用很像晶体视频接收机。

在零差接收机中，不管射频信号如何改变，本振频率总是有同样变化。因此，混频器1的输出为频率为 f_{IF} 的单一中频信号。因此，零差接收机能够检测在单一信道中是否有很宽带宽信号（如扩频信号、线性调频信号、相位编码信号等）的存在，并且具有很高的灵敏度与信号截获概率。

3）I-Q 正交接收机（零中频接收机）

I-Q 接收机也称为零中频接收机，图2.24所示为一个I-Q接收机的原理结构简图。

第二本振精确调谐到输入中频信号的中心频率上，一般要求用某种鉴频器来帮助设置第二本振的频率。与包络检波器不同的是，由于输出中有信号包络的正交分量，因此I-Q 接收机保留了基频信号的相位信息。

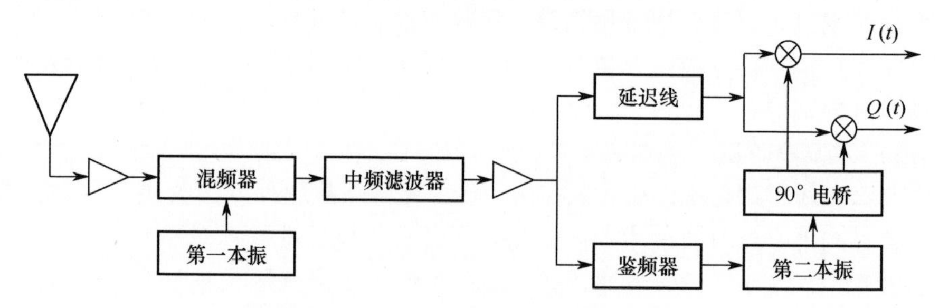

图 2.24　I-Q 接收机的原理结构简图

4）超外差接收机例子

下面介绍一个超外差接收机的示例，该接收机工作频率范围为 0.5 ~ 18GHz，接收系统采用多级本振、多级变频的方案。第一中频较高，目的在于尽量减少虚假信号的产生，用较窄的本振达到较宽的工作频带，用多级本振、多级变频达到需要的频率分辨力。该接收机同时具有高中频（1.3GHz）、宽带宽（200MHz）与低中频（170MHz）、窄带宽（50MHz）两个输出。接收机中的各个功能模块能够在同一机箱内安装完成，是一个一体化的超外差接收机。

该超外差接收机主要包括变频通道、本振组件、中频解调器、控制器、虚假判别和电源等几大模块，具有较宽的工作频带和各种工作方式，对外提供各种中视频信号和数字信息，控制方便灵活，人机界面友好，能适应各种场合的使用需求，其原理结构框图如图 2.25 所示。

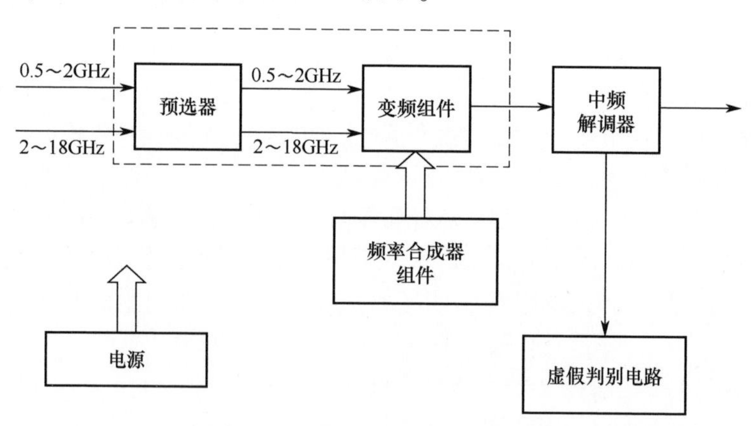

图 2.25　某超外差接收机原理结构框图

超外差接收机的工作过程：射频信号进入超外差接收机后首先进入变频通道，变频通道由预选器和变频组件组成，预选器将0.5～18GHz的射频信号分为两个波段，0.5～2GHz为低端（LB），2～18GHz为高端（HB），0.2～18GHz的射频信号被进一步划分为多个子波段，预选某个频段后，信号送入变频组件。

变频组件的电路框图如图2.26所示，下变频采用三级变频方案，其中第一及第二中频为高中频，在变频组件中将0.5～18GHz的射频信号经过3次变频，输出信号为解调器所需的170MHz中频信号。中频解调器完成对中频信号的带宽选择、保幅、保宽脉冲形成、鉴频、中频放大等解调器功能。首先中频解调器的保宽、保幅、鉴频输出送A/D量化电路进行幅度、频率量化；然后把量化结果送接收机控制器处理。接收机控制器采用单片机完成频率测量、频段扫描、频率驻留和中频衰减、中频带宽、连续波测量等控制，中频解调器的原理框图如图2.27所示。

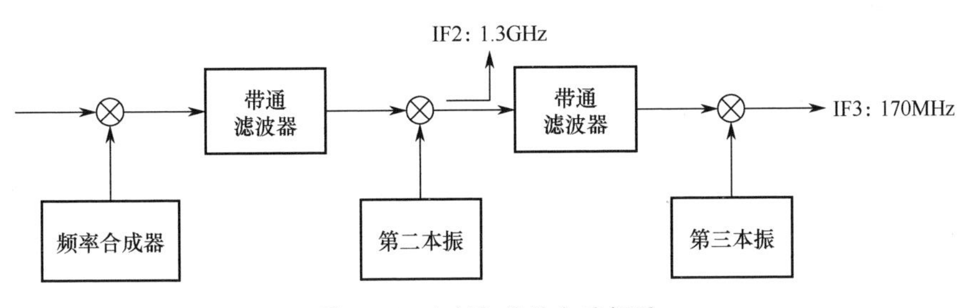

图2.26　变频组件的电路框图

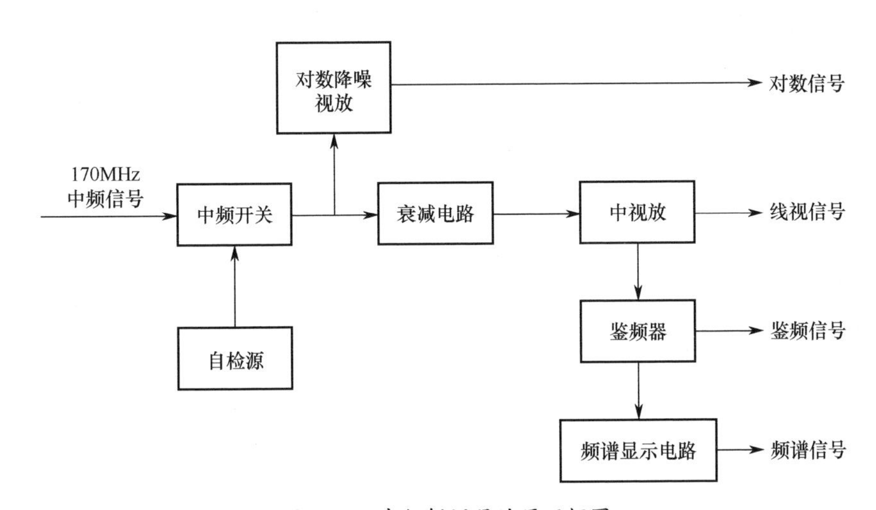

图2.27　中频解调器的原理框图

鉴频器的工作原理：本振频率和信号频率之差偏离额定中频 170MHz→鉴频器根据偏离频率额定中频值输出正、负脉冲→正、负脉冲馈入接收机控制器→接收机控制器改变本振频率使它和信号频率的差频逼近额定中频频率170MHz→最终使本振频率和信号频率差频为准确的 170MHz→接收机控制器在本振频率码上减去频率码 170MHz 提供给频率全景显示器的显示频率码即信号频率。

鉴频器输出的误差电压被送到接收机控制器，接收机控制器即改变频率综合器频率，使本振频率和信号频率之差为 170MHz。

滤波器和本振根据任务要求在接收机控制器的控制下，搜索感兴趣的频段。当有信号进入接收机带宽，接收机控制器将根据鉴频器输出的误差信号调整频率合成器的频率，直到频率对准并锁定为止，并将此时的本振频率码、视频信号、中频信号等送至窄带信号处理器，信号处理器完成一系列运算处理后，接收机又将继续搜索新的信号，这种技术也称为自动频率控制（AFC），如图 2.28 所示。

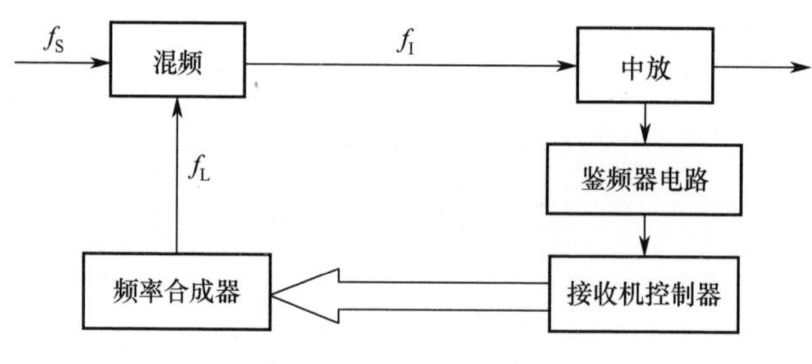

图 2.28 AFC 原理框图

频率合成器对接收机控制器送来的本振码进行相关处理，合成连续波信号，送至超外差接收机的变频通道，作为混频器的本振信号。本振由频率合成器（一本振）、点频源组（二本振）和三本振组成，它是外差接收机的核心，通常采用直接数字频率合成、锁相等先进技术。鉴频器根据由中放输入的中频信号的频率给出不同极性、不同幅度的电平，输出至接收机控制器。

接收机控制器是超外差接收机的主要组成部分，它同步控制外差接收机的变频通道、本振和中频解调器协调工作以进行信号搜索，并将获得的信号频率送给信号处理器；能够接收系统计算机的命令来改变扫描参数、工作方式和频率扫描方式等。

5. 瞬时测频接收机

1）概述

瞬时测频（IFM）接收机的主要作用是对输入的微波射频信号进行频率测

量，给出频率码。接收到信号后能够进行频段告警并进行显示。瞬时测频接收机还能够对接收到的连续波信号进行判别，给出连续波告警信号并进行指示。

2）主要性能指标

瞬时测频接收机主要包括以下性能指标。

（1）工作频率范围。瞬时测频接收机的工作频率范围较大，能够超过一个倍频程。

（2）工作灵敏度。瞬时测频接收机的灵敏度一般小于超外差接收机，典型值为 -60 ~ -50dBm。

（3）测频精度。瞬时测频接收机的测频精度一般小于超外差接收机，典型值为几兆赫量级。

（4）动态范围。瞬时测频接收机的动态范围一般小于超外差接收机，典型值为 50dB。

（5）适应脉冲参数范围。包括重复周期范围与脉冲宽度范围。

（6）输出频段码。输出频率码的位数。

3）瞬时测频接收机的基本原理

瞬时测频接收机的测频原理是利用微波信号的干涉原理将频率测量转化为对相位的测量，其关键的器件是微波鉴相器，或称为相关器。图 2.29 给出了一个最简单的微波鉴相器的原理示意图，它由功率分配器、延迟线、相加器以及平方律检波器构成；其作用是实现信号的自相关算法，得到信号的自相关函数，具体过程如下。

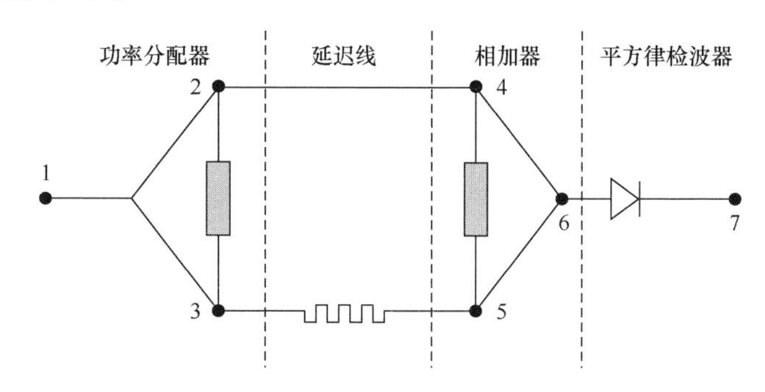

图 2.29 微波鉴相器的原理示意图

假设输入信号为复信号：

$$u_1 = \sqrt{2}Ae^{j\omega t} \tag{2.9}$$

功率分配器将输入信号功率等量分配，则“2”点和“3”点的电压分别为

$$u_2 = u_3 = A\mathrm{e}^{\mathrm{j}\omega t} \tag{2.10}$$

图中“4”点相对于“2”点的相移为0，可以得到 $u_4 = u_2$，而“5”点相对于“3”点有一个时延，设延迟线长度为 ΔL，延迟线中的电波传播速度为 c_{g}，可以得到延迟线对应的延迟时间为 $T = \Delta L/c_{\mathrm{g}}$，可以得到“5”点的电压为

$$u_5 = u_3\mathrm{e}^{-\mathrm{j}\omega T} = u_3\mathrm{e}^{-\mathrm{j}\omega\frac{\Delta L}{c_{\mathrm{g}}}} = A\mathrm{e}^{\mathrm{j}(wt-\varphi)} \tag{2.11}$$

式中，$\varphi = \omega T = \omega\Delta L/c_{\mathrm{g}}$ 为延迟线对应的相移。

经过相加器，可以得到“6”点的电压为

$$u_6 = u_4 + u_5 = A\mathrm{e}^{\mathrm{j}\omega t}(1 + \mathrm{e}^{-\mathrm{j}\phi}) \tag{2.12}$$

经过平方律检波器，输出的视频电压，即“7”点的电压为

$$u_7 = 2KA^2(1 + \cos\omega T) \tag{2.13}$$

式中：K 为检波效率，在平方律区域内是一个常数；ω 为待测雷达信号的角频率，$\omega = 2\pi f$。

从上面的分析可以得出以下几点。

（1）要实现自相关运算，必须满足条件：$T < \tau_{\min}$（$\tau_{\min}$ 为测量脉冲的最小宽度），否则不能实现相干，这限制了延迟时间的上限。

（2）由于信号的相关函数为周期函数，因此，只有在 $0 \leqslant \phi < 2\pi$ 区间才可以单值地确定接收机的频率覆盖范围。

相移与频率之间的关系为

$$\phi = 2\pi fT \tag{2.14}$$

那么，在接收机的瞬时频带 $f_1 \sim f_2$ 范围内，最大相位差为

$$\Delta\phi = \phi_2 - \phi_1 = 2\pi(f_2 - f_1)T = 2\pi \tag{2.15}$$

所以，对于给定延迟时间 T 的相加器，最大单值瞬时测频范围为

$$f_2 - f_1 = \frac{1}{T} \tag{2.16}$$

这就说明延迟线的长度决定了单值测频范围，要扩大测频范围只有采用短延迟线。

（3）信号自相关函数输出与信号的输入功率成正比。这样，输入信号幅度的不同会影响后续量化器的正常工作，增大测频误差。因此，在鉴相器之前必须对信号限幅，保持输入信号幅度在允许的范围内变化。

（4）在检波器的输出信号中，除了有与信号频率有关的分量，还包括与信号频率无关的分量，应尽量消除其影响。

上面分析了最简单的鉴相器的基本原理，它虽然能够将信号的频率信息转变为相位信息，完成鉴相任务，但它的性能不够完善，实际应用时需要对其进行改进。图2.30给出了一个实用微波鉴相器的原理示意图，它由功率分配器、

延迟线、90°电桥、平方律检波器和差分放大器等部分组成。

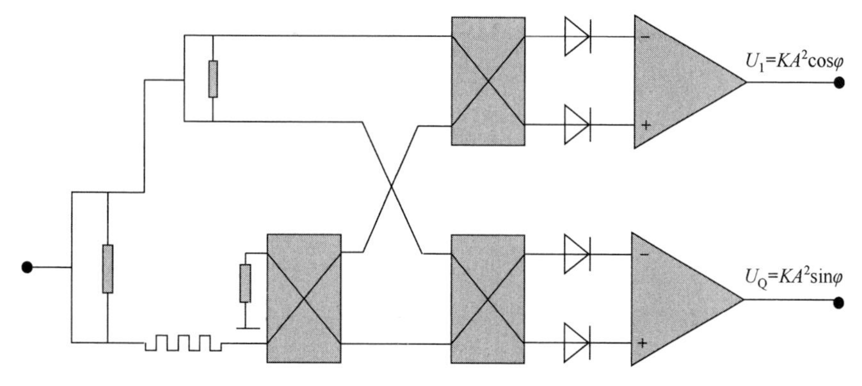

图 2.30　实用微波鉴相器的原理示意图

从图 2.30 中可以看出，实用的微波鉴相器输出一对正交量为

$$\begin{cases} U_{\mathrm{I}} = KA^2\cos\varphi \\ U_{\mathrm{Q}} = KA^2\sin\varphi \end{cases} \tag{2.17}$$

U_{I}和 U_{Q}的合成向量为一个极坐标表示的旋转向量，其模为

$$|U_{\Sigma}| = |U_{\mathrm{I}} + \mathrm{j}U_{\mathrm{Q}}| = KA^2 \tag{2.18}$$

其相角为

$$\varphi = \frac{\Delta L}{\lambda_{\mathrm{g}}}2\pi = \frac{c_{\mathrm{g}}}{\lambda_{\mathrm{g}}}\frac{\Delta L}{c_{\mathrm{g}}}2\pi = 2\pi fT \tag{2.19}$$

式中：λ_{g}为延迟线中的信号波长；c_{g}为延迟线中的电波速度；ΔL 为延迟线长度；T 为延迟线的延时；f 为输入信号的载波频率。

由式（2.19）可见，合成矢量的相位与载波频率成正比，实现了频/相变换，但必须对电角度加以限制，使 $\Delta\phi_{\max} = 2\pi$，这样侦察接收机的不模糊测频范围为 $\Delta F = 1/T$。

传统的模拟式比相法瞬时测频接收机将 U_{I}和 U_{Q}分别加到静电示波器的水平偏转板和垂直偏转板上，那么相对 x 轴的夹角则为 ϕ，能单值地表示出被测信号的载波频率，实现测频，如图 2.31 所示。模拟式比相法瞬时测频接收机的优点主要体现在：电路简单，体积小，重量轻，运算速度快，能实时地显示被测信号频率。该接收机的缺点也很明显，主要表现在：测频范围小，精度低，同时二者之间的

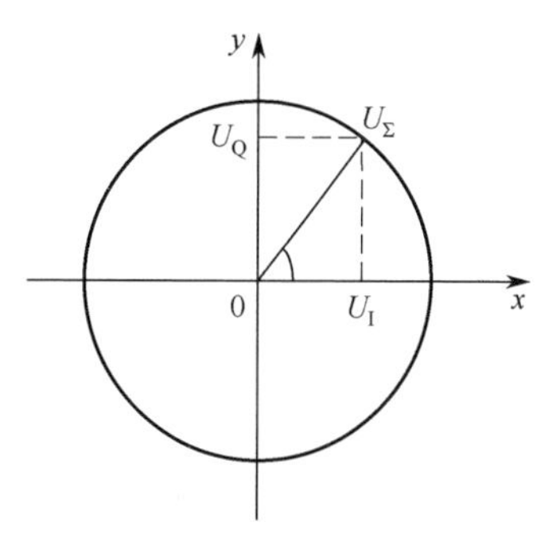

图 2.31　正交函数的合成矢量

矛盾难以统一；灵活性差，无法与计算机连用。

现代的接收机采用的瞬时测频接收机基本上都是数字式，可以对式（2.17）的两路正交信号进行幅度采样，利用三角关系计算出相位关系。但是，由于不同信号幅度的变化，给计算带来了一定的困难，影响计算时间，不能满足瞬时测频技术对时间的严格要求。现代的接收机多采用极性量化方法，下面将重点讨论极性量化器的工作原理。

如果将正交两路正弦电压分别加到两个电压比较器上，输出正极性时逻辑为“1”，输出负极性时逻辑为“0”，可以将 0 ~ 2π 划分为 4 个区，如图 2.32 所示。这样就可以把 0° ~ 360°量化到 90°，从而构成了 2bit 量化器，如表 2.1 所列。

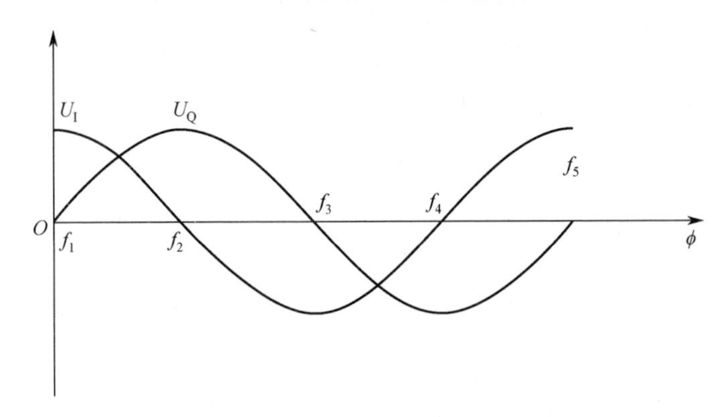

图 2.32　2bit 量化器波形图

表 2.1　2bit 量化器代码表

Φ	0° ~ 90°	90° ~ 180°	180° ~ 270°	270° ~ 360°
f	$f_1 \sim f_2$	$f_2 \sim f_3$	$f_3 \sim f_4$	$f_4 \sim f_5$
U_I	1	0	0	1
U_Q	1	1	0	0

为了增加 360°范围内的量化区间数，可以在原来一对正交信号的基础上增加一对相移为 45°的正交信号，就可以得到 4 个模拟量，它们分别为

$$\text{A1}: U_{1I} = kA^2\cos\varphi$$

$$\text{A2}: U_{1Q} = kA^2\sin\varphi$$

$$\text{A3}: U_{2I} = kA^2\cos(\varphi - \pi/4)$$

$$\text{A4}: U_{2Q} = kA^2\sin(\varphi - \pi/4)$$

A1 ~ A4 4 个模拟分量可以将 360°范围分成 8 等份，构成 8bit 量化器，如

图 2.33 所示，对应的量化器代码表如表 2.2 所列。

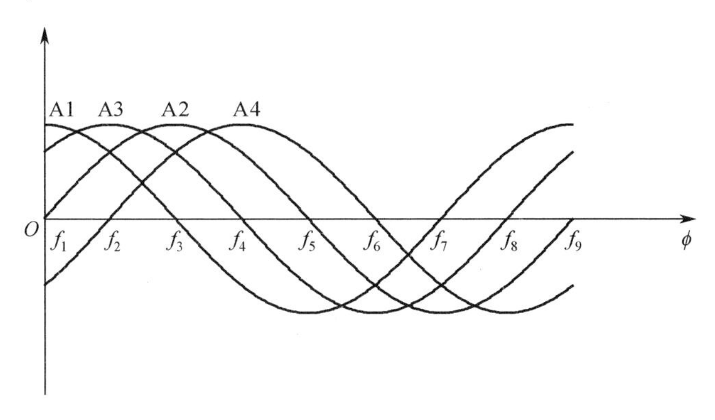

图 2.33　3bit 量化器波形图

表 2.2　3bit 量化器代码表

Φ	0°~45°	45°~90°	90°~135°	135°~180°	180°~225°	225°~270°	270°~315°	315°~360°
f	$f_1 \sim f_2$	$f_2 \sim f_3$	$f_3 \sim f_4$	$f_4 \sim f_5$	$f_5 \sim f_6$	$f_6 \sim f_7$	$f_7 \sim f_8$	$f_8 \sim f_9$
A1	1	1	0	0	0	0	1	1
A2	1	1	1	1	0	0	0	0
A3	1	1	1	0	0	0	0	1
A4	0	1	1	1	1	0	0	0

若进一步提高量化精度，可在此基础上再增加相移为 22.5°和 67.5°的两对正交信号，就可以构成 4bit 的量化器。依次类推，可以构成 5bit、6bit 等量化器。图 2.34 和表 2.3 分别为 4bit 量化器对应模拟量的波形图和代码表。其中 A1 ~ A8 分别为

$$\begin{aligned}
&\text{A1}: U_{1I} = kA^2\cos\varphi \\
&\text{A2}: U_{1Q} = kA^2\sin\varphi \\
&\text{A3}: U_{2I} = kA^2\cos(\varphi - \pi/4) \\
&\text{A4}: U_{2Q} = kA^2\sin(\varphi - \pi/4) \\
&\text{A5}: U_{3I} = kA^2\cos(\varphi - \pi/8) \\
&\text{A6}: U_{3Q} = kA^2\sin(\varphi - \pi/8) \\
&\text{A7}: U_{4I} = kA^2\cos(\varphi - 3\pi/8) \\
&\text{A8}: U_{4Q} = kA^2\sin(\varphi - 3\pi/8)
\end{aligned}$$

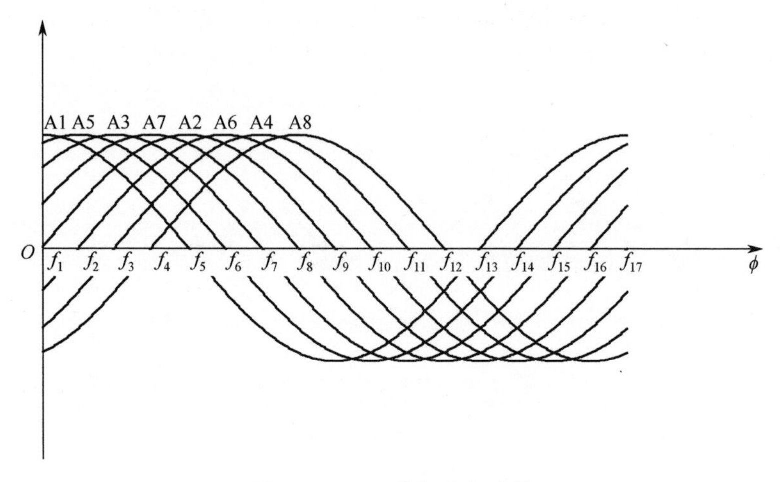

图 2.34　4bit 量化器波形图

表 2.3　4bit 量化器代码表

A1	1	1	1	1	0	0	0	0	0	0	0	0	1	1	1	1
A2	1	1	1	1	1	1	1	1	0	0	0	0	0	0	0	0
A3	1	1	1	1	1	1	0	0	0	0	0	0	0	0	1	1
A4	0	0	1	1	1	1	1	1	1	1	0	0	0	0	0	0
A5	1	1	1	1	1	0	0	0	0	0	0	0	0	1	1	1
A6	0	1	1	1	1	1	1	1	1	0	0	0	0	0	0	0
A7	1	1	1	1	1	1	1	0	0	0	0	0	0	0	0	1
A8	0	0	0	1	1	1	1	1	1	1	1	0	0	0	0	0

多比特极性量化器输出编码的值与雷达信号的频率相对应，由于 $f = \phi/(2\pi T)$ ，因此频率测量误差与相位和延迟线的测量误差有关。若不考虑延迟线的测量误差，则频率的分辨力与相位分辨力之间有下列关系。

$$\Delta f = \frac{\Delta\phi}{2\pi T} = \frac{\Delta\phi}{2\pi}\Delta B \tag{2.20}$$

若 $\Delta B = 2\text{GHz}$, $\Delta\phi = 22.5°$ ，即 4bit 量化，则 $\Delta f = 125\text{MHz}$ ；若 $\Delta B = 2\text{GHz}$, $\Delta\phi = 11.25°$ ，即 5bit 量化，则 $\Delta f = 62.5\text{MHz}$ 。由此可见，为了提高测频精度，必须增加延迟时间，而根据式（2.16）可以看出，增加延迟时间就意味着减小瞬时带宽。因此，单路鉴相器不能同时满足测频范围和测频精度的要求，为了解决瞬时带宽和瞬时频率分辨力之间的买断，现代数字式瞬时测频接收机几乎都采用多路相关器并列运用，采用短延迟线鉴相器提高测频范围，采用长延迟线鉴相器提高测频精度。

一种典型的多路鉴相器并行组成的 DIFM 原理框图如图 2.35 所示。各级鉴相器的延迟时间按一定比例取不同长度，其延迟时间分别为 τ、4τ、16τ 和 64τ，其中最短延迟线的鉴相器决定了 DIFM 的瞬时带宽，最长延迟线的鉴相器决定了 DIFM 的频率分辨力（测频精度）。若最长延迟线的鉴相器输出采用 N bit 量化器，则该 DIFM 的瞬时带宽和分辨力分别为

瞬时带宽：$\Delta B_{\max} = \dfrac{1}{\tau}$

频率分辨力：$\Delta f = \dfrac{\Delta B_{\min}}{2^N} = \dfrac{1}{2^N \times 64\tau} = \dfrac{\Delta B_{\max}}{64 \times 2^N}$

若选用 4bit 量化器，则 $\Delta f = \dfrac{\Delta B_{\max}}{1024}$，若选用 6bit 量化器，则 $\Delta f = \dfrac{\Delta B_{\max}}{4096}$，对于 2GHz 的瞬时带宽，若选用 12bit 的量化器，可以得到小于 500kHz 的频率分辨力。

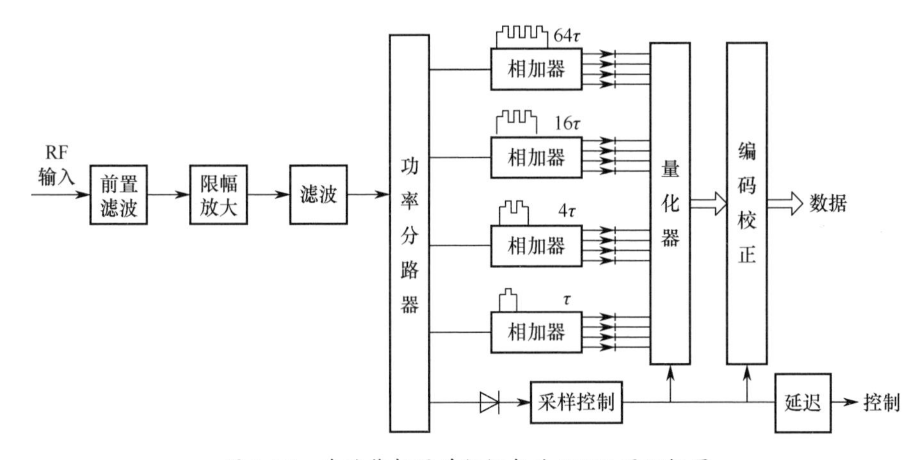

图 2.35　多路鉴相器并行组成的 DIFM 原理框图

综上所述，可见在多个鉴相器并列运用的数字瞬时测频接收机中，4 个相加器将不模糊带宽 $\Delta B_{\max}$ 分成了 $2^N \times 64 = 2^{N+6}$ 个小区间，若最长延迟线之间相加器采用 $N = 4$bit 量化器，则用 10 位二进制码即可代表整个瞬时带宽，其中最低位提供 4bit，其余 3 个通道的鉴相器只需每个提供 2bit 频率码即可。2bit 意味着只要取一对正交模拟输出信号的正、负极性信息，将本通道决定的不模糊带宽分成 4 个区，下一通道再对这 4 个区进行细分，依次类推。相邻两通道鉴相器的输出关系如图 2.36 所示。

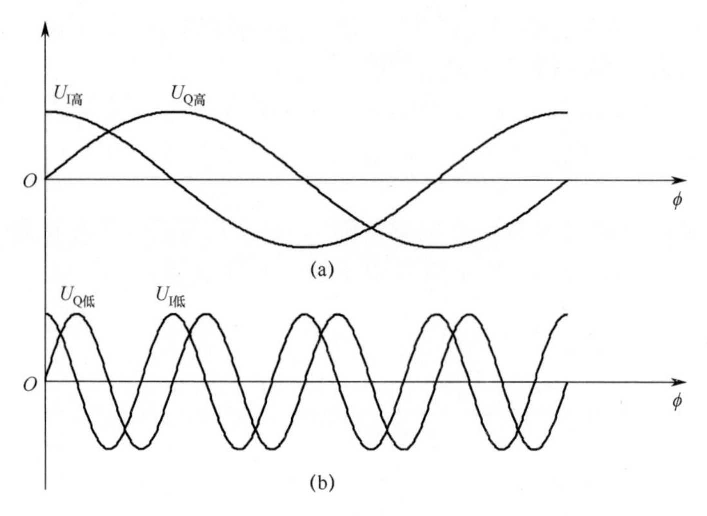

图 2.36　相邻通道鉴相器输出特性关系（延迟线比例为 1：4）

在数字式瞬时测频接收机中，各路量化器分别输出的是几组频率代码。由于鉴相器中各电路特性与理想特性的偏离、输入信号幅度起伏及接收机内部噪声等引起极性量化的错位，尤其是高位鉴相器正、余弦电压过零点不陡直，更容易发生量化错误。因此在实际中，对量化器编码时，必须用低位对高位进行校正。对于最低位鉴相器输出可直接进行编码，通常是首先将其转换为二进制循环码；然后用循环码进一步转换为二进制码，其他各高位不能采用直接编码，而采用校正编码，从而形成无错漏的统一的二进制频率码。

4）瞬时测频接收机示例介绍

该瞬时测频接收机工作于 1～2GHz 频段，用于测量 1～2GHz 频段范围内的雷达信号载频值，在 1～2GHz 的带宽内，只要收到一个微波脉冲信号，就能立刻送出下列信息。

（1）代表雷达信号载波频率值的二进制频率码。

（2）数据有效信号。

（3）表示输入信号脉冲宽度的保宽信号。

（4）输入信号为连续波时，瞬时测频接收机给出的连续波告警信号。

（5）将所有这些信号送到后续电路处理后，提供给系统终端进行分析处理。

该瞬时测频接收机的原理框图如图 2.37 所示。

瞬时测频接收机主要部件包括 1～2GHz 带通滤波器、1～2GHz 微波限幅放大器、一分八路功率分路器、射频延迟线、相加器、6bit 量化电路、4bit 量化电路、单3bit量化电路、6bit编码电路、5bit编码电路、时基控制电路及校码电路。

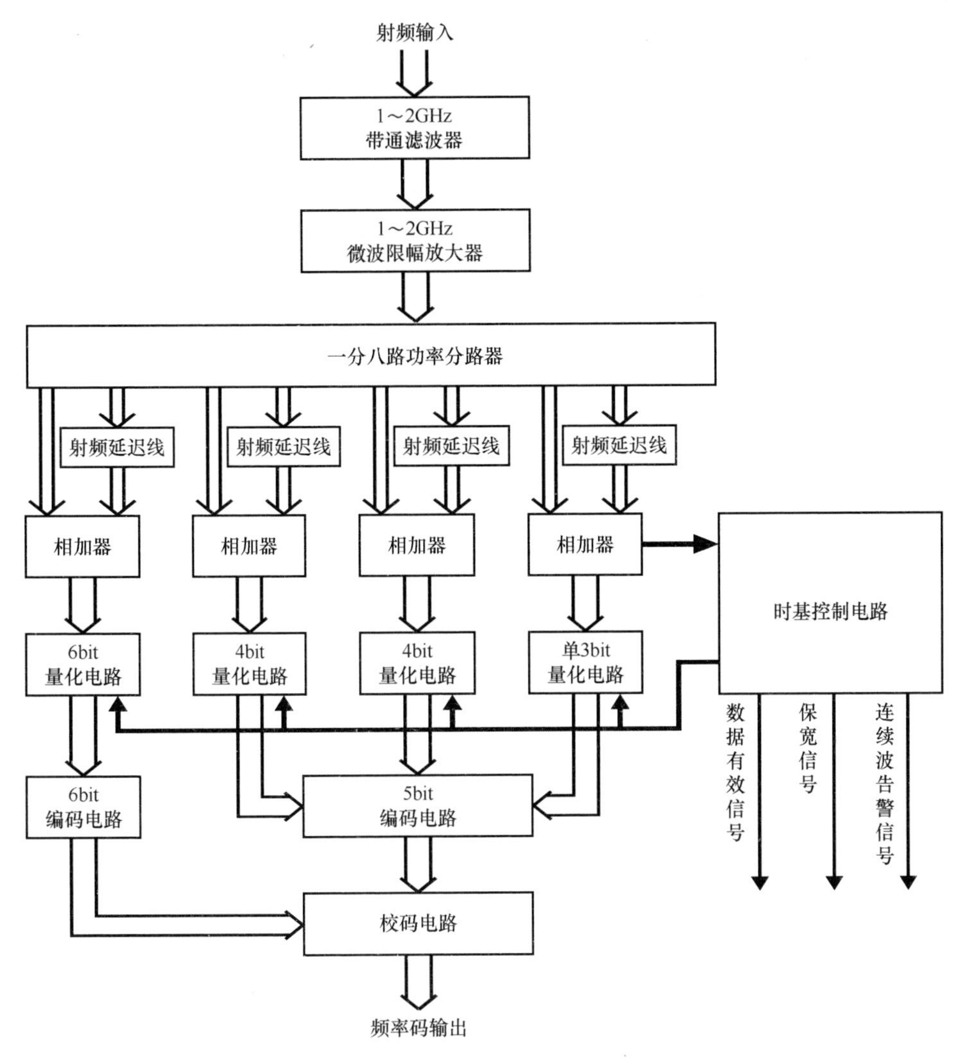

图2.37　瞬时测频接收机的原理框图

目前，一部完整的雷达对抗侦察系统多采用多部瞬时测频接收机覆盖整个侦察频段，比如采用三部频率范围分别为0.8～2GHz、2～8GHz、8～18GHz的IFM接收机覆盖0.8～18GHz频率范围。

6. 信道化接收机

超外差接收机优点很多，如测频精度高、动态范围大、灵敏度高等。但是，也存在一个严重缺点，即截获概率与频率分辨力之间存在矛盾，任意瞬时的频率取样范围等于中放带宽，造成测频时间长。现代电子战已经对测频提出很高的要求：既要求测频精度高，又要求测频速度快，同时对动态范围和灵敏度也提出很高的要求。满足上述要求的最简单方法是：让许多同时工作的、非调谐的超外差接收机实现对整个频率范围内信号的接收和测频，但显然这将会造成接收机体积过于庞大而无法使用。因此，可以考虑将多部超外差接收机中共同的部分加以合并，又考虑到多波道测频接收机的测频原理与信道化测频接收机相同，同时多波道接收机又具有结构简单的优点，因此，将超外差接收机和多波道接收机的优点结合起来，研制出了新体制的测频接收机，即信道化测频接收机。

1）信道化接收机的组成和工作过程

信道化接收机的原理框图如图 2.38 所示。

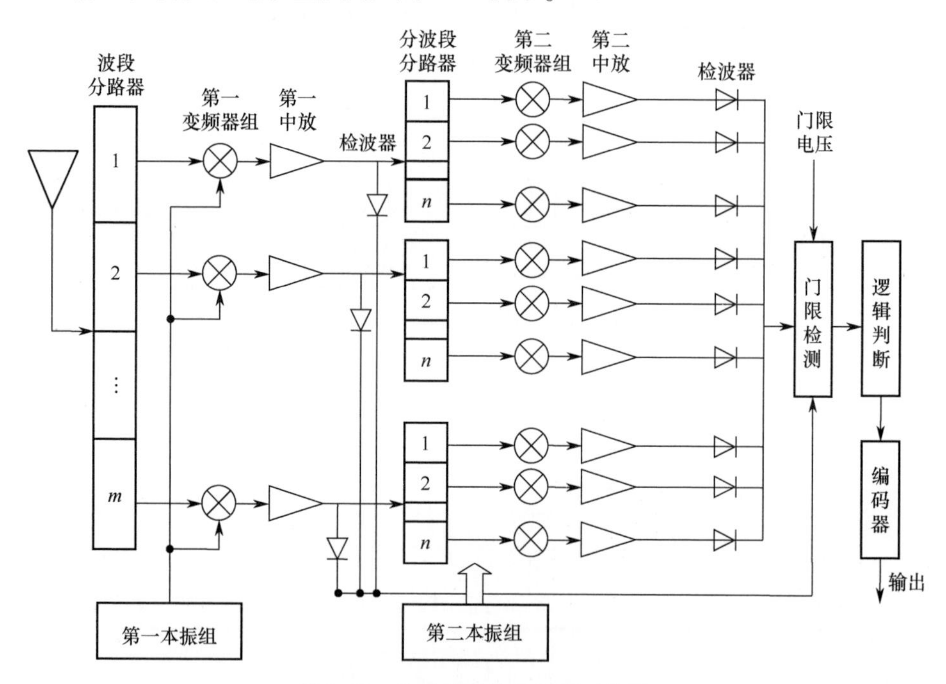

图 2.38　信道化接收机的原理框图

下面结合测频过程分析信道化接收机各部分的功能，其工作过程如下。

（1）频率粗分路器及第一变频器组件将各波段信号变换到相同的第一中频频率范围。

频率粗分路由波段分路器（与多波道测频接收机中的微波频率分路器相

似）完成。波段分路器的各路输出信号，它们的频率范围只能处于各自的分波段内。

由于每个分波段的频宽相同，令第一中放组中各中放的通频带相同，而中放带宽和分波段频宽也相同，只要适当选择加到第一变频器组的第一本振频率，可以使得第一中放组输出信号都变换到相同的第一中频频率范围。本振频率由第一本振组提供，且本振频率均为点频，不进行搜索调谐。

第一中放组输出信号分成两路：一路中频信号经检波后用于判定哪一路分波段有输出信号，从而得到频率波段码，另一路中频信号送入下一路分波段分路器。

（2）频率精分路器及第二变频器组件将各分波段信号变换到相同的第二中频频率范围。它的工作过程与频率粗分路及频率变换相同。但由于 m 个分波段分路器是相同的，因此第二本振组中任一本振要给 n 个第二变频器提供相同的本振频率信号。第二中放的输出经检波后用于产生分波段频率码。由于频率粗、精分路的数目分别为 m 和 n ，通常频率范围是均匀地分成 m 路和 n 路，显然，此时第二中放输出信号频率范围 Δf（信道带宽）为

$$\Delta f = \frac{|f_2 - f_1|}{mn} \tag{2.21}$$

（3）频率码的产生。信道化接收机输出的频率码由两部分组成，即波段频率码和分波段频率码，分别代表信号频率码的高位码和低位码，即信号频率所在的大致范围和精确位置。频率码的高位码和低位码由相同的电路分别产生，因此下面讨论的频率码产生过程适用于它们两者。

频率码的产生主要经过 3 个步骤：即门限检测、逻辑判决和编码。

门限检测的作用是降低噪声导致的虚警概率和保证对雷达信号的发现概率。门限检测器将第一、第二检波器组的输出信号和基准电压（检测门限）进行比较，只有大于基准电压的信号才能通过门限检测器，继续测频过程。否则，低于检测门限的信号被认为是噪声，接收机不再对它进行处理。因此，适当提高检测门限可使更多的噪声被中止处理，但检测门限太高时，也会使幅度较弱的信号被中止处理。通常，检测门限要选择适当，此时强信号通常会使载频周围多个接收信道的输出通过门限检测器。

信道化接收机可能会产生测频模糊，如对于 $\tau = 0.1\mu s$ 的窄脉冲，其频谱的主瓣宽度接近 10MHz，旁瓣宽度有时可宽至 100MHz。又由于信道化接收机具有灵敏度高和动态范围大的特点，必然使得强信号在多个信道中同时有输出和显示。这种情况称为测频模糊，是逻辑判决电路要重点解决的问题。

逻辑判决电路的作用是确定信号幅度最强的频谱中心，即载频 f_0 。由于从射频脉冲信号的频谱看，在载频处信号频谱幅度最大，因此接收信道对准载频时输出信号幅度最大；偏离载频越远的接收信道，它的输出信号幅度越小。如果从多个送到逻辑判决电路的信号中取出幅度最强的信号，便可根据该信号所在的信道确定载频值。逻辑判决电路由最大值电路和幅度相等比较器组构成。它的输入来自门限检测器的输出，各输出端连接在一起，送至各幅度相等比较器组。当若干路彼此相邻的门限检测器同时有输出时，分别加到各自对应的二极管输入端，其中幅度最大的一路使对应的二极管导通，输出到幅度相等比较器。同时，最大信号也加到其他二极管的负端，即为其他二极管提供反向偏压，故除了最大信号这一路，最大值电路的其他所有支路是断开的，从而保证最大值电路输出电压为最大的输入电压。幅度相等比较电路是比较最大值电路输出电压和门限检测器的各输出电压。由于门限检测器的最大输出电压已被最大值电路取出。因此，幅度相等比较器组中只有一个比较器的两个输入幅度相等，从而有输出，触发编码器工作，其他无输出。现在可以认识到，即使有多个信号同时到达同一信道，逻辑判决电路也只输出最强信号的频率中心（载频）所对应信道的输出信号，因为该信道的输出信号幅度是所有输出信号中最大的。

编码器的作用是根据它所对应的信道所在频率范围，将正确的二进制频率码送至信号处理机。

2）信道化接收机的性能指标

信道化接收机采用频域同时取样方式测频，避免了时域重叠、频率不同信号的干扰，抗干扰能力强，又由于它是在超外差接收机的基础上实现频率分路的，因此它兼具非搜索测频接收机高截获概率和超外差接收机高分辨力的优点。

（1）在侦察频段内，对单个脉冲截获概率为100%。

（2）对同时到达信号分离能力强。使得它在现代密集信号环境中成为主要的测频手段。

（3）测频分辨力和测频精度不受外来干扰的影响，只取决于接收机频率分路器的频带宽度（第二中放带宽），因此测频可以做到很高，可达±1MHz。

（4）具有和超外差接收机相当的灵敏度和动态范围。灵敏度可达－85～－65dBm，动态范围可达50～90dB。

但是，信道化接收机也存在严重缺点，就是共有 $m\times(n+1)$ 路非调谐的超外差接收机，体积庞大、功耗高、成本贵、技术复杂。这些缺点影响信道化接收机的广泛使用，通常只用于大型或重要的雷达对抗侦察设备，该种信道化接收机也称为纯信道化接收机。随着微波集成电路技术和声表面波滤波器技术的发展，信道化接收机的体积和功耗等指标正逐步减小，因此它是一种很有前途的测频接收机，目前已经获得了十分广泛的应用。为了克服信道化接收机的以上缺陷，已研制出频带折叠信道化接收机和时间分割信道化接收机。

3）频带折叠信道化接收机和时间分割信道化接收机

频带折叠信道化接收机仅采用一个分波段分路器，将 m 路波段分路器的输出信号经过取和电路后送入这唯一的分波段分路器，同样覆盖了与纯信道化接收机相同的瞬时带宽，省去（$m-1$）n 个信道。可是，同时由于 m 个波段的噪声也被折叠到一个共同波段中去了，因此使接收机的灵敏度变差了。

时间分割信道化接收机的结构与频带折叠信道化接收机基本相同，只是用“访问开关”取代了“取和电路”。在一个时刻，访问开关只与一个波段接通，将该波段接收的信号送入唯一的分波段分路器，其他所有波段均断开，避免了因折叠频带而引起的接收机灵敏度的下降。

4）信道化接收机示例

实际使用的信道化接收机基本上有 3 种体制，它们是纯信道化接收机、频带折叠信道化接收机和时间分割信道化接收机。纯信道化接收机将要覆盖的频段直接划分为带宽等于最终分辨力的相邻信道；频带折叠信道化接收机将若干频段折叠到一个公共子频段；时间分割信道化接收机仅仅将活动频段切换到公共子频段上。

示例一：图 2.39 所示为一种时间分割（或称快速访问型）信道化接收机结构，整个雷达对抗侦察系统覆盖频率范围为 0.1 ~ 18GHz。微波变频部分将输入划分为 9 个波段，每波段 2GHz 带宽。每波段经变频处理后，变换到标准的 2 ~ 4GHz 第一中频，然后经 2 ~ 4GHz 的前置放大器放大，之后，经过一个 PIN 二极管开关选择一路信号输出至信道化接收机加以测频处理。

注意，分波段处理通过低插损多路频分带通滤波器完成，在分波段之前，通常会采用前置 RF 放大器来降低噪声系数。变换到第一中频采用常规的二极管混频器，多数情况下，可以通过采用 4 个二极管的双平衡混频器达到大动态范围的目的。

各种本振频率通常由一个稳定参考频率倍频得到，在图 2.40 中，这个参考频率为 2GHz。每个频段具有一个低噪声 2 ~ 4GHz 的前置放大器，具有典型的 3dB 噪声系数和 30dB 放大器增益。如果该信道化接收机结构要继续划分下去，9 个频段经过变频之后还需要进一步并联后端信道化。然而，可以通过其他接收机（如 IFM 接收机等）预先测量到哪一个频段里接收到了信号，引导后端的信道化接收机继续加以处理。这种情况下，只需要一个后端，用一个单刀 9 掷开关加以正确的选择。

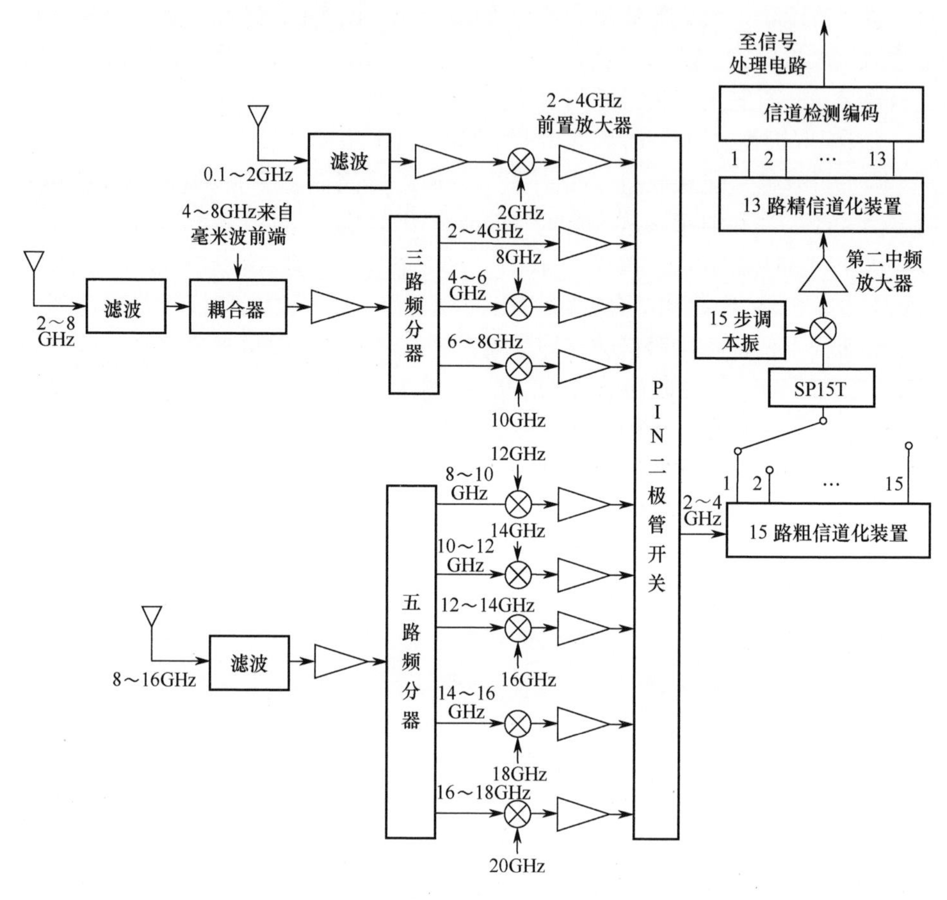

图 2.39　时间分割信道化接收机结构

2～4GHz 中频频段进一步分成 15 路连续信道，每路近似 133MHz 带宽。这可以通过 15 路粗信道化装置完成，典型的做法是采用带通滤波器组。每个信道通过一个单刀 15 掷开关加以选择，选择所需的某个 133MHz 信道继续更进一步细化处理。

被选择的某个 133MHz 带宽的信道频率与一个本振混频（用双平衡混频器）得到 167～300MHz 的第二中频频段，本振频率为 1.83GHz，1.967GHz，……，3.833GHz，以 133MHz 为步进的步进调谐本振。第二中频输出经放大并输入一个由 13 个相邻滤波器组成的滤波器组，每个信道 10MHz 带宽，完成精细信道化功能。每个信道滤波器的输出都检波，并进行幅度比较，接收机测量威胁信号频率的精度达到 5MHz。编码器以二进制对信号频率进行编码，以便传送给系统的信号处理部分。

在图2.39中，还显示了一个毫米波频率扩展输入端口。这个端口接收26~42GHz和88~120GHz的毫米波信号，将这些信号下变频到4~8GHz频段，后续由常规的信道化接收机完成接收。

信道化接收机中的一个重要问题是当一个大功率、窄脉冲信号出现后，在多个信道中将会引起激励。例如，对一个0.1μs理想矩形脉冲，-60dB的旁瓣功率电平一直延伸到±3000MHz。对于一个更加现实的三角形脉冲，上述功率电平的延伸减小到±100MHz。于是，两个0.1μs、幅度相差60dB的重叠脉冲，较小的一个就不能被分辨，除非它们频率相差100MHz以上。这就是所谓的信道化接收机“邻信道干扰”效应。目前，有许多方法解决这个问题，包括保护滤波器频带、信道比较、宽-窄带滤波器等方案都得到了实际应用。

示例二：本例是一部纯信道化接收机，该信道化接收机原理框图如图2.40所示。该信道化接收机频率覆盖范围为6~8GHz，频率粗分路为20路，每个通道的带宽为100MHz，中频变频模块将每个粗信道变频至180~280MHz，每个粗通道被分成10个精细通道，每个精细通道的带宽为10MHz。

最终该信道化接收机的测频精度可达5MHz。

7. 声光接收机

多年前，人们就掌握了光信号的处理原理，研制了光信号处理器。一般来说，光信号处理器具有较强的信号处理能力，且结构紧凑、体积小，具有很宽的瞬时带宽、较高的频率分辨力。因此，光信号处理器正在获得十分广泛的应用，在当前和未来的电子战领域，光信号处理器的应用前景也十分广泛。

在电子战应用中，光信号处理器通过采用输入的射频信号对光束的相位和振幅进行空间调制而完成其功能。被调制的光束通过透镜，由透镜完成傅里叶变换，以光的空间分布来显示输入信号的频域特性，因此光信号处理器可用作实时频谱分析仪。

在光信号处理器中，声波是调制光束的一种实用手段，光和声音之间能够产生相互作用，因此可用光学技术来处理射频信号，声光接收机便是基于该原理研制的电子战测频接收机。

1）声光接收机的测频原理

声光测频的原理属于频域变换法中的频率-空间变换测频法，声光接收机将输入的射频信号变换为声光通道中的超声波信号，由超声波信号对声光通道中的单色波（激光源产生）信号进行相位调制，使得激光发生衍射。在一定条件下，激光衍射输出的角度与输入射频信号的频率成一一对应关系，从而将对射频信号载频的测量转化为对激光输出衍射角度（或空间）

的测量，如图 2.41 所示。

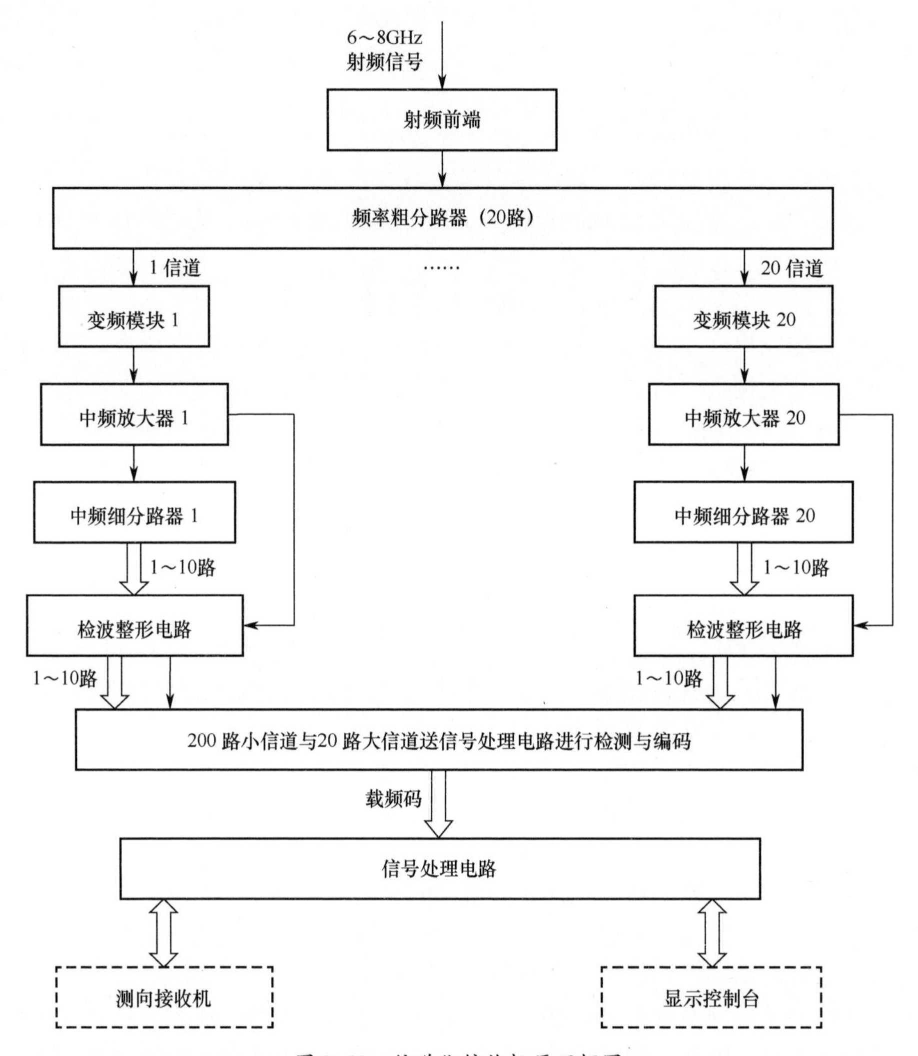

图 2.40 信道化接收机原理框图

声光测频的关键器件是声光调制器（布拉格器件），掌握了声光调制器的工作原理就可掌握声光接收机的工作原理。

声光调制器由三部分组成，第一部分是主体，即声光通道，它的两端是电声换能器和超声波匹配吸收器，这三部分组成了声光调制器，如图 2.42 所示。

当射频信号 $s(t) = A\cos(\omega_S t)$ 加到电声换能器时，根据逆压电效应，输入电信号将变换成声光通道中传播的超声波。由于声光通道的另一端是超声波匹配吸收器，因此声光通道中的超声波以行波传播，因为另一端没有反射波，从而不会造成驻波。

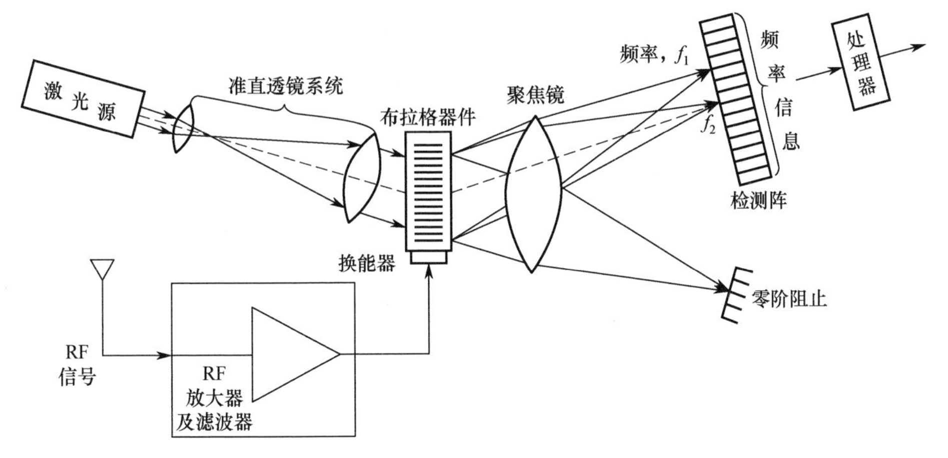

图 2.41　声光接收机测频原理

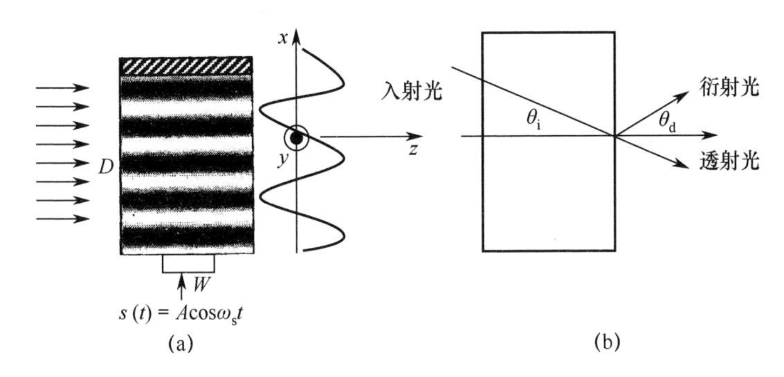

图 2.42　声光调制器原理图

正弦超声波在声光通道的传播过程中，由于各种物理效应，使得声光通道的介质折射率沿 x 轴以正弦规律周期性变动，从而形成相位光栅。该相位光栅完成对声光通道中传播激光的相位调制，使得激光束的等相位面被调制成沿 x 轴以正弦规律变化。由于激光束的等相位面发生变化，产生了光的衍射，调整激光入射角度 θ_i，可以使得衍射光拥有绝大部分输入激光的能量，衍射光最强时的入射角度 θ_i 称为布拉格角，此时衍射光的角度为 θ_d，θ_d 与激光波长 λ_0 和输入电信号波长 λ_S 的关系满足

$$\theta_i + \theta_d = 2\arcsin\left(\frac{\lambda_0}{2\lambda_S}\right) \tag{2.22}$$

当满足 $\theta_i + \theta_d < 0.1\ \text{rad}$ 时，有

$$\theta_i + \theta_d \approx \frac{\lambda_0}{\lambda_S} = \frac{\lambda_0}{V_S} \cdot f_S \tag{2.23}$$

式中，V_S 为超声波的传播速度。

由式（2.23）可见，θ_i 为布拉格角时，$\theta_i + \theta_d$ 与输入信号的频率成 f_S 正比，因此布拉格器件将信号频率转换为激光的空间衍射角度，测出衍射光的偏转角度即测出了信号的频率 f_S。

2）声光接收机的组成和工作过程

如图 2.43 所示，激光发生器用来产生一束平行激光至声光调制器，入射角要等于布拉格角。

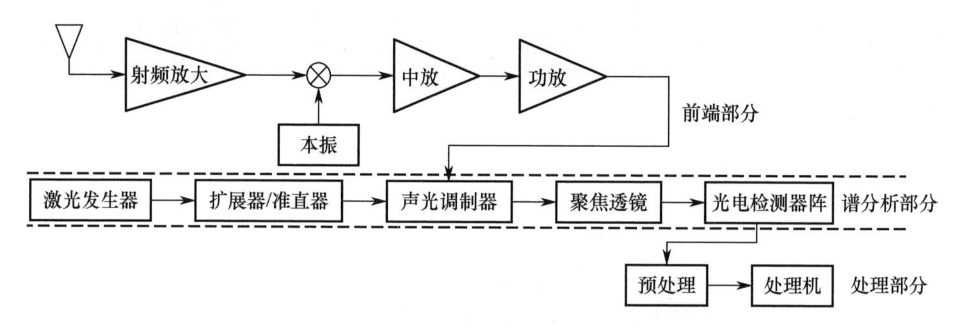

图 2.43　声光接收机原理图

雷达信号经差频和放大后用于产生超声波。声光调制器按输入信号频率改变介质折射率，从而改变衍射光的输出角。聚焦透镜将声光调制器输出的平行衍射光聚焦。在衍射光的聚焦点位置安置光电检测器阵，根据有输出的光电检测器阵单元位置，可反推出输入信号的载频。

3）声光接收机的性能指标

声光接收机把两种模拟处理技术——超声学和光学技术巧妙地结合起来，形成一种新的模拟测频技术，具有卓越的性能，主要表现在以下几方面。

（1）测频范围可达一个倍频程。

（2）分离同时到达信号能力强。当输入信号功率不使声光调制器过载时，不同频率的输入信号分别对一部分激光进行相位调制，产生各自的偏转角衍射光，分别被光电检测器阵对应单元所检测。由此可见，声光接收机的实质是一种等效的信道化接收机，它从空间角度上直接对不同频率的信号进行滤波，故而分离性能好。

（3）频率分辨力高。扩大声光通道的口径 D，可使更多的激光送至聚焦透镜，使得光电检测阵的聚焦光点更小，从而使分辨力更高。

（4）灵敏度高。由于被测信号经过高灵敏度的超外差接收机的放大接收，因此灵敏度较高。

(5) 视频处理电路简单。主要由光电检测器阵组成。

4) 声光接收机的特性

(1) 声光接收机的主要优点。

① 瞬时带宽较宽。声光接收机的瞬时带宽主要受声光调制器的带宽的限制，目前可以达到 GHz 量级。在瞬时频带内，对单个脉冲的截获概率为100%。

② 频率分辨力高。在不受光电检测器大小限制且输入脉冲宽度 $\tau_i \geqslant T$ 的条件下，频率分辨力 $\Delta f = 1/T$，其中 T 为声波在换能器中的传播时间。T 越大，意味着光口径越大，相位光栅数目越多。于是，相干光线数越多，使得空间频率平面上明暗分明，光点直径变小。如果 $\tau_i < T$，就说明脉冲不能填满光口径，使得有效光口径减小，输出光的焦点扩大，频谱旁频失真，出现频率模糊，从而使频率分辨力下降。

③ 分离同时到达信号能力强。在信号功率不高的情况下，声光调制器对声信号来说是线性器件，同时到达信号间不发生相互作用。在声束传播过程中，分别对光束进行调制，产生不同的衍射光。由此可见，声光接收机的实质是一种等效的信道化接收机，它直接从频域滤波，故分离性能好。

④ 能处理多种形式的信号，适用于复杂的现代电磁环境。

⑤ 接收机的灵敏度高。这是因为它采用了超外差式结构，且进入每个光电检测器单元的噪声只有一个分辨单元内的噪声。

⑥ 视频处理电路简单。

(2) 声光接收机的主要缺点。

① 动态范围不够大。声光接收机的动态范围的上限主要受调制器非线性度的限制，下限主要受背景光的限制。

② 脉冲波形失真大。光电检测器的输出脉冲波形与输入信号的脉冲宽度、声光调制器时 T 的相对值有关，其脉冲输出波形如图 2.44 所示。

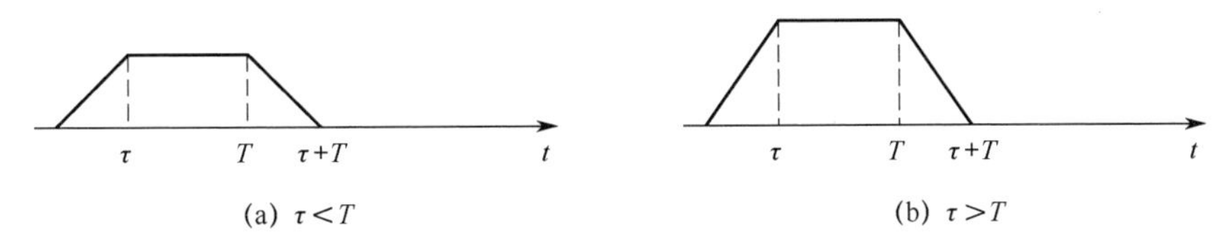

图 2.44 光电检测器脉冲输出波形

声光接收机的典型技术性能指标如下：

(1) 输出频率数量：4。

（2）工作频带：1000～2000MHz。

（3）灵敏度：优于－85dBW。

（4）质量：不大于40kg。

（5）外部尺寸：600mm×535mm×300mm。

8. 压缩接收机

压缩接收机和超外差接收机在组成上的主要区别是压缩接收机在中放之后增加了压缩线，在系统参数上的主要区别是压缩接收机的中放带宽和压缩线带宽都与测频范围相同，远远大于超外差接收机的中放带宽，压缩接收机的本振扫描频率范围是测频范围的2倍。压缩接收机虽然组成与搜索式接收机相类似，但两种系统测频原理是大不相同的，具体测频原理见雷达对抗原理类教材。

压缩接收机截获概率高，灵敏度高，能分离同时到达信号，既能处理常规脉冲信号又能处理连续波等复杂雷达信号。由于瞬时动态范围较小，输出的窄脉冲丢失了原脉冲宽度信息，重频测量也因此而产生误差，尤其是输出脉冲极窄，使得视频处理电路复杂，不容易数字化。如果能解决窄脉冲处理问题，就可以应用于密集信号环境中对复杂、捷变的雷达信号进行侦察。

9. 数字接收机

随着雷达技术的不断发展，脉压等复杂脉内调制的低截获概率（LPI）雷达信号大量出现。同时，为了提高抗干扰能力，频率捷变、重频捷变（参差、抖动、滑变）等技术也得到广泛应用，传统的雷达对抗侦察模拟接收机已难以满足实际的作战需求。因此，必须寻找新的有效的技术途径，数字接收机的出现将为解决这些问题提供新的思路。雷达对抗侦察数字接收机的研究近年来日趋活跃，已经被高度重视并且得到了实际的应用，大有取代模拟接收机的趋势。

目前，获得广泛运用的数字接收机大多完成对雷达信号的下变频，形成雷达采样中频；应用模数转换技术完成雷达中频信号的采集与存储；采用现代谱分析、多分辨处理等现代信号处理技术对数字化的雷达信号进行分析处理，高精度地获取雷达信号的频率、幅度、到达时间、脉冲宽度、脉内调制、数字频谱等多种特征参数；结合方位信息，提供更加丰富的雷达脉冲描述字。

1）数字接收机基本理论

数字接收机采用的是一种与传统接收机完全不同的全新的接收方式。雷达对抗侦察数字接收机没有晶体视频检波器，输入的射频或中频信号被模/数转换器（ADC）数字化后，经数字信号处理产生所需要的脉冲描述字（PDW）。

与传统的雷达对抗侦察模拟接收机相比，雷达对抗侦察数字接收机具有以下4个优势。

（1）能保留更多的信息。当ADC的采样速率满足奈奎斯特采样定律时，它保留了雷达信号的全部信息，这些信息可用于精确测量信号参数和准确识别雷达信号。

（2）数字化数据能长期保存和多次处理。在常规接收机中，模拟延迟线用作暂时存储器件，存储时间等于信号沿延迟线的传播时间，数字接收机可以把数字化的输入信号存储在存储介质中很长的时间不会改变。

（3）可以用更灵活的信号处理方法直接从数字化信号中获取所希望的信息，如提取雷达信号的脉内细微特征等。

（4）数字接收机没有模拟接收机那样的各种漂移和变化，校正简单，稳定可靠。

可以预料，随着高速数字信号处理技术（DSP）和高速ADC的飞速发展，雷达对抗侦察接收机将迈入数字化的时代。

雷达对抗侦察数字接收机是建立在宽带高增益低噪声前置放大器、高速ADC、高速DSP器件和大容量SRAM存储器基础上的，高速ADC和高速DSP的性能直接决定数字接收机的性能。表2.4与表2.5所列为目前ADC及DSP发展水平，有关资料可以查询相关书籍。

表2.4 目前高速ADC性能及发展计划

精度/位	采样速率/（GS/s）	开发者
4	20	美国赖特实验室
6	6	Rockwell International
8	3	美国国防部计划总署资助
8	2	Hewlett – Pachard
12	3.6	TI
10	5	英国

表2.5 当前高速DSP性能

器件	生产厂家	主频
TMS320F28335	TI	150MHz
TMS320C64XX	TI	1.1GHz
TMS320C6678	TI	1.6GHz

要保证较为合理的动态范围（如50dB），ADC至少要达到8位以上，由表2.4可见，当前的ADC还不能实现对雷达信号全频段的直接采样。另外，高速DSP的处理速度远低于高速ADC的采样速度，这样雷达对抗侦察机要实现对高速ADC采集的大量数据进行实时处理是存在一定困难的。

基于数字接收机概念，一部雷达对抗侦察数字接收机的基本结构如图2.45所示。

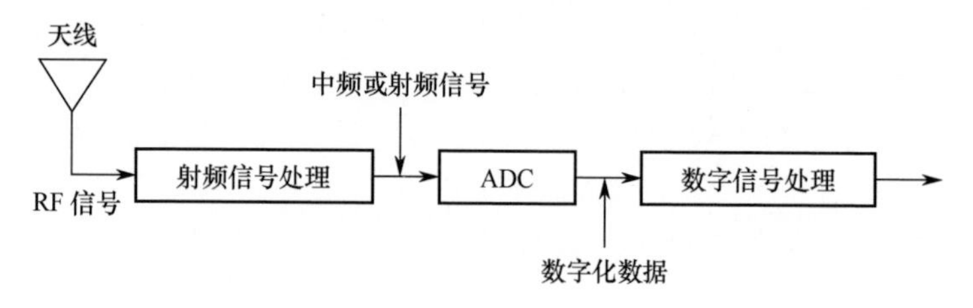

图2.45 雷达对抗侦察数字接收机基本结构

图2.45中的雷达对抗侦察数字接收机直接在射频或中频对雷达信号进行数字采样，然后对采样数据进行处理。

直接对射频信号数字化，然后对数字数据进行处理，以提取所需信息。这种方法在目前的ADC与DSP性能的情况下还不大可能得到实际应用，甚至在有了高速ADC的情况下，即便是处理窄脉冲，所产生的数据量也可能很大，以至于无法实现近实时处理。数据瓶颈问题、实时处理问题是射频数字接收机面临的主要问题。一种折中的方法首先是把射频信号变换到中频（IF）信号；然后对中频信号数字化，这种方法通常称为下变频，是目前数字接收机设计所采用的主要方法，称为中频数字接收机，常用的结构如图2.46与图2.47所示。

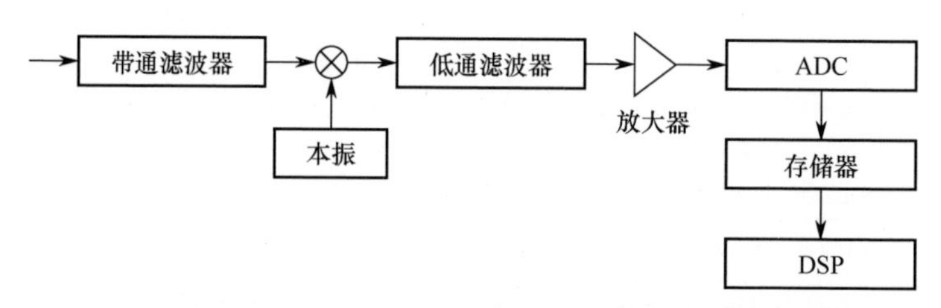

图2.46 雷达对抗侦察中频数字接收机的结构

图2.48所示为实验室设计的雷达对抗侦察数字接收机的结构，该接收机具有500MHz的瞬时带宽，配有射频变换器，频率覆盖0.5～18.0GHz，动态范围超过70dB。分辨力优于1.0MHz，能处理同时到达信号。其数据采集模块

将接收到的模拟信号用低噪声宽带高动态范围的放大器放大，经功分器送到同向和正交（I、Q）通道混频器。混频输出的I、Q通道信号经放大和低通滤波后分别送至两个采样保持电路（S/H）和ADC，以500MSP/s的速率和8bit的幅度分辨力将之转换为数字信号。ADC的输出存储在2个8K×32bit高速ECL内存中，为后续DSP做缓存。DSP为RISC计算机，指令周期为60ns，1024点的FFT运算时间约为3ms。

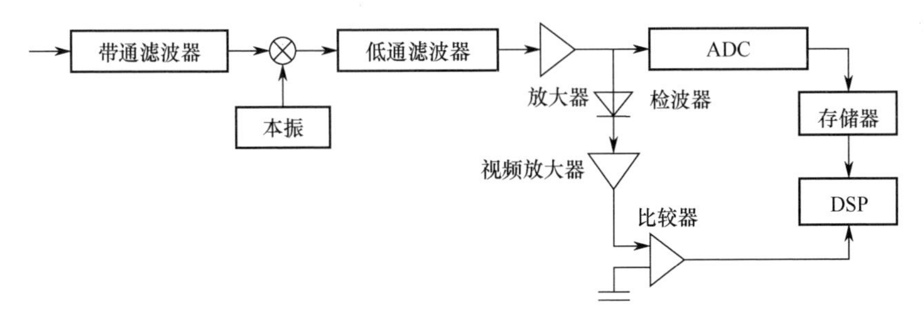

图2.47　检波器预置的中频数字接收机的结构

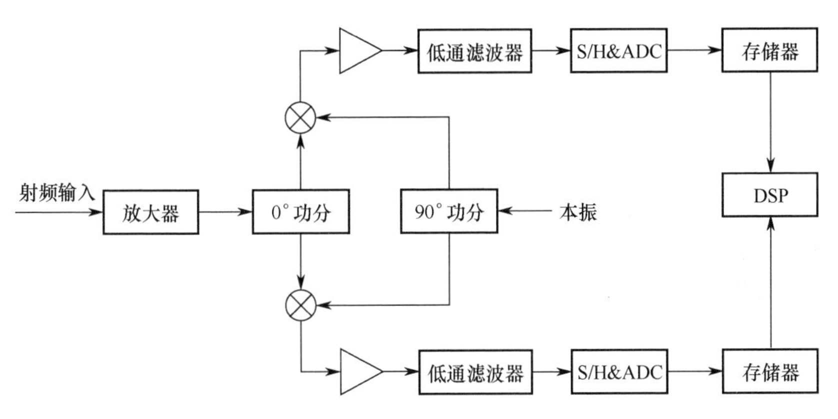

图2.48　实验室设计的雷达对抗侦察数字接收机的结构

构成这种结构的数字接收机称为双信道法，这种方法有两个优点：一是输入带宽能加倍，并不要求增加ADC的量化速度。采用I、Q信道方案，采样频率为奈奎斯特频率，一个周期被等效采样4次，因此能够使带宽加倍。二是可以很好地解决镜象问题。这种结构的数字接收机存在的实际问题是两个信道之间的幅度与相位必须保持严格意义上的一致，因此信号处理器要能够进行补偿，这将会增加处理器设计与算法的复杂化。

2）数字接收机的主要性能指标

数字接收机的主要性能技术如下。

（1）灵敏度。

（2）输入中频频率及信号带宽。

（3）接收机工作带宽。

（4）ADC 指标。ADC 的指标很多，具体可参照相关数字信号处理的教材，主要指标包括采样频率、采样位数、采样带宽等。

（5）动态范围。

（6）测频精度。

（7）适应脉冲参数范围及测量精度。

（8）脉冲幅度测量范围及精度。

（9）适应信号形式。

（10）能够提取的特征。

为了提高对数字接收机的理解，下面给出典型中频数字接收机的主要性能指标。

（1）输入中频频率：160MHz。

（2）中频带宽：100MHz。

（3）采样频率及采样位数：500MHz，12bit。

（4）动态范围：50dB。

（5）测频精度：50kHz。

（6）适应的雷达信号样式：常规、频率捷变、频率分集、线性调频、相位编码等。

（7）脉内细微特征提取能力：能够提取信号的脉内调制规律并给出调制特征参数。对于线性调频信号，给出起始频率、终止频率及调制带宽；对于相位编码信号，给出编码规律、码元宽度及信号带宽。

3）中频数字接收机示例介绍

中频数字接收机现已广泛应用于雷达对抗侦察装备中，完成对雷达信号的频率和脉内细微特征等参数的测量和分析，现举例说明如下。

示例一：图 2.49 所示为数字接收机原理组成框图。

该数字接收机首先对前端输入的 6～8GHz 的射频信号经 SP2T 开关进行选择，选取一路信号进行下变频，形成采样中频信号；采样量化模块对中频信号进行 A/D 转换；数据分析模块对采样后的数字信号进行处理，提取雷达信号特征参数。该数字接收机主要组成模块包括射频下变频模块、本振模块、采样量化模块和数据分析模块。

射频下变频模块将宽带的射频信号变换到窄带的固定中频信号，同时保证信号的幅度、频率、相位信息不失真。射频下变频模块对输入的 6～8GHz 信号经过三级变频：第一级变到1.6GHz固定高中频；第二级变到700MHz中频、200MHz带宽；第三级变到160MHz中频，20MHz带宽。

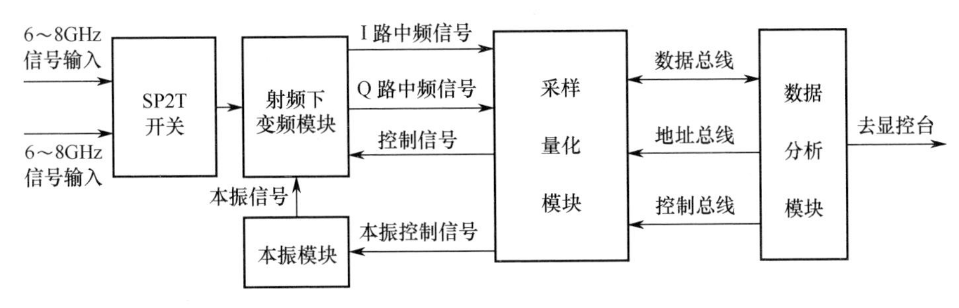

图2.49　数字接收机原理组成框图

本振模块的主要功能是为射频下变频模块提供各级本振信号。

采样量化模块完成中频信号的量化、数字信号的预处理、射频下变频模块的控制、本振模块的控制、采样过程的控制、数据存储及传输的控制等功能。两路正交中频信号经过两路ADC进行采样，形成16位数字信号，16位数字信号经过数据预处理单元形成低速的格式化并行数据，经过检测单元检波出信号包络；数据同时送到双端口存储器，结合前一个单元实时提取有效数据，有效数据送给数据分析模块进行进一步的分析。控制单元控制整个采样量化模块及内部各单元的工作状态和过程，它同时还控制射频下变频模块和本振模块的工作状态。

数据分析模块通过网络接口受显控台的控制，对采样量化模块传输过来的有效数据进行进一步分析，主要实现对信号参数的测量、脉内特征的提取、细微特征的分析等功能，还要发送控制信号，实现对接收机的控制功能，数据分析模块的结果通过网络接口送到显控台。

示例二：图2.50所示为数字接收机的原理框图。为理解该接收机的工作原理，进行如下分析：假设$B=500$MHz带宽的信号必须在0.25μs内分析完毕，分辨力Δf要求为5MHz。射频输入首先转换为I、Q信道以形成一个具有500MHz带宽的复合信号。复信号必须用一个采样率为f_s = 1GHz的ADC进行奈奎斯特抽样（每微秒1000个样本，包含I和Q信道样本，各500 MHz采样率）以保存信号的保真度，最少需要6bit的分辨力以保证足够的动态范围（大约36 dB），那样强信号的旁瓣才不会掩盖弱信号。在0.25μs脉宽内，结合采样频率500MHz，至少在I和Q信道中各产生500×0.25 = 125个采样样本。如果采用基2的FFT处理器，导致需要$N=128$点的变换（因为点数必须为2的幂次）。基本的128点FFT算法能够分解为若干“蝶形”运算，这成为衡量一个 FFT 复杂程度的标准，蝶形运算的次数计算为 $\frac{N}{2}\log_2(N) = 64 \times 7 = 448$。在上述例子中，I 和 Q 每个信道必须在 0.25μs 内完成 448 次蝶形运算，最终结果是 $\frac{448}{0.25\mu s} = 1.792 \times 10^9$ 次/s 的蝶形运算。因此，FFT 可以形成 128 个相邻滤波器，所以基本的分辨力为 $\Delta f = \frac{f_s}{N} = \frac{500\text{MHz}}{128} \approx 4\text{MHz}$。

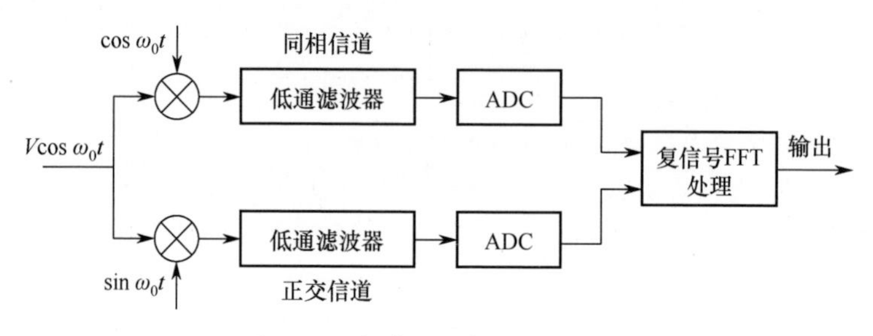

图 2.50　数字接收机的原理框图

快速实时处理是限制数字接收机发展的关键技术难题，也是其发展的技术瓶颈之一。未来数字接收机需要克服的是如何在一个脉冲结束之后，完成所有特征的实时提取，一旦该技术取得突破，对于雷达对抗具有十分重要的意义。目前的数字化接收机多用于雷达对抗情报侦察系统中。

2.2.4　接收机的发展趋势

1. 需要解决的理论问题

在电子战接收机的研究中，需要解决两个理论问题：一是接收机的最佳带宽选择问题；二是接收机处理同时到达信号所能达到的理论界限。

2. 队列接收机

队列接收机实际上是由两种或多种类型的接收机组成，至少有一个粗测接收机和一个精测接收机。其基本原理是先对某一参数（如载频、DOA）进行粗测，然后利用粗测信息引导精测接收机进一步对这些参数进行精细化测量。

3. 数字接收机

随着 ADC 技术的发展，在不久的将来构建一个瞬时带宽 2GHz、动态范围 50dB 的数字接收机是非常有可能的。虽然某些谱估计技术的频率分辨力很高，但是所需要的计算量很大，不适合实际应用的场合。快速傅里叶变换也许是最有发展前途的方法，因为存在很多的高速 FFT 芯片可供选择。另外一个有前景的方法是采用多速率信号处理技术中的抽取技术构造数字信道化接收机。

4. 有源、无源一体化接收机

有源、无源一体化接收机是一种既能够接收雷达目标回波信号，也能够接收雷达直射波信号的接收机，这种接收机的研制成功是有源、无源一体化工作的基础。

5. 认知电子战接收机

目前，电子战接收机由于技术体制的局限，存在以下共性问题。

（1）一般采用“傻瓜式”搜索，盲目侦察接收，既浪费了时间和资源，又难以适应日益复杂的电磁环境。

（2）接收机为开环系统，无法与信号环境进行交互，无法随信号环境的变化而实现智能接收，且处理僵化，不具备认知能力。

（3）无法克服“最优带宽选择”的技术瓶颈难题，无法做到最优化接收。因此，未来的电子战接收机应当是具备一定智能化的认知接收机，能够根据目标、信号、环境等在线调整接收特性，达到最优化接收处理。

2.3 信号处理分系统

信号处理分系统是雷达对抗侦察系统的重要组成部分，重点完成雷达信号的分选、分析，形成描述雷达的雷达特征参数集，继而完成辐射源识别。

某些信号处理分系统还进行脉冲参数的测量，将测量结果返回给接收机分系统，接收机分系统形成脉冲描述字，再次送给信号处理分系统进行分选、分析与识别。

2.3.1 信号处理分系统的组成及功能

虽然实现的功能大体一样，但不同的雷达对抗侦察系统其信号处理分系统的具体形式和组成结构不尽相同。从原理上来讲，信号处理分系统包含脉冲参数测量电路（该部分有时也可以包含在接收机分系统中）、信号预处理单元和主处理单元，如图 2.51 所示。

脉冲参数测量电路测量雷达信号脉冲参数，这些参数包括脉冲幅度、脉冲宽度、脉冲到达时间、天线波束宽度、天线转速等。测量的参数与测频接收机测得的频率参数、测向分系统测得的方位参数等共同形成雷达脉冲描述字（PDW），送信号预处理单元进行进一步处理。

信号预处理单元完成对密集脉冲流数据的初步处理（处理 PDW 数据流），

从密集脉冲流中扣除不感兴趣的雷达脉冲（包括我方雷达和已经识别的雷达等），或者跟踪感兴趣的雷达脉冲，以稀释脉冲流，便于主处理机进行处理，这个步骤通常称为对雷达脉冲信号的跟踪、滤波。预处理机一般由高速数字电路、微处理机及数据缓存器电路组成。

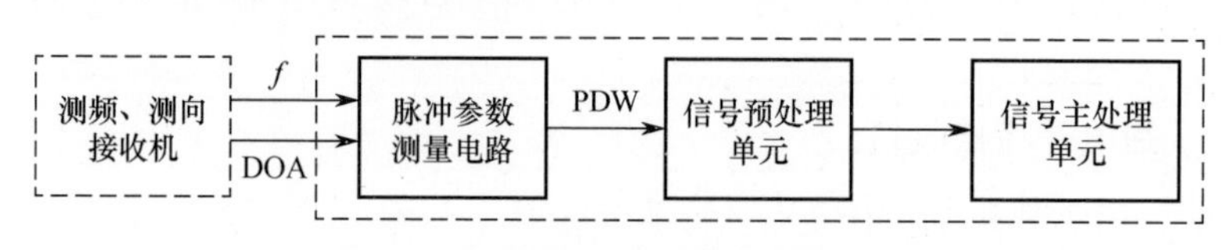

图 2.51　信号处理分系统组成框图

信号主处理单元主要完成复杂信号分选、分析、雷达关键参数测量、雷达特征参数集形成。某些信号主处理单元还执行辐射源识别、辐射源定位、确定威胁等级及识别可信度等任务（该部分任务某些雷达对抗侦察系统在显控终端中完成），主处理机一般由高速计算机担任。

2.3.2　雷达对抗侦察系统对信号处理分系统的要求

雷达对抗侦察系统对信号处理分系统的要求，是根据雷达对抗侦察系统所要完成的任务来确定的。根据任务和用途，雷达对抗侦察系统主要可分为雷达对抗情报侦察和雷达对抗支援侦察两大类。

雷达对抗情报侦察强调对雷达信号参数进行精确的测量，对雷达信号进行精确、详细的分析。它对雷达对抗侦察信号处理分系统的实时性要求不高，但它要求信号处理设备的处理功能完善，处理设备有较大的数据容量。其特点是测量和分析的参数多，雷达信号参数的处理范围大，以便通过处理能发现敌方新体制雷达及雷达工作模式的最新情报。

雷达对抗支援侦察的信号处理强调实时处理与快速反应能力，并且还要确保较高的截获概率。它对参数的精确测量和严密细致的性能分析要求不高。其特点是分析雷达信号参数的范围窄，而且通常只分析几个主要参数。测量和分析的主要参数有载频、到达角、脉冲宽度、脉冲幅度和脉冲到达时间等。

2.3.3　雷达对抗侦察信号处理分系统关键技术

雷达对抗侦察信号处理分系统所包含的主要关键技术包括雷达脉冲参数测量技术、雷达信号预处理技术、雷达信号分选技术、辐射源定位技术、雷达信号识别技术。分别简要介绍如下。

1. 雷达脉冲参数测量技术

对雷达脉冲参数的测量包含两个内容：一是单个雷达脉冲本身所包含信息

的测量，如脉冲幅度（PA）、脉冲宽度（PW）、脉冲到达时间（TOA）等；二是脉冲群所包含信息的测量，如脉冲群宽度、脉冲群周期等，通过对脉冲群信息的测量还能够获取雷达天线的扫描特征。

目前，应用比较广泛的雷达脉冲参数测量的实现途径有两种：一种是示波器雷达脉冲参数测量；另一种是数字电路雷达脉冲参数测量，分别介绍如下。

1）示波器雷达脉冲参数测量技术

示波器雷达脉冲参数测量技术通常用于对检波后的视频脉冲参数进行测量。各种参数的测量都是用信号来触发示波管的水平扫描产生器，而信号则加在示波管的垂直偏转板上，在示波管的荧光屏上便可显示出被测信号。由于水平扫描线所代表的时间是设定的，因此可以根据信号在水平线上的位置，计算出信号的时间参数。目前，示波器雷达脉冲参数测量多用于对雷达信号进行监测的场合。

2）数字电路雷达脉冲参数测量技术

数字电路雷达脉冲参数测量技术能快速自动地进行雷达脉冲参数的测量，且精度较高，所得的结果用数字进行显示，也可直接用于信号分选和识别。数字电路脉冲参数测量技术的本质是对脉冲进行模数转换。

（1）脉冲幅度的测量。对脉冲幅度的测量通常采用 A/D 转换的方式，在雷达对抗侦察系统中利用单片机内部的 A/D 电路或专用 A/D 转换芯片实现对雷达脉冲幅度数字化最为常见。

A/D 转换器脉冲幅度测量电路典型组成框图如图 2.52 所示。

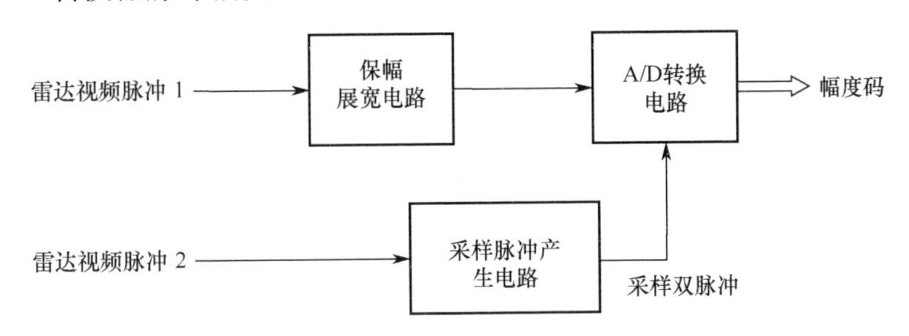

图 2.52　A/D 转换器脉冲幅度测量电路典型组成框图

A/D 转换器脉冲幅度测量电路由保幅展宽电路、A/D 转换电路、采样脉冲产生电路组成。保幅展宽电路实现对接收机送来的雷达视频脉冲进行展宽并保留幅度信息，采样脉冲产生电路在接收机送来的雷达视频脉冲的触发下产生 A/D 转换电路所需要的采样双脉冲，第一个脉冲用于幅度采样，第二个脉冲用于数据锁存。A/D 转换电路将保幅展宽电路送来的保幅视频脉冲进行 A/D 转换并锁存输出幅度码。输入的雷达视频脉冲 1、2 来自不同接收机通道，对于同一雷达信号而言，两信号为同步信号。

（2）脉冲宽度的测量。脉冲宽度测量电路典型组成如图 2.53 所示。脉冲宽度测量电路由整形电路、计数器、锁存器、时钟电路和时序电路组成。

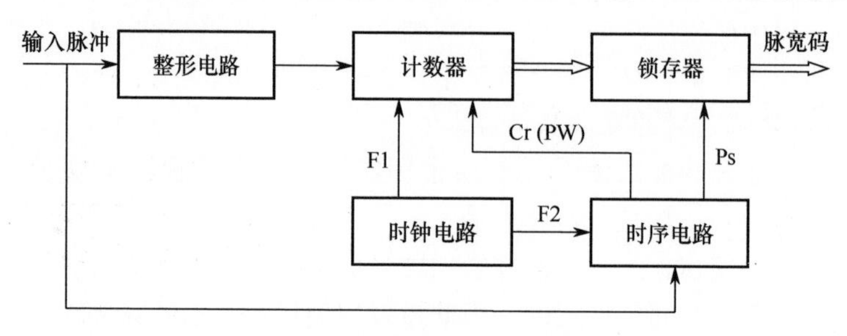

图 2.53　脉冲宽度测量电路典型组成

输入的雷达视频脉冲经整形电路将雷达视频脉冲整形成 TTL 电平，整形后的脉冲接入到计数器的使能端，即在输入信号脉冲期间计数器计数，脉冲间隙期不计数。

时钟电路产生 F1 MHz 和 F2 MHz 的时钟信号，其中 F1 MHz 的时钟信号作为计数器的计数脉冲，F2 MHz 时钟信号输出到时序电路，在输入视频脉冲的作用下产生脉宽码锁存脉冲 Ps 和计数器清零脉冲 Cr(PW)。

在输入脉冲结束后，时序电路产生的脉宽码锁存脉冲 Ps 控制锁存器将计数器计数结果锁存输出。在锁存取数结束后，时序电路产生计数器清零脉冲 Cr(PW) 将计数器清零，这样一个脉冲宽度测量过程就结束了。

输入脉冲、脉宽码锁存脉冲 Ps、计数器清零脉冲 Cr(PW)、F2 MHz 时钟信号的时序如图 2.54 所示。

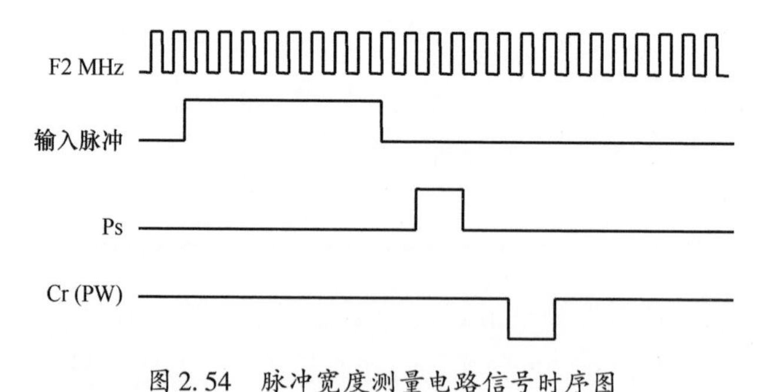

图 2.54　脉冲宽度测量电路信号时序图

后续处理电路读取脉宽码，并根据脉宽码计算出脉冲宽度，计算方法为 $PW = n \times T$，其中，n 为计数器计数结果，T 为量化时钟对应的量化周期。

（3）脉冲到达时间的测量。脉冲到达时间典型测量电路原理如图 2.55 所示，该电路由整形电路、计数器、锁存器、时钟电路组成。

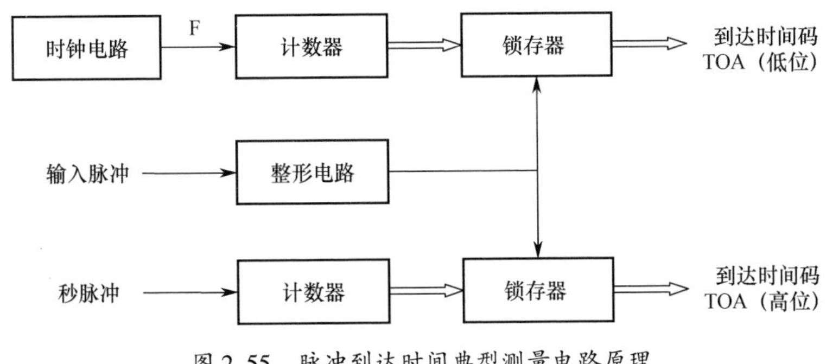

图 2.55　脉冲到达时间典型测量电路原理

脉冲到达时间测量电路使用输入脉冲、秒脉冲、晶振进行脉冲到达时间测量。

为了达到期望的测量精度，到达时间测量电路分两个部分：第一部分是用计数器对 1s 以下的时间进行计数；第二部分是用计数器单独对秒脉冲进行计数，这样就消除了晶振不准而引起的到达时间测量中秒与秒之间的误差。

2. 雷达信号预处理技术

雷达信号预处理主要对接收机分系统输出的脉冲描述字数据流进行初步处理，重点从密集脉冲流中扣除不感兴趣的雷达信号、选择感兴趣的雷达信号以稀释脉冲流，便于主处理机进行进一步处理。在复杂电磁信号环境下工作的雷达对抗侦察设备在做进一步分析之前对信号进行稀释是十分必要的，对信号进行稀释可以降低信号密度，有利于信号分选的完成，特别是可以加速信号分选的进程。

雷达信号预处理稀释信号的方法，既可以采用硬件方法，也可以采用软件方法，下面介绍几种常用的方法。

1）空域稀释法

雷达对抗侦察系统通常采用窄波束天线，其本身具有空域稀释功能。当天线处于扫描状态，通过时间积累能对较大扇区范围或全方位的雷达信号进行接收，此时要实现空域稀释必须采用专用电路对感兴趣的方位范围内的雷达信号进行选通，对方位选通范围之外的雷达信号进行阻塞，以达到空域稀释的目的。

在实际雷达对抗侦察系统中通常由专用电路（方位选通电路）来判断接收的雷达信号是否有效，由系统控制计算机设置方位选通的方位上限和方位下限。在方位选通电路中，接收到的雷达信号方位与方位选通方位上限和方位下限进行比较形成方位有效标志输出，信号处理分机根据方位有效标志对全脉冲数据流进行选择或阻塞。

2）频域稀释法

窄带接收机具有频域稀释的功能，当系统采用窄带和宽带接收机并用的结构方式时，还需要采用进一步的频域稀释措施来降低脉冲流量。

3）信号强度稀释法

雷达信号强度稀释是根据雷达信号的强度阻塞不满足要求的雷达信号。在雷达对抗侦察系统中，常利用调整检测门限的方法实现强度稀释。检测门限的调整既可以是自动的也可以是人工的。

4）软件稀释法

上述几种稀释信号的办法，或是在侦察设备的前端进行，或是通过硬件在信号处理部分进行。其实，对信号的稀释还可通过软件完成，软件稀释方法非常灵活，例如，把某一频段的信号，或某一个空域的信号，或某一个脉宽范围的信号提取出来单独处理。更一般地，可以把具有某些特征的信号提取出来单独处理，这些特征既可以是直接测量参数也可以是导出参数。软件稀释中常用的参数包括载频、脉冲宽度、雷达方位等。

3. 雷达信号分选技术

1）雷达信号分选的基本原理

雷达信号分选的基本原理是利用同一部雷达信号参数的相关性和不同部雷达信号参数的差异性将属于同一部雷达的脉冲信号抽取出来。如果雷达信号的某个参数不能反映出不同雷达信号之间的差别，那么这一参数就不能用作分选参数。例如，若信号载波频率f的测量分辨力很低，以至于不能分辨出频率相距较近的两个不同频率雷达信号，则此时测得的频率用作分选参数是不合适的。同样地，若测向分辨力很低，以至于不能分辨在方向上靠得很近的两个信号，此时方位参数也不能用作分选参数。

2）典型信号分选方法

（1）TOA 分选法。雷达信号脉冲重复周期（PRI）是雷达信号的重要参数之一，PRI 与雷达脉冲的 TOA 之间存在一定的关系。因此，利用雷达脉冲重复周期的特点，可以比较容易地从交叠脉冲中分离出各个雷达的脉冲序列。TOA 分选既可用逻辑电路来实现（硬件分选），也可用微处理机、计算机来实现（软件分选）。硬件分选具有实时性强、线路简单等优点，但只能对重复周期为常数的雷达信号进行分选，而且信号的密度不能太高。软件分选则可以适用于重复周期变化的信号和信号密度较高的情况。TOA 分选法是雷达信号分选的基础。

（2）TOA 和脉冲宽度双参数分选法。通常不单独用脉冲宽度进行雷达信号分选，这是因为雷达的脉冲宽度的测量值随幅度的变化而变化，也会因为多径效应而使得脉冲宽度的测量值发生变化，所以单独用脉冲宽度进行分选可信性不高。但是，如果脉冲宽度和 TOA 联合使用，比单纯依靠 TOA 分选更为有效，而且有利于对宽脉冲、窄脉冲等特殊雷达信号进行分选，并能对脉冲重复周期变化的雷达信号进行分选。

（3）TOA、脉冲宽度和载频三参数分选法。为了对捷变频和频率分集雷达信号进行分选，必须对载频、重复周期、脉冲宽度几个参数进行相关处理，以完成信号分选的任务。

（4）TOA、脉冲宽度、载波频率和到达角四参数分选法。当密集的信号脉冲列中包括多个载波频率变化、重复周期变化的脉冲序列时，为了完成分选任务，需要利用信号的到达方向这一参数，形成 TOA、PW、f、DOA 四参数的综合分选方法。当雷达和侦察设备的位置都变化较慢时，准确的到达方向是最有力的分选参数，因为目标的空间位置是不会突变的，所以信号的到达方向也不会发生突变。用到达方向作为密集、复杂信号脉冲列的预分选参数，是对频率捷变、重频捷变和重频参差等复杂信号分选的可靠途径。

多参数综合分选还可以有其他的组合形式，具体的信号分选方案是根据信号环境、战术技术要求等因素确定的。详细的雷达信号分选方法见相关雷达对抗原理的书籍。

4. 辐射源定位技术

辐射源定位技术见第 3 章“无源定位系统”。

5. 雷达信号识别技术

雷达信号识别是指将被测辐射源信号参数与预先积累的辐射源参数进行比较以确认该辐射源属性的过程。识别包含对若干个参数的鉴别过程，当信号的一个或多个参数被鉴别以后，该信号就可能被识别。雷达信号识别是雷达对抗侦察系统信号处理的重要目的之一，是整个雷达对抗信号处理中关键性的一个环节。雷达信号识别的结果是采取各种电子对抗手段的重要依据，是制订、修改战斗计划的重要军事、技术情报。

信号识别通常包括雷达辐射源体制识别、雷达辐射源型号识别、雷达辐射源个体识别、雷达辐射源载体识别、威胁等级的确定及识别可信度的估计等。

雷达信号识别的完成依赖于以下几个关键技术环节的实现。

1）参数测量

参数测量是雷达辐射源识别的重要基础，参数提取的种类及精度对后续的分选、识别起着决定性的作用，随着雷达技术的不断发展，被测量的参数种类也在不断地增加（参数测量针对单个雷达脉冲），主要分为以下 3 个阶段。

（1）传统雷达脉冲描述字（PDW）提取。几乎所有雷达对抗侦察系统均提取雷达 PDW，传统的 PDW 包括脉冲幅度（PA）、PW、脉冲 TOA、脉冲 DOA 及载频（RF），传统 PDW 可以表示为向量 PDW = {RF，PA，PW，TOA，DOA}，在现有雷达对抗侦察系统中，PDW 的形成在接收机中完成，最终送信号处理机进行进一步处理。

（2）传统 PDW 结合脉内细微特征提取。随着雷达技术的不断发展，以脉冲压缩雷达为代表的具有脉内调制特征的雷达获得了广泛的运用，采用传统的 PDW 表征方法来描述单个雷达脉冲已经不能满足分选、识别雷达的需要。在此背景下，数字接收机及数字信号处理技术在电子战领域获得了广泛的重视及实际运用，随着数字信号处理技术的发展，脉内细微特征提取技术日趋成熟，并且在电子战装备中获得了广泛的应用。雷达脉内细微特征参数主要包括雷达脉冲内部的一系列调制信息。例如，对于线性调频信号，提取的脉内细微特征主要包括起始频率 f_1、终止频率 f_2、调制带宽 B、调制斜率 k 等；对于相位编码信号，提取的脉内细微特征包括编码规律、码元数目、子码宽度、调制带宽等；对于脉内频率捷变信号，提取的脉内细微特征包括频率捷变规律等；对于频率编码信号，提取的脉内细微特征包括频率编码规律等。另外，数字信号处理技术的运用能够大大提高传统 PDW 参数的测量范围与精度。随着脉内细微特征概念的提出，电子战领域对 PDW 的概念加以扩充，可以表示为向量 PDW = {f，PA，PW，TOA，DOA，脉内细微特征}，这对分选、识别具有脉内调制特征的雷达具有十分重要的作用，对完成这类雷达的对抗也具有十分重要的意义。

（3）传统 PDW 结合雷达指纹特征提取。随着雷达对抗技术的不断发展，雷达为了提高自身的“四抗”及生存能力，不断采用各种新体制及新技术。为了防止被有效识别，在战时与平时往往采用不同的工作参数，破坏电子战装备对雷达的有效识别。鉴于此，雷达“指纹”特征提取与辐射源个体识别技术得到了重视与发展。雷达特征参数能够称为“指纹”，必须满足 4 个条件：普遍性、唯一性、稳定性与可测性。因此，提出了一种将雷达脉冲包络特征作为雷达“指纹”特征的新思路，这些特征主要包括脉冲上升沿、下降沿、脉冲顶部抖动等，之所以选择雷达脉冲包络作为一类雷达“指纹”特征，是因为它能够反映雷达发射机中的脉冲调制器等器件的特性。随着脉冲包络特征的提出，电子战领域对 PDW 的概念又加以扩充，表示为向量 PDW = {f，PA，PW，TOA，DOA，脉内细微特征，雷达指纹特征}，这对识别雷达辐射源个体具有重要的意义。至于雷达“指纹”特征，还有一种新思路，即把雷达中晶体振荡器的特征作为“指纹”特征。

2）雷达信号分选

信号分选的主要目的是对雷达脉冲序列进行去交错处理，对多部雷达的脉冲序列形成的 PDW 进行分析，将属于每一部雷达的脉冲 PDW 挑选出来。传统的方法是采用雷达信号的 TOA、RF、PW、PA 和脉冲 DOA 5 个经典参数实现脉冲序列的去交错。使用最为广泛的单参数分选方法为 PRI 分选法，它基于对脉冲序列 TOA 的分析达到信号去交错的目的，这种方法在雷达辐射源数目较少的情况下，对常规体制雷达信号能得到满意的分选效果。基于 PRI 的改进分选方法较多，主要有 PRI 搜索法、PRI 直方图、PRI 变换法等，这些方法都在一定程度上提高了分选的效率。在现代电子战中，信号密度已达百万量级，而且具备滑变、跳变、参差和捷变参数能力的复杂体制雷达已成为电子战的主角，使得信号参数空间存在严重的交叠。因此，仅仅依靠单一的特征参数难以在密集、复杂、多变的信号环境中得到满意的分选结果，所以多参数分选方法越来越受到人们的重视，多参数方法使用 PRI 作为主分选，并综合其他参数（常用 DOA、RF、PW）进行。通过对各个所选参数设置适当的容差范围，能在一定程度上解决信号参数空间交叠的问题，但是对于参数变化范围较大的雷达信号又可能产生错误分选的危险。

信号分选技术经过了多年的发展，虽然有了长足的进步，也运用了许多新的技术，如神经网络、数据挖掘等。但是，始终无法找到一种分选方法对所有的雷达信号有效，因此随着信号环境复杂度的增加及雷达信号波形的不断变化，信号分选技术会继续发展。如果雷达脉内细微特征及雷达指纹特征能够被实时提取，那么基于这两类特征的信号分选正确率将会大大提高。

3）雷达特征参数选择与提取

当雷达信号分选工作完成之后，得到的是每一部雷达的脉冲序列，通过对雷达脉冲序列的分析，能够得到描述该雷达的基本特征参数集。例如，对 TOA 序列进行分析能够得到雷达 PRI 变化规律，对 PA 进行分析，能够得到天线扫描特性等。选择的特征参数集应该能够反映出雷达的基本特性，这项工作就是特征选择与提取。

如何选择雷达基本特征参数集对于识别雷达辐射源意义重大。例如，识别雷达型号与识别雷达个体，选择的特征参数集将具有本质的差别，采用{RF，PRI，PW，天线扫描特性，脉内细微特征}作为特征参数集将能够识别到雷达型号。但是，识别雷达个体必须选取雷达“指纹”特征参数集，这也是当前雷达辐射源识别领域的最高层次。下面以雷达辐射源个体识别为例，简要介绍雷达“指纹”特征参数的选取技术。

雷达“指纹”特征参数必须不随雷达基本特征参数的改变而改变，具有普遍性、稳定性、唯一性及可测性的基本特点，正如前面所介绍的，一种提法是将雷达脉冲包络作为雷达“指纹”特征，那么脉冲上升沿、下降沿等特征是待提取的“指纹”特征参数；另外一种提法是将雷达中晶体振荡器的离散性等特征作为雷达“指纹”特征。众所周知，雷达中均存在一个基准振荡源，基准振荡源多由晶体振荡器承担，根据晶体振荡器的特性可知：世界上不存在两块完全相同的晶体，其振荡频率、频率稳定度是唯一的，虽然晶体振荡器存在一定的老化，但是通过定期调整以后，整体上是比较稳定的。因此，如果能够得到晶体振荡器的振荡频率、频率稳定度等本质特征，那么即使雷达有意改变其特征参数，也不影响对雷达辐射源精确识别，从而最终达到个体识别的目的。要达到晶振本质特征提取的目的，可以通过高精度提取雷达 PRI 并且通过相关统计方法加以实现。

特征选择与提取对于不同的识别层次要求大不相同，当前不同的雷达对抗装备选取的特征参数集可能均可不相同，这与装备的最初设计目的及掌握的特征提取方法有直接的关系。

4）雷达数据库建立

雷达数据库的建立对于识别雷达辐射源具有十分重要的意义，雷达数据库的类型、数据库字段的选择是数据库建立的关键，目前，由于各种原因，还没有建立一种十分完善的雷达数据库的标准，这也是未来辐射源识别急需解决的问题。

5）采用分类识别算法完成辐射源识别

分类识别的本质是合理设计分类器完成一种从特征向量空间到决策空间的变换，按照一定的准则将特征向量划分到不同的类别中，实现对雷达辐射源的识别。因此分类器的分类能力是影响辐射源识别的关键因素，从雷达辐射源识别的发展历程来看，主要的分类方法包括特征参数匹配方法、专家系统方法、神经网络方法及支持向量机（SVM）方法等。这些方法均存在各自的优缺点，如特征参数匹配方法原理简单，运算速度快，能够对雷达信号进行快速的分类识别。但是，该方法由于参数测量方法和噪声的影响，所得到的特征参数均存在一定的误差，当用所得到的特征参数与数据库中的参数进行匹配时，必须设置一定的匹配容差。容差过小，增加分类器的拒识别率，容差过大，分类器的误判风险增加。因此，容差的设置成了一个难以克服的矛盾。另外，该方法没有学习和拓展能力，只是按预先规定的步骤进行参数匹配，高速但缺乏灵活性，而且对数据库的信息完整性要求较高，对存在参数不全、畸变的辐射源信号正确识别率大大降低。专家系统方法虽然能够解决参数匹配法中对参数不全、畸变的雷达信号正确识别率低的问题，但是合理的专家经验知识获取及推理规则库建立较难，而且随着雷达技术的不断发展，专家知识和推理规则将变得越来越丰富，经验知识和推理规则的描述也将变得更加困难，系统也将变得更加复杂，导致其运行效率降低，无法保证识别的实时性。基于神经网络方法的雷达辐射源识别首先通过情报部门获取雷达辐射源信号；然后经专家分析判断分类，将这些已知数据作为训练样本，采用神经网络进行学习，得到收敛后的网络；最后用这个网络对未知辐射源信号进行识别。该方法具有自组织、自学习及较强的容错性和稳健性，但是在实际应用中神经网络结构设计比较困难，神经网络的学习需要大量的训练样本和测试样本，而这些样本数据主要来源于平时的侦察，要想对某些雷达辐射源信号积累大量的数据样本是不太现实的，并且大量的训练样本需要大量的训练时间开销。SVM 方法的本质是通过寻找最优超平面达到对两类样本的区分，并使分类间隔最大。通过组织多个 SVM 分类器达到对多类样本的区分，它克服了神经网络的固有不足，在理论和实践上表现出了比以往方法更多的优势，成为当前机器学习领域新的研究热点。从当前的研究来看，基于支持向量机的雷达辐射源方法，不仅可以应用于雷达型号的识别，也能用于雷达个体的识别，并且与以往的识别方法相比有更高的正确识别率。虽然该方法在识别方面表现出了强大的生命力，但是还有一些问题亟须解决，核函数是 SVM 处理特征参数的一个关键技术，但是如何选择核函数及如何度量处理后的参数，并没有专门的理论论述。与一般分类方法相比，SVM 算法较为复杂，当样本规模较大时，对样本集训练所耗的时间过长，以及在多分类问题中，分类器的反应速度较慢。这些问题的存在使得 SVM 方法在工程应用中难以推广，但是这些问题可以通过设计快速算法、优化分类器结构，以及提高处理器的处理速度等得到一定程度的解决。

从上面的论述中可以得出，雷达辐射源识别是一个复杂的系统工程，图 2.56 所示为雷达辐射源识别流程。

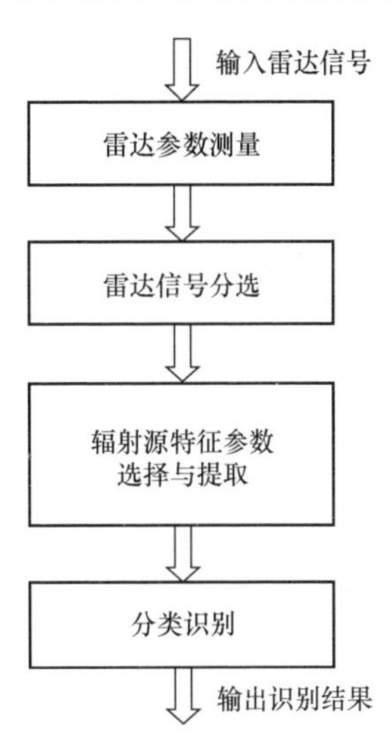

图 2.56 雷达辐射源识别流程

不同的识别层次，如类型识别、型号识别、装载平台识别及个体识别，对其中的关键环节的具体要求均不相同，应当根据系统的总体要求区别对待。

雷达在工作过程中为了防止被正确识别，可能会在平时与战时采用不同的技术参数，这将导致依据平时所建立的雷达数据库的识别方法识别正确率降低，因此，雷达指纹识别技术是未来雷达辐射源识别的重要发展方向。

随着人工智能技术的发展，基于深度学习的雷达辐射源识别技术也获得了广泛的重视，如果能够获得雷达辐射源信号的足够样本，采用深度学习的相关技术也是识别雷达辐射源的一个非常有潜力的发展方向。

2.4 显示控制分系统

2.4.1 显示控制分系统的用途

显示控制分系统是雷达对抗侦察系统的核心组成部分之一。它的主要任务是自动或在人工干预下完成向各个分系统下发控制指令，并对各分系统上报的数据/状态信息进行处理、显示、记录等。

显示控制分系统主要完成对如下分机的控制。

（1）微波前端分系统：对微波前端的频段选择、衰减量加以控制。

（2）接收机分系统：对接收机工作方式、频段、中心频率、衰减、带宽、搜索步进及连续波控制等加以控制。

（3）信号处理分系统：对信号处理方式、预处理模式、预处理参数等加以控制。

（4）测向分系统：对测向方式、测向带宽等加以控制。

（5）伺服分系统：对天线扫描方式、扫描速度、扇扫中心、扇扫范围、驻留时间等加以控制。

（6）自检分系统：对自检方式、自检源频段等加以控制。

（7）数据转换器：对数据源选择、采集方式设置等加以控制。

（8）外设：对外设选择、工作方式、工作参数等加以控制。

如果雷达对抗侦察系统担负干扰分系统的引导分系统，还能够完成对干扰资源的管理、对雷达干扰站进行威胁目标分配引导等工作。不同的雷达对抗侦察系统，其显示控制分系统的功能有所不同。

2.4.2 显示控制分系统的组成

显示控制分系统通常由系统控制计算机和相应的接口电路组成，常用的接口包括并口、串口和网口等。

显示控制分系统典型控制关系如图 2.57 所示。

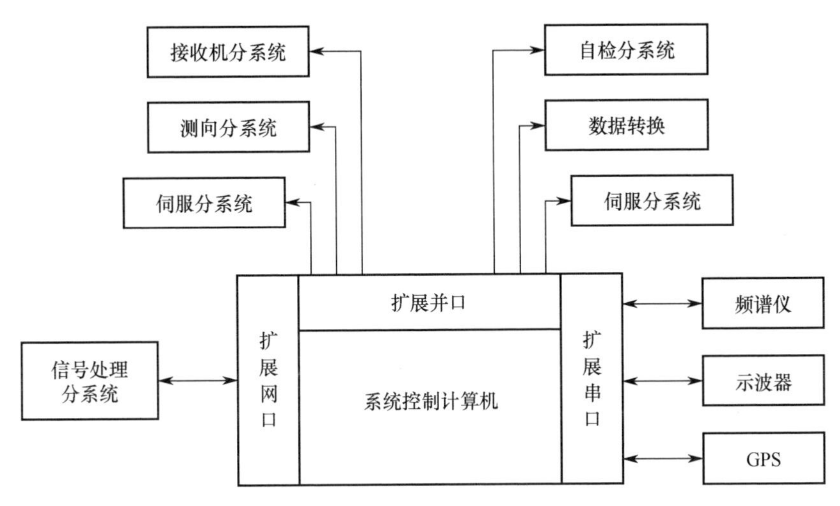

图 2.57　显示控制分系统控制关系

1. 系统控制计算机

系统控制计算机是显示控制分系统的基础部分，通常采用高性能工控计算机来实现系统控制功能。

2. 扩展并口

对于大部分分系统的控制都是通过并口完成的，系统控制计算机通常只提供一个或两个并口，远远无法满足对多个分系统并行控制的要求，因此需要对系统控制计算机的并口进行扩展，实现这一功能的硬件设备为扩展并口板。

3. 扩展串口

在雷达对抗侦察系统中，存在大量外设，如系统控制计算机的键盘、鼠标，打印机，用于观察雷达信号波形和频谱的示波器和频谱仪，用于接收全球定位系统（GPS）数据的 GPS 接收机，这些外设一般为外购产品，其提供的接口形式大多为串口。系统控制计算机自身一般提供两个串口，当外设数量较多时，需要对系统控制计算机的串口进行扩展，实现这一功能的硬件设备为扩展串口板。

4. 扩展网口

在雷达对抗侦察系统中，系统控制计算机除了完成系统控制与状态显示功能，还需要将系统接收的雷达信号特征参数进行显示，为系统控制提供参考数据。由于雷达信号特征参数包括雷达辐射源参数和全脉冲参数，特别是全脉冲参数，其数据量非常大，用串口或并口传输不能满足系统要求，通常采用网口实现雷达信号特征参数的传输。

在较先进的雷达对抗侦察系统中，大多采用多个信号处理设备并行工作的方式，同时实现对窄带信号和宽带信号的处理及脉内特征参数的提取，系统控制计算机需要通过网口接收多个信号处理设备上传的雷达信号特征参数数据。

系统控制计算机自身一般只提供一个网口，这就需要对网口进行扩展，网口扩展最常用的是网络集线器，这也是最简单的方式。

2.4.3 显示控制分系统示例

典型雷达对抗侦察系统的显示控制分系统能够完成对接收机分系统、信号处理分系统、测向分系统、伺服分系统、自检分系统、数据转换器及外设的控制，显示各单元的状态，接收信号处理分系统的雷达信号特征参数，接收外设传递的各种数据并且加以显示处理。

1. 对接收机分系统的控制

超外差接收机具有测频精度高、动态范围大、对同时到达信号分离能力强等优点，是雷达对抗侦察系统常用的接收机，下面介绍对超外差接收机的典型控制。

对超外差接收机的控制主要包括扫描方式、频率引导方式、扫描步长、锁定方式、中频带宽、连续波调制方式及中频衰减控制等。

（1）扫描方式。

全景：搜索所有频段，从低频段向高频段顺序扫描。

区间：选择整个频段的一个区间进行扫描，可以是标准频段之一，也可以在任意设置的频率上限值和频率下限值之间进行扫描。

（2）频率引导方式。输入引导频率，超外差接收机调谐到该频率值上。

（3）扫描步长。

半带宽：扫描步长为中频带宽值的1/2。

全带宽：扫描步长为中频带宽。

任意设置：人工指定扫描步长值。

（4）锁定方式。

锁定：设置锁定方式为锁定。

解锁：设置锁定方式为解锁。

（5）驻留：输入驻留时间。

（6）中频带宽：选择合适的中频带宽。

（7）连续波调制方式：选择调制或不调制。

（8）中频衰减：输入中频衰减值，单位为dB。

2. 对信号处理分系统的控制

对信号处理分系统的控制主要包括信号处理分系统的工作方式控制、预处理模式控制及预处理参数设置。

1）信号处理分系统的工作方式控制

信号处理分系统的工作方式包括信号处理、全脉冲参数输出，默认方式为信号处理方式。在信号处理工作方式下，信号处理分系统完成参数量化、稀释、分选、识别后，输出雷达辐射源参数；在全脉冲参数输出工作方式下，信号处理分系统完成参数量化后形成全脉冲数据，不再做进一步处理直接输出全脉冲数据。

2）预处理模式控制和预处理参数设置

预处理模式有 3 种：参数跟踪、参数阻塞和全参数宽开。参数跟踪时，在方位、频率、脉宽 3 个参数设置范围内的雷达信号被处理，范围外的雷达信号被阻塞；参数阻塞时，方位、频率、脉宽 3 个参数设置范围内的雷达信号被阻塞，范围外的雷达信号被处理；全参数宽开时，所有雷达信号都处理。

预处理参数设置包括设置方位中心值、方位范围值、频率起始值、频率终止值、脉宽起始值、脉宽终止值，即分别设置方位、频率、脉宽 3 个参数的范围。

3. 对伺服分系统的控制

自动实现向伺服控制分机发送自检、数据采集命令，接收伺服控制分机回送的各种数据，并进行格式变换，变换后的数据送控制管理，由控制管理调度有关模块对其进行处理或显示。

1）扫描方式控制

在扫描方式中，通常提供两种：圆扫和扇扫。

圆扫：天线按指定的扫描速度进行圆周扫描。

扇扫：天线按指定的扫描速度、扇扫中心和扇扫范围进行扇形扫描。

2）驻留控制

天线按照指定的方式扫描，当天线扫描到所设置的天线指向方位时，天线驻留，驻留结束后，天线按原来的扫描方式继续扫描。

3）停留控制

停留控制指定天线指向，当天线扫描到该方位时，天线停止扫描。

4. 对测向分系统的控制

对测向分系统的控制主要是设置测向分系统的带宽。在测向分系统中，一般包括宽带测向和窄带测向两部分。

5. 对自检分系统的控制

雷达对抗侦察系统要求具备完善的自检分系统，能对系统工作状态做详细地分析，能对故障部位做准确地判断，这对性能检测、故障迅速排除具有较强的指导作用。

自检分系统一般提供两种自检：静态自检和动态自检。

（1）静态自检。对于具备自检功能的分系统，可以通过静态自检来检查其工作是否正常。由系统控制分系统根据要求下发自检指令，各分系统自动进行自检，自检完毕后将自检结果上报给显示控制分系统，显示控制分系统对自检结果直观地显示出来。参与静态自检的分机一般有电源、测向分系统、信号处理分系统、接收机分系统、数据转换器、伺服分系统等。

（2）动态自检。动态自检是通过自检源产生信号、自检天线辐射、系统接收自检信号的方式来检查信号通道工作是否正常，考虑到系统的很多部件都是分频段工作的，这就要求自检信号频率能够覆盖各个频段。自检信号一般都是脉冲制的，其重频、脉宽及信号强度都是固定的，这样动态自检还可以考察脉冲参数测量精度。

6. 对外设的控制

雷达对抗侦察系统为了完善功能、提高性能、丰富手段，通常配备大量外部设备，如 GPS 接收机、示波器、频谱仪等。这些外设大多为外购件，相对于雷达对抗侦察系统具有一定的独立性，系统显示控制分系统通过标准接口与其实现数据传输。

2.5 雷达对抗侦察系统示例

本节首先重点介绍一个雷达对抗侦察环境监测系统的设计方案，该方案是为了提高读者对雷达对抗侦察系统整体概念的理解而特意设计的；最后介绍雷达对抗侦察数字接收机的一个设计案例。

1. 雷达对抗侦察环境监测系统设计方案

1）概述

该雷达对抗侦察环境监测系统能够快速截获 2 ~ 18GHz 频段范围内的雷达信号，完成信号的检测、参数测量、信号分选、分析与识别。同时，作为电子侦察设备，还具有电子情报侦察功能。

2）主要战术技术指标设计要求

（1）频段范围：2 ~ 18GHz。

（2）系统灵敏度：优于 -65dBm。

（3）系统动态范围：优于 50dB。

（4）参数测量。

① 测频精度：3MHz（rms）。

② 脉宽测量。

脉宽范围：0.2 ~ 5000μs。

脉冲宽度测量误差：±2% PW + 0.1μs。

③ 重频测量

重频范围：100Hz ~ 500kHz。

脉冲重复频率测量误差：$\leqslant \pm[(\mathrm{PRF})^2 \times 10^{-6} + 1]\mathrm{Hz}$。

（5）适应信号环境。

信号类型：常规体制、脉冲压缩、频率捷变、频率分集、脉冲多普勒等。

信号密度：80 万脉冲/s。

处理目标个数：5 个。

3）总体方案

系统由天线分系统、微波前端分系统、IFM 接收机分系统、参数测量分系统、信号处理分系统，以及显示控制分系统等组成，其组成框图如图 2.58 所示。

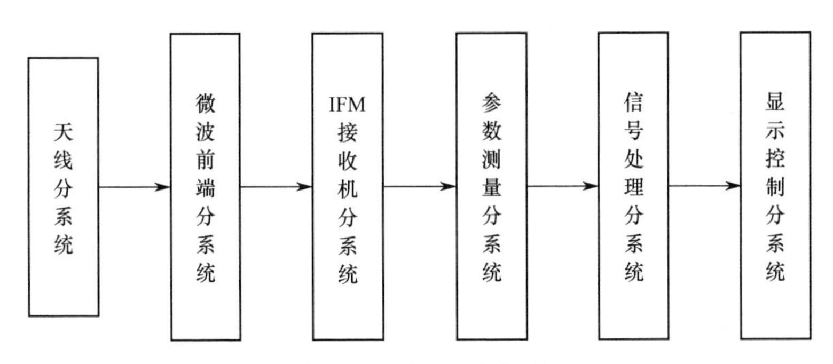

图 2.58　系统组成框图

图 2.59 所示为"IFM + 信号处理"的原理框图，IFM 接收机的频率输入范围为 4 ~ 6GHz。

（1）天线分系统。天线工作频段覆盖 2 ~ 18GHz。

（2）微波前端。微波前端分系统对天线输出的射频信号进行滤波、限幅、放大、变频，输出 4 ~ 6GHz 信号至接收机分系统。

（3）接收机分系统。IFM 接收机完成 4 ~ 6GHz 信号频率的快速测量，并形成视频信号。

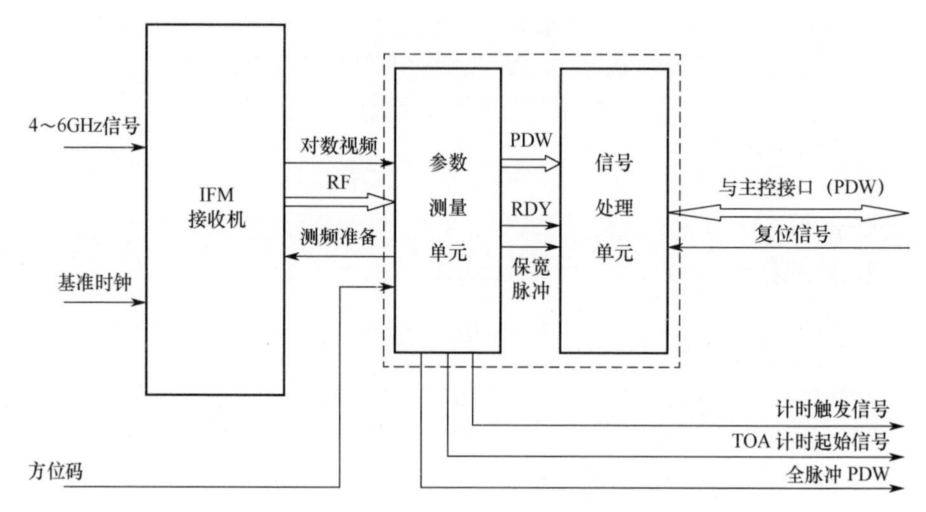

图 2.59 “IFM + 信号处理”的原理框图

（4）参数测量分系统。参数测量分系统完成对雷达脉冲参数的测量，包括脉冲幅度、脉冲宽度及脉冲到达时间。

（5）信号处理分系统。完成对雷达信号的分选、分析与识别。

（6）伺服分系统。完成对天线的控制。

（7）显示控制分系统。显示控制分系统通过接口电路完成对微波前端的控制，显示信号侦收及分选识别结果，完成对威胁雷达识别库的操作等。

4）关键技术

（1）宽带多级变频技术。宽带多级变频重点完成对 2 ~ 18GHz 信号的接收与变频处理，将信号转换为 4 ~ 6GHz 的高中频信号，以供 IFM 接收机进行进一步接收处理。

宽带多级变频技术重点包括变频模块、本振输出模块、中频输出模块三部分。

宽带多级变频前端结合了信道化和超外差体制的特点，具有较高的灵敏度和在高密度环境下工作的能力。来自天线分系统的 2 ~ 18GHz 信号通过低插损的频分器馈入开关，经过选择后分别进入 4 个分频段接收通道（预选的频带定为 2 ~ 4GHz、4 ~ 8GHz、8 ~ 12GHz、12 ~ 18GHz）；经过开关矩阵选择本振点频率，或按照设定程序，选择信道接收，变频至 4 ~ 6GHz；经过滤波放大后，送 IFM 接收机进行频率参数测量。工作频段由显控台通过信号处理机控制，可以是多个分频段顺序工作或选择某个分频段工作。

（2）宽带 DIFM 接收技术。实现数字式瞬时测频有好几种技术途径，只要能瞬时给出输入 RF 信号的数字频率代码，均可称为数字瞬时测频。这里所说的是数字式多通道延迟线鉴频体制的瞬时测频技术，它是建立在相位干涉原理上的，所采用的自相关技术是波的干涉原理的一种具体应用，具体见相关书籍。

(3) 参数测量技术。参数测量单元的输入为 IFM 接收机给出的对数视频信号及 RF 码。

参数测量单元组成框图如图 2.60 所示。

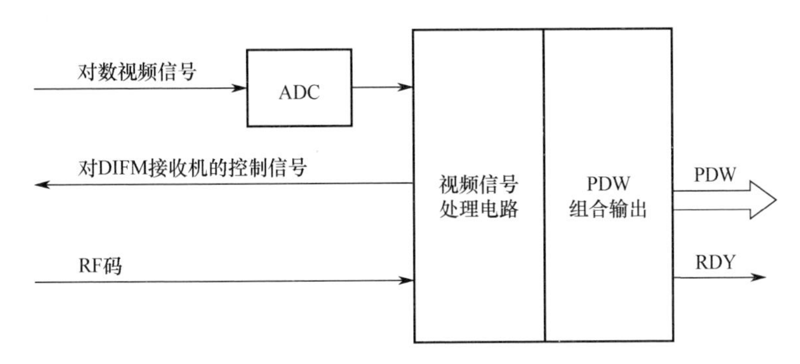

图 2.60　参数测量单元组成框图

电路主要由两部分组成：一部分是模拟数字转换电路 ADC，它对输入的对数视频信号进行连续采样，将视频信号变换成数字采样信号；另一部分是采用高速 FPGA 芯片技术的视频信号处理电路，它是整个处理系统的核心，它的主要功能包括：① 对输入的视频采样信号进行处理，完成参数测量；② 产生 DIFM 电路所需的控制时序；③ 对 PDW 进行组合并输出。

2. 基于宽带数字接收机的雷达对抗侦察系统介绍

基于宽带数字接收机的雷达对抗侦察系统综合运用了多种先进的数字信号处理技术，能够高精度地提取雷达信号特征参数，实时性好，分辨力高，工作方式灵活，具有高密度信号处理能力和处理同时到达信号的能力；尤其是它能够精确地保存和分析雷达脉内信息，满足对多种新体制雷达的侦察和干扰需求，从而大大提高雷达对抗侦察系统的性能。以宽带数字一体化接收机为核心的雷达对抗侦察系统的硬件实现方案如图 2.61 所示。其中射频变换将天线接收到的射频信号转换到中频频段；宽带数字一体化接收机完成对中频信号的高速采样和高速率数字信号处理功能，实现了对输入信号特征参数的高精度实时测量，并形成完整的 PDW 输出；后端的 DSP 处理模块完成信号处理分系统的功能，包括分选、识别和引导等。

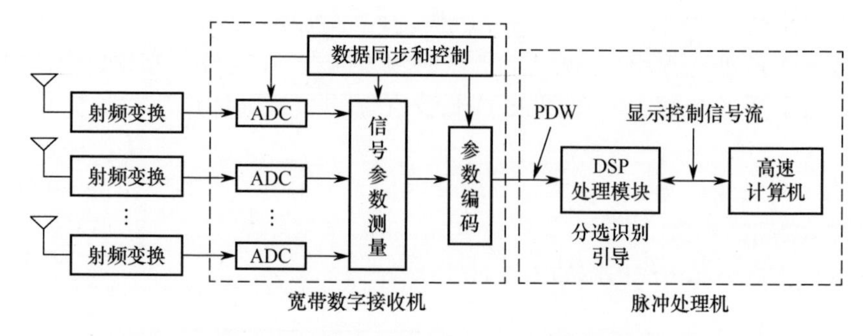

图 2.61 基于宽带数字接收机的雷达对抗侦察系统硬件实现方案

根据实际测试的结果，该系统可以达到如下性能指标。

（1）瞬时带宽：单模块 1000MHz。

（2）同时到达信号处理能力：2～4 个。

（3）最小脉冲宽度：0.1μs。

（4）单信号动态范围：60dB。

（5）双信号动态范围：35dB。

（6）测频精度：≤200kHz。

（7）测向精度：2°～5°。

（8）测幅精度：±2dB。

（9）时间分辨力：≤8ns。

（10）单脉冲处理时间：<1μs。

（11）适应信号形式：常规脉冲信号、调频信号、相位编码信号、频率捷变信号、频率分集信号、连续波信号等。

该系统的特点如下。

（1）功能全面，对接收信号进行全面的特征提取。

（2）实现了软件无线电的架构，工作方式灵活。

（3）实时性好，能够满足 ESM 的需求。

（4）全概率的侦收和处理。

（5）相对模拟系统具有极大的优势。

（6）提供数字校正和补偿功能。

第3章　无源定位系统

3.1　概　　述

在电子对抗领域，对辐射源的位置信息定位越精确，就越有助于对辐射源进行有效的情报信息获取与电子干扰，也能为摧毁目标提供有力的保障。因此，对辐射源的无源定位技术在电子对抗领域具有十分重要的地位。

对目标的定位可以使用雷达、激光、声纳等有源设备进行，主动发射信号并根据接收到的目标反射回波来确定目标位置，这一类技术称为有源定位，它具有全天候、高精度等优点。然而，有源定位系统的使用是依靠发射信号来实现的，很容易暴露自己，被对方发现，从而遭到对方电子干扰的软杀伤或反辐射武器的硬杀伤的攻击，使定位精度和有效性受到很大的影响，甚至危及系统自身的安全。

有源定位也可以利用多个已知辐射源的信号对目标进行定位，这通常用于目标对自身的定位，其典型应用是GPS，它具有全天候、高精度、隐蔽性强等优点。但是由于辐射源信号形式已知，接收机极容易受到电子干扰，导致定位性能降低，甚至失效。

对目标的定位，还可以在不对目标发射电磁波的条件下，利用目标上的有意辐射或无意辐射电磁信号来获取目标的位置，这一类定位方法称为无源定位。被定位目标工作在导航、有源探测、通信等状态时，要向外辐射电磁信号，这为对目标进行无源定位创造了条件；实现对目标的无源定位也可以利用第三方的辐射源信号，这种方法是指通过对参数和位置已知的第三方辐射源信号经过目标的无意反射后的相关接收和处理，实现对目标的定位，因此该方法对于隐身目标和无线电静默目标具有一定的无源定位能力。

1. 无源定位的分类

典型的无源定位过程是通过多站截获目标的某方面信息进行综合处理，进而获取目标的位置信息。根据目标信息的内容及处理方法的不同，目前无源定位的方法主要包括测向交叉定位和时差定位。

（1）测向交叉定位：通过地面两个或多个固定站的测向系统的测向线的

交点来实现定位；或者通过机载或地面单站的移动在不同位置多次测量同一固定辐射源的方向，再利用多次测量方向的交叉点实现定位。测向交叉定位又称为三角定位。

（2）时差定位：利用 3 个或多个侦察站，测量出同一信号到达各侦察站的时间差并进行分析计算来定位。

由于多站无源定位系统需要各观测站之间同步工作并进行大量的数据传输，还要求对集中的数据进行融合处理，这增加了系统的复杂性，也降低了系统的独立性和机动性。因此近年来单站无源定位技术发展比较迅速。由于固定单站只能获取辐射源的方位信息，因此单站多通过移动来实现多站的测向交叉定位；另外，可以利用单个固定站对移动目标定位。单站定位的方法有多普勒频率法、到达时间法、相位差变化率法，以及它们的综合法。单站定位系统克服了多站定位系统的某些缺点，成为目前无源定位的一个研究热点，但仍不具备多站系统定位的精度。

2. 无源定位的特点

无源定位能够获取目标辐射源的位置信息，同时具有作用距离远、隐蔽性好等优点，对于提高侦察系统在复杂电磁环境下的生存能力具有重要作用。

1）对目标的定位是无源的

定位装备不向目标发射电磁信号，这与一般的侦察设备是相同的，这一特点保证了无源定位系统的安全性。无源定位的前提条件是要求被定位目标发射信号，或者反射其他照射的信号，如果目标不包含无线电发射机，或者采取无线电静默，而外界又没有照射源，无源定位系统将无法工作。

2）定位结果来源于处理计算

无源定位系统要经过复杂的计算才能获取目标的位置信息。由于无源定位系统并不能事先了解目标发射信号样式，因此系统开始工作时如同一般的电子对抗侦察设备，先进行信号截获及分选处理，而后才可能对它们定位。信号源的位置信息不是直接反映在信号上，比如不同位置的接收站接收到若干个目标的信号时，首先需要完成信号配对，只有各站接收到的同一目标信号被正确配对后，才可能做出正确的定位计算。显然，整个处理过程需要时间，如果系统技术水平不高，计算时间就会比较长；如果被定位的目标在运动，系统的定位过程也可能会出现异常。

3）多站协同工作

由于固定的单个侦察站对固定目标的侦察是无法给出距离信息的，因此一般的无源定位系统需要多站协同工作，而这种协同主要表现在站间的信息通信。如果系统站间采用无线通信，各站要发射电磁信号，将破坏侦察系统的静默特点，使系统在工作时可被侦察，因此无源定位系统内部的通信原则上应做得尽量隐蔽，无线通信工作尽可能是突发的，或采用满足作用距离要求的小功率微波定向通信；如果是固定站工作，最好站间使用有线通信来代替无线通信。

无源定位系统的这一特点无疑对设计者和用户都提出了某些附加的特殊要求，各站并不完全独立工作。这种协同还表现在系统内各侦察站的工作有一定的约定，比如几个站要共同约定在什么时间段内对哪个频段的信号进行侦收。无源定位系统采用时统的方法来解决站间的协同问题。

4）定位效果与系统布站有关

从战术上来看，无源定位系统的性能发挥与系统内各侦察站的位置布局有很大关系，若要有效地发挥无源定位系统的效能，应当分析各侦察站的战术布局。通常情况下，需要考虑战术配置的因素主要包括站间距离和布站角度。布站角度相对简单，以三站时差平面定位为例，通常要求三站尽可能以直线或接近直线配置，其最小角度一般不小于120°；而站间距离要求与系统的作战区域距离有关，较远的作战区域要求较大的站间配置距离以保证定位精度，并且同时还要兼顾站间通信的可靠性，如在无线微波通信时要求站间地理通视，而较大的站间距离给系统布站选址提出了很高的要求。因此，对于某一个具体的应用，实际的系统布站还要适当地综合考虑相关方面因素。

3. 无源定位系统的基本组成

从无源定位系统的功能组成上来看，通常无源定位系统的组成如图3.1所示。

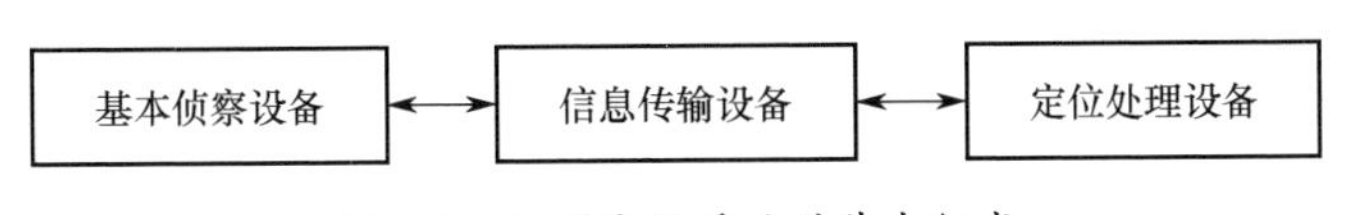

图3.1　无源定位系统的基本组成

无源定位系统首先是一个无源侦察系统，所以它应该具有一般侦察系统的组成，同时它又是以确定目标辐射源位置为主要目的的侦察设备，所以在它的最基本组成中不可缺少能够构造和输出目标位置的部分。这样，无源探测定位系统主要由信号侦察和定位处理两大部分组成，其中信号侦察部分用于截获辐射源信号并给出用于定位所必需的信号参数，它通常由侦收天线、接收机、参数测量和其他辅助部分组成；定位处理部分接收由侦察部分给出的参数测量结果，根据定位体制计算出目标辐射源的位置，同时用于输出定位结果。当系统由不在同一位置的若干单站组成时，各部分之间的信息传递（包括对接收机的控制和侦察部分的参数上报两大类信息的传递）是无源定位系统不可缺少的一个重要组成部分。

3.2 交叉定位系统

3.2.1 交叉定位工作原理

交叉定位是相对成熟的无源定位技术，它通过高精度测向设备，在两个或两个以上观测点对雷达进行测向，各观测点所确定的方向线的交叉点就是雷达的地理位置。不仅地面侦察设备常用这种方法对地面雷达、舰载雷达和机载雷达进行定位，而且机载侦察站也常用这种方法对地面雷达和舰载雷达定位。从原理上来看，三维空间的交叉定位方法和两维平面的交叉定位方法没有本质的区别，以常见的两维空间的交叉定位进行讨论。图 3.2 所示为交叉定位平面示意图。

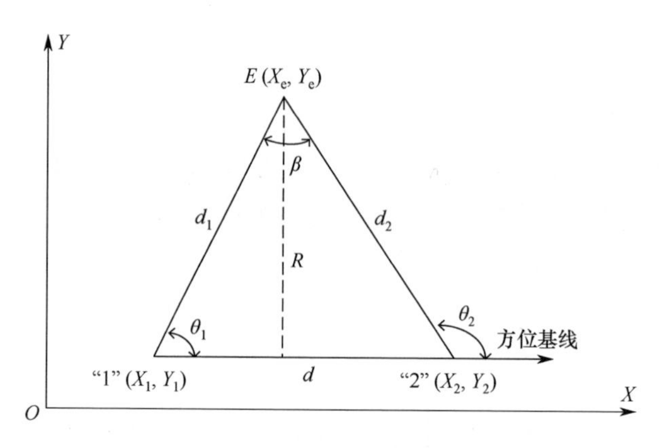

图 3.2　交叉定位平面示意图

设有一个辐射源位于平面的 E 点，如图 3.2 所示。两个观测点“1”（X_1，Y_1）和“2”（X_2，Y_2）对辐射源测得的方位角分别是 θ_1、θ_2。两条方向线的夹角为 β，辐射源到方位基线的距离为 R，两个观测点之间的距离为 d。为了简便起见，假设方位基线与 X 轴取向一致，因此，两条方向线的斜率分别为

$$\begin{cases} \tan\theta_1 = \dfrac{Y_e - Y_1}{X_e - X_1} = a_1 \\ \tan\theta_2 = \dfrac{Y_e - Y_2}{X_e - X_2} = a_2 \end{cases} \tag{3.1}$$

解上述线性方程组（式（3.1）），可得

$$
\begin{cases}
X_e = \dfrac{Y_1 - Y_2 - a_1 X_1 + a_2 X_2}{a_2 - a_1} \\
Y_e = \dfrac{a_2 Y_1 - a_1 Y_2 - a_1 a_2 X_1 + a_1 a_2 X_2}{a_2 - a_1}
\end{cases}
\tag{3.2}
$$

由式（3.2）可知，根据观测点“1”和“2”的坐标和方位角 θ_1、θ_2，便可以确定辐射源 E 的坐标（X_e，Y_e）。如果从几何角度来看，交叉定位的原理就是由一条边 d 和两个夹角（θ_1、θ_2）可以唯一地确定一个三角形，而这三角形的顶点就是辐射源所在的位置，因此这种情况下的交叉定位法又称为三角定位法。

双站交叉定位是一种简单的无源定位方法，其主要缺点是存在多个辐射源的情况下容易存在虚假定位。例如，有两个辐射源，每个站将会测得两条方向线，两个站存在 4 个交叉点，其中有两个是虚假定位。为了减少虚假定位，可以采用多站定位。如果交叉点是真实目标，那么理论上该交叉点处所有方向线都应通过，而某两条方向线造成的虚假定位交叉点，其他方向线未必通过，因此比较交叉点通过方向线的多少可看出这一特性。图 3.3 所示为交叉虚假定位示意图。

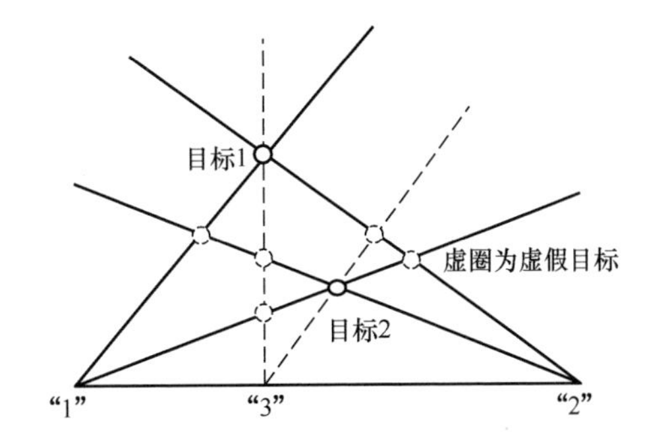

图 3.3　交叉虚假定位示意图

由于单站测向误差的影响，多站测向后的交叉点往往并不是集中于一点，而是形成一个小区域，可通过统计处理来提高定位的精度。当有多个侦察站时，可以同时利用测向信息和测时差信息进行综合处理，使定位的精度进一步提高。

3.2.2　单站测向原理

交叉定位技术是利用多站测得辐射源目标的方向信息来进行定位的，那么单站的测向问题也就成为交叉定位的根本问题，只有精确地测量信号方位，才能取得较高的定位精度。常用的测向方法有最大信号法、比幅测向法及比相测向法等。

1. 最大信号法

任何一个有方向性的接收天线接收同一个稳定辐射源信号时，如果用接收天线的增益最大点方向对准辐射源，接收到的信号就最强。由于接收天线方向图已知，因此能够求解出辐射源的大致方位。用最大信号法测向，设备需求和处理过程都比较简单，但是它的精度一般很难超过接收波束宽度的1/5。从原理上来讲，它要求辐射信号是稳定的，在整个测量过程中自始至终存在。一旦信号强度本身发生迅速变化，如辐射源的波束在空间扫描时，它一会儿用主波束对准接收天线，过一会儿又用它增益相对较小的旁瓣对准接收天线。那么接收天线收到的信号强度不稳定，导致无法测向或测向错误。尽管如此，由于它的简单性，仍具有较多的应用。图3.4所示为典型的各种侦察天线波束宽度和增益参数，这种测向方法通常要求天线的波束较窄、增益较高，以保证稍高一点的测向精度要求。

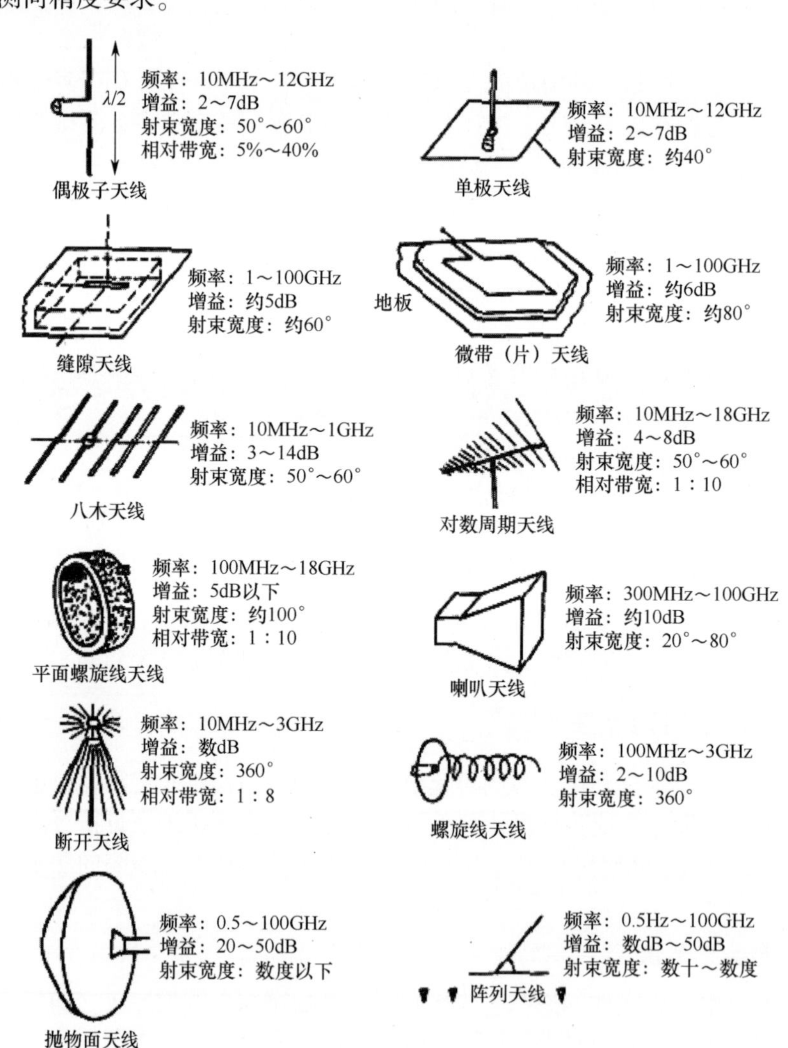

图3.4　典型的侦察天线参数

2. 多信道比幅测向法

所谓多信道比幅就是采用多个角度指向不同的天线，形成一个天线阵，对较宽方位覆盖范围进行瞬时测向；如果用指向不同的两个天线同时接收一个信号，就会表现出两副天线接收的信号强度不同，根据天线方向图比较两个信号的幅度可以计算出辐射源信号的方位。如果所有天线测角范围覆盖 360°，即为全向比幅测向。图 3.5 所示为采用 4 副天线实现全向比幅测向波束方向图及其系统组成。

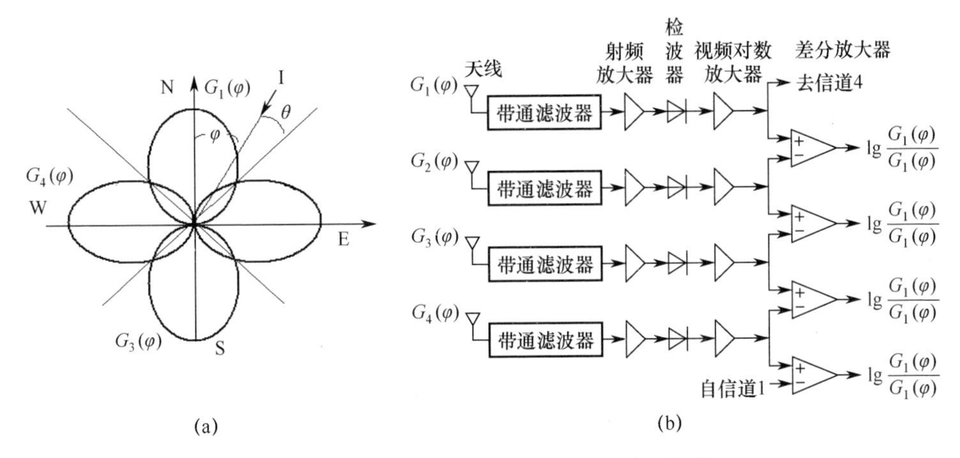

图 3.5　全向比幅测向天线方向图及系统组成

由图 3.5 可以看到，对于同一个雷达信号来说，总有一对相邻波束分别输出最强和次强信号，通过比较它们的信号幅度相对大小，可以确定雷达的方位。因此，这种测向技术可对单个雷达脉冲信号进行测向。比幅测向法的优点在于它测量方位所需的信号存在的时间极短（称为瞬时测向），接收天线不必转动，具有较高的测量精度和方位截获概率。对于全向多信道测向，由于在每次计算中，只有两个信道是有效的，其他信道都属于陪衬而没有起作用，解决的方法是可以采用只覆盖一定区域的双信道比幅天线，通过旋转天线来实现全方位侦察，这样简化了系统复杂程度。目前，比幅测向的精度可达到优于一个天线波束宽度的 1/5，而且结构简单，测向时间快，具有广泛的应用。

3. 比相测向法

通过对接收信号做相位比较进行测向的方法称为比相测向法。由于电磁波在空间传播需要时间，它到达不同位置的天线口面时会有微小的时间差，导致不同天线之间的接收信号有一定的相位差，这可以被用来做无源测向。比相测向法系统原理如图 3.6 所示。

图3.6中，两个接收天线之间的距离为d，天线轴线方向通常一致，并且波束宽度很宽，若辐射源与侦察天线轴线夹角为θ，则辐射的电磁波到达两天线的波程差为ΔR，相应的两天线输出信号之间的相位差为

$$\varphi = 2\pi \cdot \frac{\Delta R}{\lambda} = 2\pi \cdot \frac{d\sin\theta}{\lambda} \quad (3.3)$$

式中：λ为雷达信号波长。

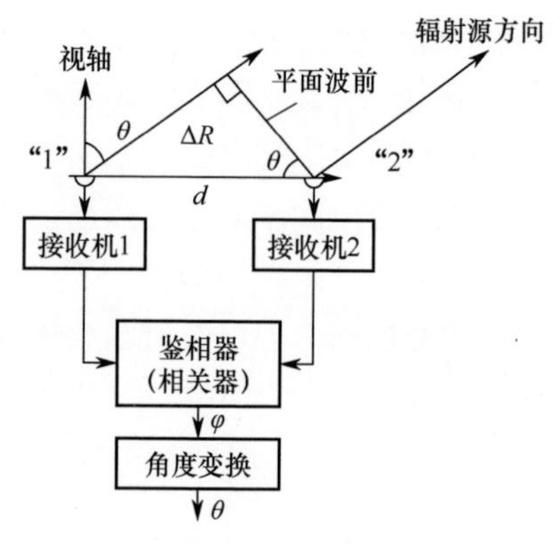

图3.6　比相测向法系统原理

从原理上来讲，如果两天线对应的接收机完全一致，那么加到鉴相器上的两信号相位差仍然是φ，就可由角度变换装置决定雷达的方位角θ：

$$\theta = \arcsin\left[\frac{\varphi}{2\pi d/\lambda}\right] \tag{3.4}$$

比相测向可以实现单脉冲测向，但相位差的测量过程中可能存在测量模糊的问题。为了解决这一问题，工程上往往采用多副天线形成天线阵进行比相，各天线对之间的间距不同，以实行相对精确测向。

3.2.3　交叉定位系统的组成

交叉定位系统是由多单站构成的一个统一协调工作的无源定位系统，各单站也是一个复杂的测向系统，因此将从全系统功能和单站测向这两个方面来分析交叉定位系统的组成。

1. 交叉定位系统的功能组成

交叉定位是相对较成熟、被广泛应用的一种无源定位技术，一般采用多个侦察站，典型系统结构如图3.7所示。

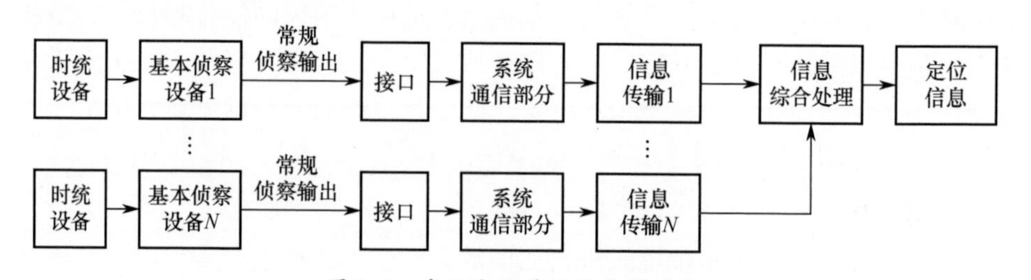

图3.7　交叉定位系统的典型结构

首先从信息流的角度出发，单站的信息要通过系统的通信设备传输到定位处理站，在侦察部分与通信部分有一个接口，使信息能在不妨碍侦察设备正常

工作的前提下传输出去。为了使位于不同地点的几个设备均能识别被传输的信息，系统内的信息要有共同的信息格式，如果不同单机的信息格式不相同，那么在侦察设备的输出口处，还应有一个转换信息格式的单元。

如果系统在运行上需要有一个统一的时间，那么在整个系统中还需要有一个时统系统。系统对时统的要求一般比较高，实现时统的工程方法目前有两种：一种是采用多个精度很高的时钟，在使用前校对好时间；另一种是采用子母钟形式，系统内只有一个钟在运行，即母钟，其他的钟只是一个时间指示器，它仅仅指示母钟通报给它的时间，即子钟。这样一来，系统内所有的钟指示的时间将是相同的。

由于计算机技术的迅速发展，大量的计算和有效的显示工作均可由计算机来完成。因此，当信息传递到定位计算的处理部分时，面临的硬件设备原则上是计算机，软件的功能将包含如图 3.8 所示的三大部分，即信号配对、定位计算和结果显示。

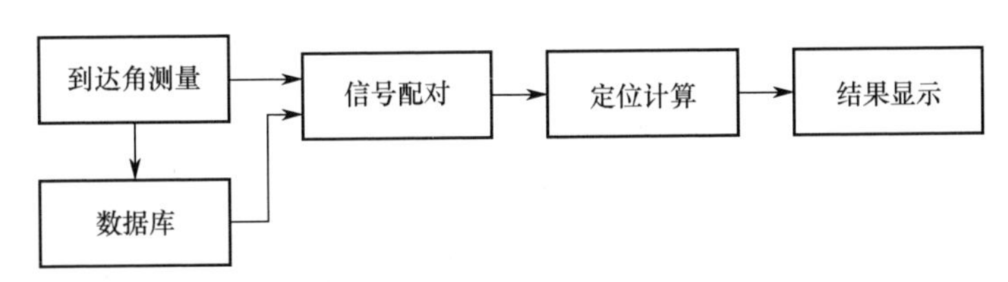

图 3.8　定位处理的软件构成

当面临的环境只含一个要定位的信号时，不存在信号配对问题，系统可以直接进行定位计算，这样的定位计算原则上是一个解析几何问题。在工程上为了便于求解，可采用直接求解、多次迭代渐进、积分、概率等多种不同方法。在实际信号环境下，侦察设备会侦收到多部雷达信号，此时，信号配对问题将显得至关重要。如果配对错误，可能会出现选择不属于同一部雷达的两条测向线去做定位计算，计算的结果将出现错误。常用的信号配对方法有利用信号的技术参数、利用信号脉冲的技术细节、利用多线交叉和利用到达时间差等方法。定位结果得到以后，将采用各种方式在计算机界面上加以显示。

2. 单站测向系统组成

单站是构成交叉定位系统的主体结构，单站系统的测向性能对交叉定位系统的定位效果具有重大影响。

与所有的侦察设备一样，单站测向系统也要对雷达信号进行截获和参数测量，既希望能够具有较大发现概率，又希望能够对相关参数进行精确测量，如信号频率、方位等。通常情况下，对于单一类型的接收系统来说，这两个方面存在着矛盾。例如，对于测频而言，瞬时测频接收机对信号的截获概率高，但测频精度低；超外差接收机测频精度高，但截获概率低。对于测向而言，这种矛盾主要体现在两个方面：对于最大信号法测向，存在截获概率与测向精度之间的矛盾；对于具有较高测向精度的比幅、比相等测向法，一般情况下瞬时测向范围或不模糊测向范围受到限制，而且当同一方位上有多个不同频率的信号存在时，还存在着系统测向精度不高的问题。为了解决这些问题，目前多采用综合处理体制，即粗测和精测两套接收设备相结合，将能够较好地解决截获概率和测量精度的问题。

下面介绍单站测向系统设计示例。

单站测向系统采用旋转式比幅单脉冲测向技术，通过天线旋转来截获信号，通过比幅计算测量信号到达角、天线输出和差波束（Σ、Δ）、正交波束（A、B）和副瓣抑制波束（C）5 种波束。其中，和波束 Σ 接收的信号用于测量信号参数，正交波束用于测向，差波束 Δ 用于解测向模糊。系统设备有宽带截获接收机和窄带分析接收机，都能测量信号参数和方位，既可以独立工作，也可以在系统计算机的调度管理下相互协同工作。宽带接收机采用了 IFM 加宽带多信道比幅测向的单脉冲测量体制，具有较高的截获概率和响应速度，确保设备能快速截获信号，输出信息可用于引导窄带支路，以缩短信号捕获时间；窄带接收机采用超外差接收机加窄带超外差多信道比幅单脉冲测向体制，用于精确测量参数、分析信号特征，具有灵敏度高、抗干扰能力强、参数测量精度高等特点，能够适应复杂电磁信号环境。相应的设备有两套信号处理机——宽开信号处理机和外差（窄带）信号处理机，宽带截获接收机数据在宽开信号处理机处理，外差信号处理机处理超外差接收机和窄带测向接收机输出的数据。

1）宽带测向系统

单站宽带测向系统组成框图如图 3.9 所示，天线阵由两个有一定间距的等效阵元天线组成，两个等效阵元接收的信号通过 3dB 定向耦合器形成正交波束 A、B，两路信号经过射频前端组件的相关处理后，将射频信号送入检波对数放大组件 DLVA 进行对数检波，输出视频信号到宽带测向组件，对两路信号进行比幅测向，并将方位信息送入宽开信号处理机进行处理。同时送入宽开信号处理机的还有瞬时测频接收机从射频前端组件测得的射频信号粗略频率值。

射频前端组件的主要功能是完成射频信号的幅度调整和信号波形的调制，其功能框图如图 3.10 所示。限幅与放大同时并用的目的是消除强杂波的干扰，并提高系统接收动态范围，将信号强度调整到合适范围，便于后续处理；带通滤波器确定了支路的射频带宽，也对带外噪声和杂波有很好的抑制作用，滤波器的带宽一般比较宽，可达 1 ~ 2GHz；当系统接收到连续波信号时，需要对连续波信号进行斩波，将连续波调制信号送入调制器，完成对连续波信号的斩波，使其变成脉冲信号。

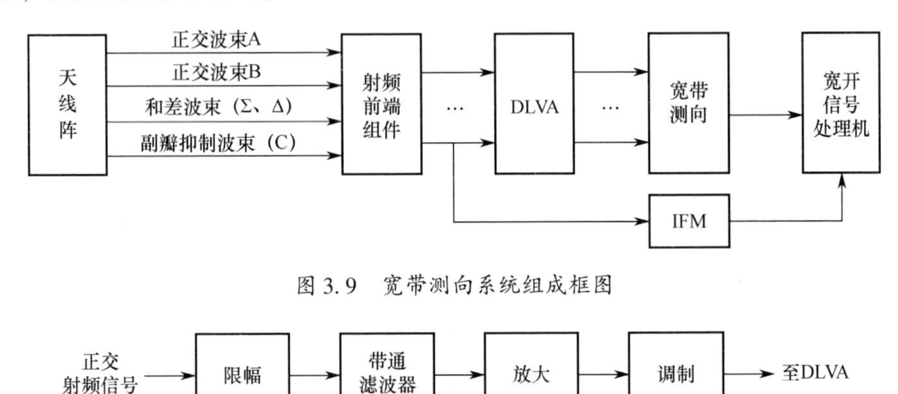

图 3.9　宽带测向系统组成框图

图 3.10　射频前端组件功能框图

检波对数放大组件 DLVA 的功能与晶体视频接收机的功能相似，采用对数放大的目的是使后续的比幅测向的幅度比较更具敏感性，提高测向的精度。

宽带测向模块是宽带测向系统的重要组成部分，典型组成框图如图 3.11 所示。

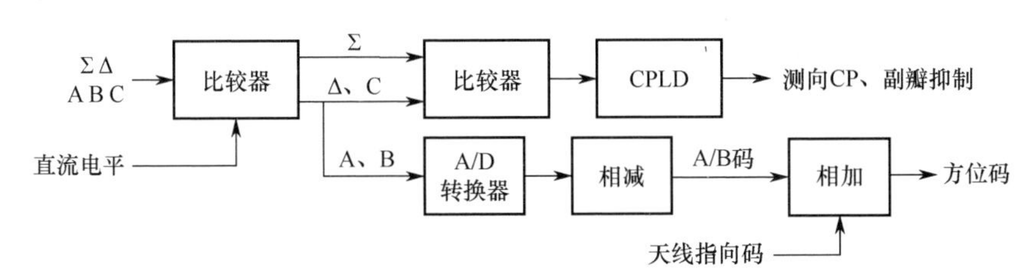

图 3.11　宽带测向模块组成框图

DLVA 输出 5 路波束视频信号到比较器，与一可调直流电平门限比较，排除随机噪声的干扰；输出的 Σ 信号与 Δ、A、B、C 信号进行比较，并将结果送入 CPLD 电路，判断脉冲信号是否为主天线旁瓣所接收，输出测向 CP 脉冲和副瓣抑制信息；输出的正交 A、B 信号经过 A/D 转换，给出 A、B 信号的量化码，再经过相减，输出 A/B 码，与天线指向码相加后，即为雷达信号的方位码。

宽带测向系统具有较高的截获概率并不是体现在空域，而是体现在频域。宽带测向采用 DLVA 对瞬时波束内宽通频带的雷达信号都可良好截获，并检波成视频信号输出到多信道比幅测向接收机进行测向，具有对不同频率信号的高截获。当然，宽带测向系统也可以采用简单的和波束最大信号法来截获目标信号，再引导窄带测向，但最大信号法测向精度要低，而且最重要的是不能采用单脉冲瞬时测向，测向实时性达不到要求。

2）窄带测向系统

虽然宽带测向系统的多信道比幅单脉冲测向方法对于单个雷达信号的测向精度确实比较高，但由于其频域的宽开性，特别是面对复杂电磁环境，瞬时波束内接收到的电磁信号数量繁多，信号样式复杂多变，不同频率的信号经过检波后叠加，将导致比幅测向精度下降，有时候还会出现测向错误。为了克服这一矛盾，测向系统引入了窄带测向，其原理是宽带测向截获雷达信号后，引导窄带测向系统针对某频率点的信号进行精测向，并滤除该方位其他频率点信号的干扰，从而有效地提高了测向系统对此频率信号的测向精度。

单站的窄带测向系统与宽带测向系统的最主要不同之处在于增加了中频处理部分，而宽带测向是将射频信号直接检波为视频信号。窄带测向系统组成框图如图 3. 12 所示。

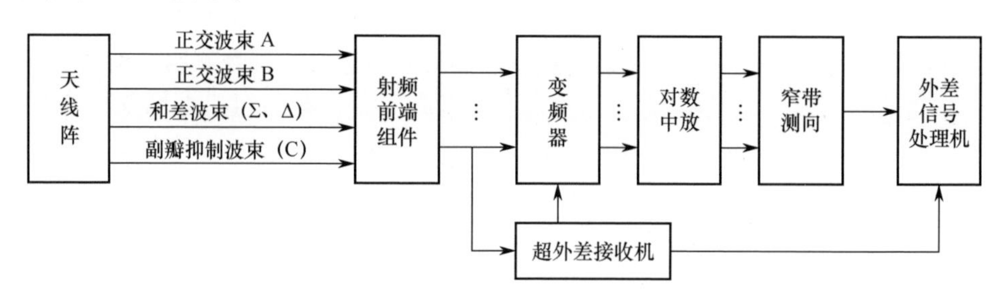

图 3. 12　窄带测向系统组成框图

射频前端组件对射频信号经过处理后，输出信号一路送入超外差接收机进行频率精测，超外差接收机根据测得的频率产生相应频率的信号源作为变频器的本振信号，使得变频器将射频前端组件输出的射频信号下变频到固定的中频频率值，以送后续中、视频信号处理。

中频信号经过对数中放后，送入窄带测向模块进行方位测量，窄带测向系统由窄带中频部分和视频部分组成，其中中频部分主要组成如图 3. 13 所示。

衰减器、放大、调制器与射频前端的功能类似，调整后的中频信号经过单刀四掷开关进行通带宽度选择，使选择的开关滤波器通带带宽与雷达信号带宽相匹配，从而在保证雷达信号波形的情况下，有效滤除其他频率信号和噪声的干扰，提高了信号频谱的纯度和测向精度。开关滤波器的选择由输入的带宽选择码来判定。滤波后的中频信号经过检波对数放大、运放后输出视频信号，送后续的视频信号处理部分，窄带测向系统的视频处理部分与宽带测向模块相同，这里不再赘述。同时输出的视频信号还将输出一路经过整形后，驱动灯光音像设备进行告警。

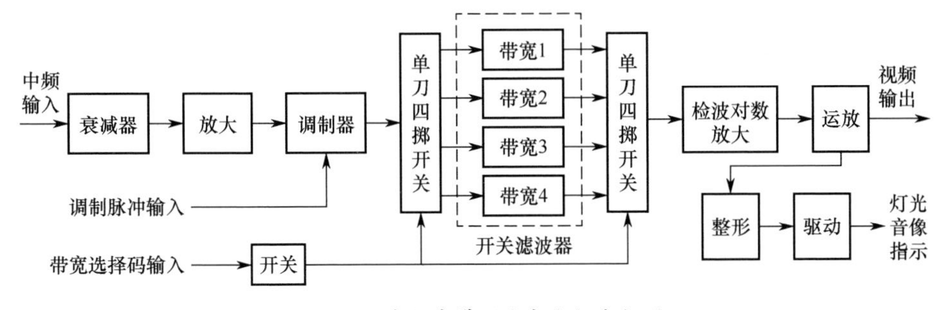

图 3.13　中频窄带测向部分组成框图

由上面的分析可知，高精度的单站测向是整个交叉定位系统的基础，单站的测向误差会影响系统的交叉定位精确程度。然而交叉定位系统是作为一个系统来工作的，它的定位效果和精度不仅与单站测向精确度有关系，还与组成整个系统的多站协同、配置有关系。例如，系统内部的无线通信能力影响整个系统的正常运转，包括通信所用的体制、使用的频率范围、电台之间允许的最大距离、所传输信息的内容、允许正确传输的最大数据率等，甚至还应包括通信的反电子对抗能力；综合信息处理系统要将接收到的各站信息进行配对，特别是面对密集复杂的信号环境时，错误的信号配对将直接导致错误的定位结果，因此可利用信号的技术参数、信号的出现和消失时间等技术手段来精确配对；战术上各单站与被定位目标的地域配置也直接影响交叉定位的误差范围，在容许的地域范围内合理地几何配置单站间的夹角，可以有效减小定位误差。各站通常采用 GPS 或“北斗”卫星定位系统标定精确的地理位置信息，以便定位信息处理和态势显示。

3.3　时差定位系统

交叉定位是一种定位原理简单但又十分实用的定位方法，具有较广泛的运用，特别是在能够提供精确的测向场合，但这同时也成为交叉定位运用的一个限制条件。如果系统的测向精度低，将会导致定位精度下降。例如，在 VHF、UHF 工作频段，天线波束较宽，即使采用单脉冲比幅测向，较宽的波束宽度和较低的波束增益使得测向灵敏度降低，测向精度不高。正是由于交叉定位体制存在测向精度方面的缺点。目前，还广泛使用另一种定位体制——时差定位，这种定位方法利用的是信号的到达时差信息而不再是到达方向信息，来提取目标的地理位置。

3.3.1 时差定位系统的工作原理

1. 长基线时差定位原理

时差定位使用多个接收机同时接收辐射源的发射信号，因接收机不能确定辐射源的发射时间，故采用测量信号到达不同接收机的时间差方法，根据时间差推算距离差，再用几何方法求出目标位置。时差定位实际上是反“罗兰”系统的应用，工作原理如图 3.14 所示，以平面二维定位情况为例。

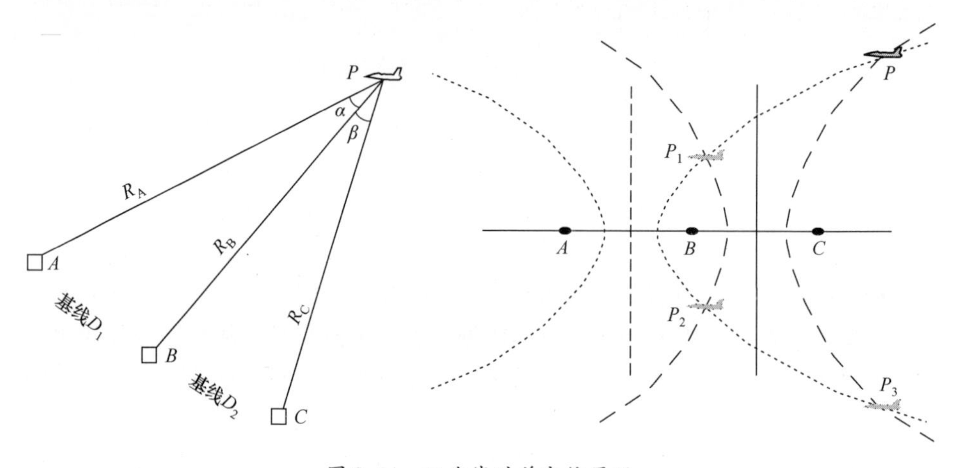

图 3.14 双曲线时差定位原理

辐射源 P 与侦察站 A 和 B 的距离分别为 R_A 和 R_B，从目标 P 发射的电磁波到达 A 站和 B 站的时间分别为 $T_A(T_A = R_A/c)$ 和 $T_B(T_B = R_B/c)$，如果测出时间差 $T_{AB} = T_B - T_A = (R_B - R_A)/c$，就能确定 P 点必在以 A 站和 B 站为焦点的一条双曲线上，从该双曲线上任意一点到 A 站和 B 站的距离差等于 $R_B - R_A$。同样，如果能测得目标发射的电磁波到达 B 站和 C 站的时间差 $T_{BC} = T_B - T_C = (R_B - R_C)/c$，就能确定另一条双曲线，这两条双曲线的交点就是辐射源 P 位置的估计值。图中共有 4 个交点，利用 B 站和 C 站接收信号的时间差的正负性排除一对虚假点（如 $T_B > T_C$ 可排除 P_1、P_2），再利用电波的到达方位信息去除对称于基线的另一个镜像虚假点 P_3。

当能够精确测定目标仰角时，辐射源信号同时被 3 个不同位置的接收机形成两个时差，从而获得两个时差双曲面，这两个双曲面与俯仰锥面的交点即辐射源的三维位置。由于单站难以得到精确的目标仰角信息，特别是在仰角比较低的情况下，因此常采用四站或五站来进行空间时差定位。

各站装备的开设首先应确定系统探测的有效区域，根据探测区域勘查确定系统3个侦察站的阵地。3个站最佳的配置是按直线布置，或接近一条直线布置；主站和副站间必须满足通视条件，站间距离（基线长度）几千米至几十千米，基线长度的确定对时差定位有较大的影响。时差定位精度主要取决于时间同步和时差测量的精度及各侦察站之间的基线长度，在现代设备中，时间的同步和测量精度比较高。因此，从原理上来讲，长基线时差定位可能达到较高的定位精度。实际上，雷达天线往往是窄波束发射的，如果基线展开过长，当雷达天线主瓣照射到某些侦察站时，其他侦察站可能由于不在主瓣的照射范围内、接收信号低于其灵敏度而不能测时，导致系统无法定位。因此，时差定位系统必须仔细设置基线的长度、分布和接收灵敏度。

此外，对于脉冲辐射源进行时差定位时，必须保证在各侦察站之间求得的时差是同一辐射源、同一个射频脉冲信号的时差（通常称为脉冲配对），也就是多个侦察站同时接收辐射源辐射的信号，因此侦察系统必须具有副瓣侦收的能力，即必须具有较高的灵敏度，如 -90dBm（不包括天线增益时）。显然，提高接收机灵敏度最有效的方法是提高信号处理增益，即实现较低 SNR 信号的检测和参数提取。为了提高接收机的灵敏度，可采用多种方法，如降低接收机噪声系数、减小接收机带宽、匹配接收等。通过降低噪声对接收机灵敏度的改善不大；减小接收机带宽虽能提高灵敏度，但是会牺牲了接收机的截获概率和侦收的信号能量，甚至会影响脉冲上升和下降沿进而导致对时差测量的不精确。匹配接收可以输出最大的信噪比，从而会提高系统的灵敏度，降低对接收机输入信号功率的要求。但是，匹配接收的先验条件是必须清楚地知道所接收信号的信息结构，而对方的雷达信号信息是未知的。而采用双通道接收并进行互相关处理可以达到匹配接收的目的。两个通道收到的同一个信号是相关的，而两通道间的噪声是不相关的，因此通过相关操作可将噪声相关掉，而将信号相关出来。

对周期为 T 的信号 $s(t)$ 的自相关函数为

$$r(\tau) = \lim_{T\to\infty}\frac{1}{T}\int_{-T/2}^{T/2} s(t)s(t+\tau)\mathrm{d}t = \lim_{T\to\infty}\frac{1}{T}\int_{-T/2}^{T/2} s(t)s(t+\tau+nT)\mathrm{d}t \quad (3.5)$$

因此，$r(\tau) = r(\tau+nT)$，从式（3.5）可以得出：周期性信号的自相关函数也是周期性的，它随时差 τ 的变化周期也是 T。随机噪声的自相关函数随 τ 的增大迅速下降到0，可以利用自相关来检测淹没在噪声中的周期信号，这一特点在弱信号检测时非常有用。

在很多实际检测任务中，两路甚至多路信号之间表现为纯延时的特性，可用互相关法测量延迟的时间。在两路接收通道中，一路经过延时时间 D，输出分别为 $x(t)$ 和 $y(t) = x(t-D)$，则互相关函数为

$$\begin{aligned} R_{xy}(\tau) &= E[x(t)y(t-\tau)] = E[x(t)x(t-D-\tau)] \\ &= R_x(\tau - D) \end{aligned} \tag{3.6}$$

由式（3.6）可见，$R_{xy}(\tau)$ 为 $R_x(\tau)$ 右移延时 D。根据自相关函数的性质，对于任何 $\tau \neq 0$，都有 $R_x(0) \geqslant R_x(\tau)$，即 $\tau = 0$ 时 $R_x(\tau)$ 为其最大值。由式（3.6）可知，$R_{xy}(\tau)$ 在 $\tau = D$ 时取最大值，这样就可以从 $R_{xy}(\tau)$ 的峰点位置对应的 τ 值测出延时 D，如图 3.15 所示。

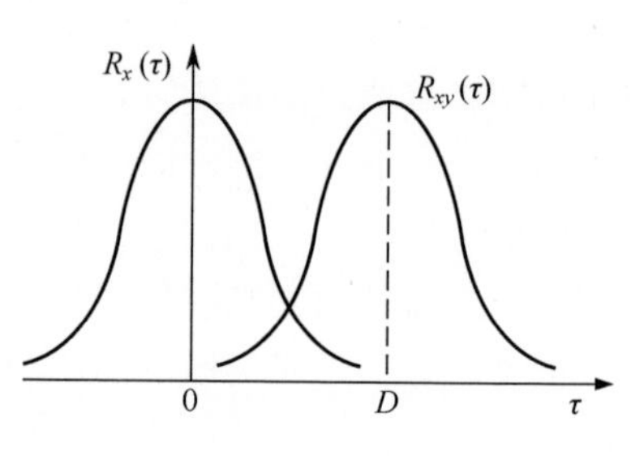

图 3.15　互相关时延测量

采用信号互相关提取时差则不需要检测出各路信号，经过相关处理后得到清晰的信号互相关函数波形，即可得到时差信息，其原理模型如图 3.16 所示。

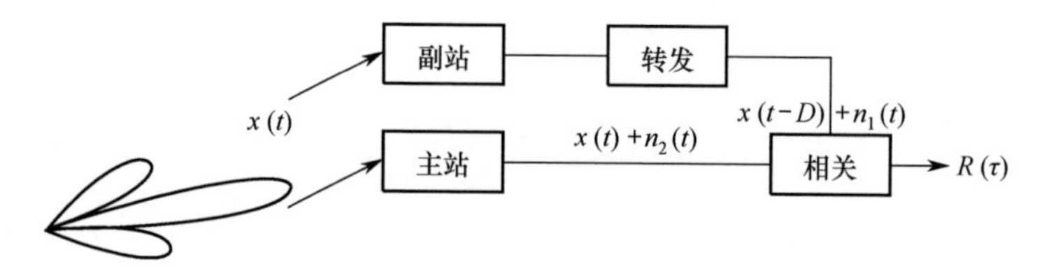

图 3.16　无源定位时差相关测量原理

图中系统互相关输出为

$$\begin{aligned} R_{xy}(\tau) &= E\{[x(t-D) + n_1(t)][x(t-\tau) + n_2(t-\tau)]\} \\ &= R_x(\tau - D) + R_{xn2}(\tau - D) + R_{xn1}(\tau) + R_{n1n2}(\tau) \end{aligned} \tag{3.7}$$

若 $n_1(t)$、$n_2(t)$ 和 $x(t)$ 互相独立，则上式后三项均为 0，即

$$R_{xy}(\tau) = R_x(\tau - D) \tag{3.8}$$

然而在实际中，由于噪声并不完全独立，数据的采样时间也是有限的，因此式（3.7）中的后三项并不等于但又趋近于 0，这并不影响对互相关函数峰值的判断。由于互相关的两个信号来自同一个信号源，互相关函数最终的结果是信号的自相关时延，根据峰值即可提取时差信息。

采用互相关法不仅能够将信号从不相关的噪声中检测出来，还可以利用互相关法将淹没在噪声中的众多信号与已知信号进行相关处理，分选出与该信号相关的信号并测量出时差信息。由于不同信号的频率、重频、脉宽等参数存在差异，经过互相关处理后，输出增益远远小于信号的自相关输出增益，即可实

现对信号的分选目的。资料证明，频率偏差对互相关输出非常敏感，当频率偏差达到0.4%时，互相关输出基本上难以从噪声中检测出来；重频偏差对互相关输出相对也比较敏感，当偏差达5%时，输出难以检测；但是脉宽的变化对互相关输出影响不大。

由于互相关法对频率偏差具有较强的敏感性，因此副站在转发信号时，应避免信号的频率偏移，如接收、变频引入的频率移动，造成对主副站互相关输出的误差。实际应用中可以采用副站直接转发的技术体制避免频率偏移，主站将接收到的信号变频到中频信号，再进行互相关处理。

对于检波后的视频信号，也可采用局部信号检测（方差检测、功率检测）的方法检测信号的存在。对信号 $x(n)$ 做如下变换

$$y(n) = \sum_{m=0}^{m=M-1} [x(n+m) - E(x)]^2 \tag{3.9}$$

式中：$E(x)$为信号数学期望值；M 为滑动求方差或功率的样本长度。

采用该方法的一个前提条件是噪声属于正态分布，方差接近于0。采用该方法快速发现主站雷达脉冲信号的位置后，还可以结合互相关技术来提取时差参数。

对于从旁瓣接收的低信噪比（SNR）弱信号，因为信号在时域是淹没在噪声中的，所以在这种情况下直接在时域测量幅度是不合理的，必须在变换到频域进行处理后，再进行幅度测量，或者在时域进行信号的自相关处理来检测信号。

2. 短基线时差测向原理

长基线时差定位中，基线长度取决于定位目标的距离，当在缩短基线长度的同时侦察定位较远的目标时，定位精度将显著降低，距离差的双曲线也将更加靠近渐近线，呈线性关系，此时的短基线时差法对目标的定位精度不理想，反而更有利于实现对目标的测向，而且只需要两个侦察接收机即可实现。短基线时差测向法的原理示意图如图3.17所示。

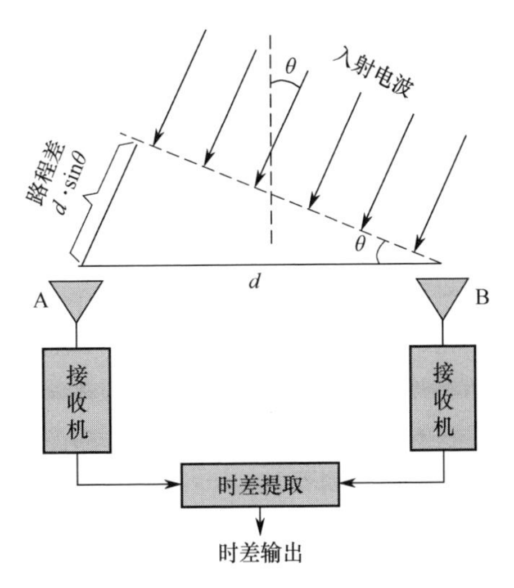

图3.17　短基线时差测向法原理示意图

由于两个接收机之间的距离较短，特别是相对于接收机与目标信号源的

距离来讲，要小得多，因此可以将目标信号源辐射到两个接收机的电磁波看作平行波。从图 3.17 中可以计算

$$\sin\theta = \frac{\Delta L}{d} = \frac{c \cdot \Delta t}{d} \tag{3.10}$$

式中：θ 为电波相对基线的入射角；ΔL 为电波到两接收天线的行程差；Δt 为电波到两接收天线的时间差。

由式（3.10）可得

$$\theta = \arcsin\left(\frac{c \cdot \Delta t}{d}\right) \tag{3.11}$$

即可计算目标雷达的方位角度。

由图 3.17 可见，短基线时差测向的工作原理与干涉仪比向测向法基本相似，区别仅在于，后者的测向依据是来自测量两个接收通道的相位差，而前者是时间差。短基线时差测向的特点是接收信道数较少，测向处理可与时差定位体制兼容，天线方向图特性要求相对简单。

随着基线长度的进一步缩短，可以将短基线的两个接收天线兼容到一个侦察站，以实现单站的短基线时差测向；同时各站之间可以采用长基线时差无源定位，使得整个系统实现短基线时差测向和长基线时差定位相融合、交叉定位和时差定位相结合的体制。

3.3.2 时差定位系统功能组成

比较典型的无源时差探测定位系统由 3 个侦察站组成，1 个主站，2 个副站，站间采用微波数据链路或超短波通信链路，系统组成框图如图 3.18 所示。

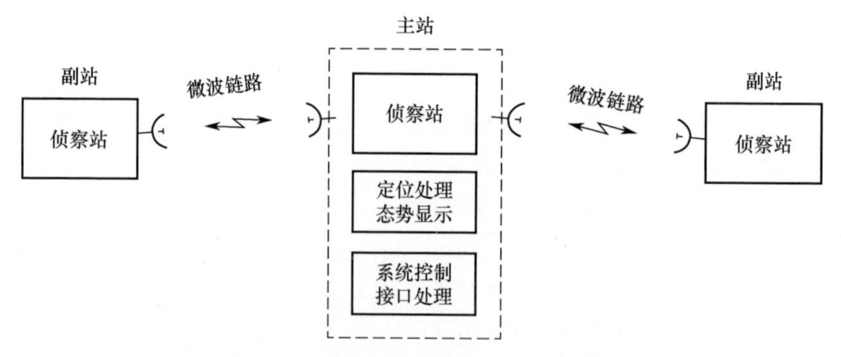

图 3.18　典型的时差定位系统组成框图

侦察主站完成对雷达信号的分选、参数测量、定位处理、航迹跟踪、目标活动记录和站间协同控制，侦察副站主要用于雷达信号的侦收、参数测量和数

据转发，接收主站的指令完成工作状态设置。系统可以采用长基线时差定位体制，3 个站形成两条基线，利用不同的测量时差确定双曲线的交点，即目标的平面坐标位置。

系统的定位处理过程如图 3.19 所示。主站首先通过通信命令下发通知副站工作模式；然后主站向副站发射同步协同脉冲。控制主副站在同一时间内对主站侦察信号和左右副站转发的信号进行采集，主站提取时差信息和参数，将时差数据进行相关，给出辐射源的位置，并对运动目标给出航迹。

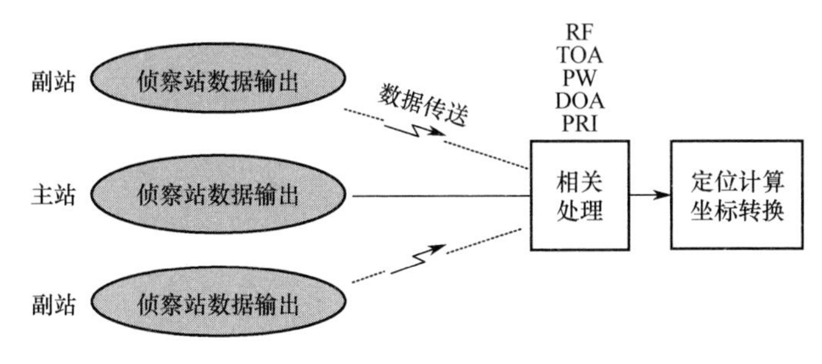

图 3.19　系统定位处理过程

定位处理和计算包括空间坐标系的转换和时差、交叉定位计算等。空间中的目标位置都是在一定的坐标系内定义的，但定位系统中有关位置信息的外在描述往往对应的是不同的坐标系，这些坐标系的原点位置和方向都有所不同。时差定位的计算也是在一定的坐标系中进行的，定位坐标系和定位方法的选择对计算的复杂度有很大的影响，坐标系之间转换是实现定位计算的前提。

系统的工作方式主要有对电磁环境的宽带监测、对辐射源截获和测向、对辐射源定位、对辐射源特征分析等，如图 3.20 所示。

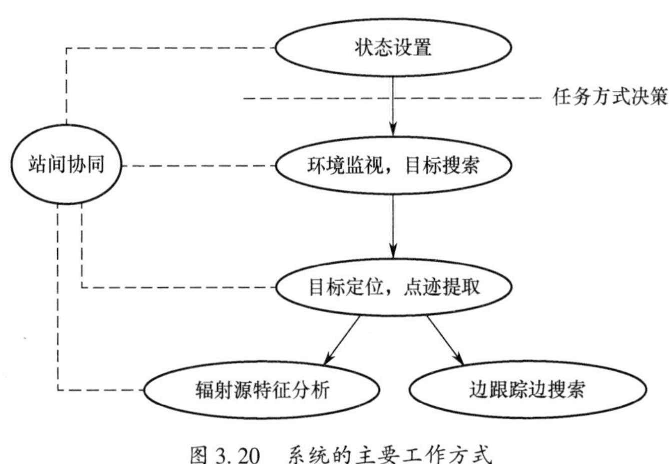

图 3.20　系统的主要工作方式

在电磁环境的监测工作方式下，系统的任务是尽快掌握信号的分布和发现哪些频段有新信号出现。此时系统的接收信道具有高速变频和弱信号处理能力，可截获来自主瓣和旁瓣辐射的信号。为了兼顾截获概率，接收机以带宽方式工作，副站只有测时差接收信道起作用，它可以协助主站完成信号搜索。为了节省搜索时间，主站可以将重点频段以外的频段分配给副站监测。当基本掌握了电磁信号环境后，系统可以不经过信号搜索阶段而直接进入对辐射源的定位跟踪工作方式，系统在跟踪过程中有边跟踪边搜索能力。系统对辐射源的定位需要有效的站间协同，可采用时序控制方法。

3.3.3 单站系统组成

时差定位系统由主站、左副站和右副站组成，主站设备主要由天线、射频微波前端、接收机、微波转发接收信道、信号处理器、数据综合处理、控制和显示、数传通信机和伺服控制等分机单元组成；副站的组成与主站类似，区别在于副站的转发系统为一套，而主站为两套（对应两个副站）。主站系统典型组成框图如图3.21所示。

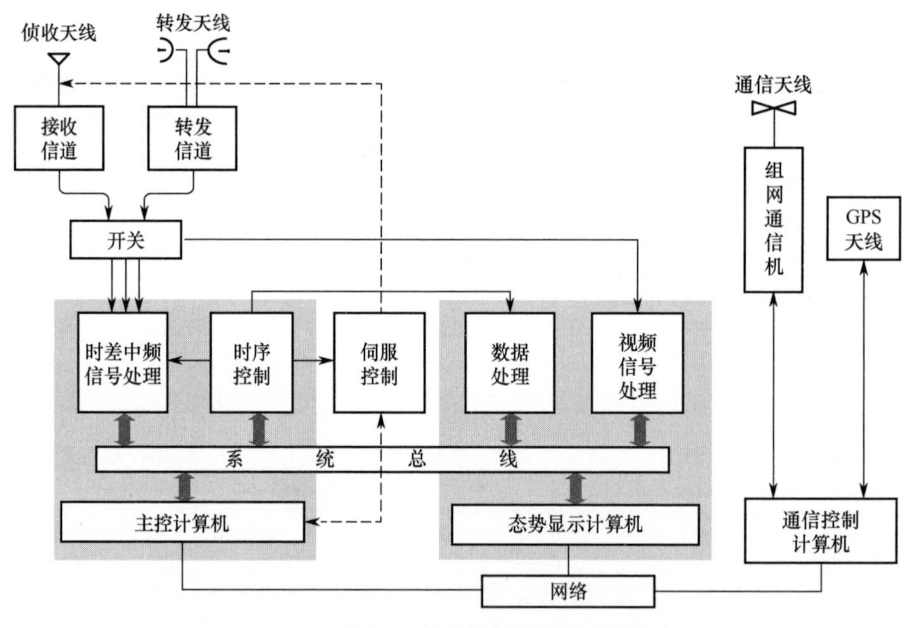

图3.21　典型主站系统组成框图（主站）

系统时差测向多采用宽波束侦收天线，接收和转发信道按照工作频段划分。副站转发过来的信号和主站侦收到的信号经过微波前端处理，输出第一中频信号经过信道开关选择，分别送入中频信号处理和视频信号处理，时差测向在中频信号处理部分完成。处理后的数据经过系统总线将情报和态势信息显示在态势显示计算机上。各分机在时序控制下统一动作，同时各副站也在时序控制下协同工作，保证了系统的同步控制。主站通过通信控制计算机来发送副站任务操作控制信号，同时接收副站转发的侦察信号。GPS 天线接收 GPS 卫星信号，对本站进行定位。

1. 接收信道

接收信道的系统组成框图如图 3.22 所示，主要由射频前端、频段选择、变频组件、带宽选择部分组成。射频前端完成接收射频信号的限幅、滤波、放大等相关处理，如图 3.23 所示。

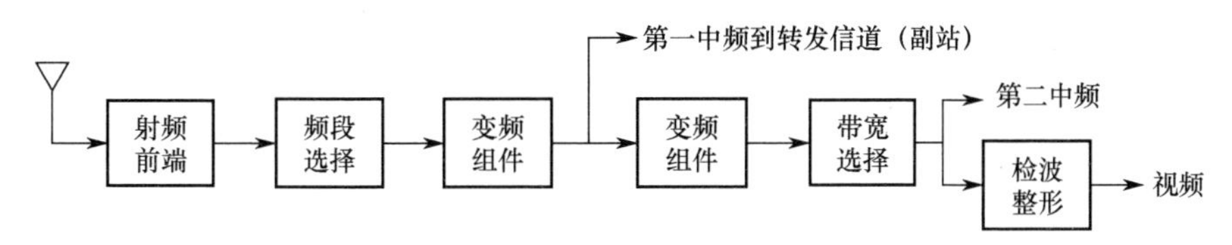

图 3.22　接收信道的系统组成框图

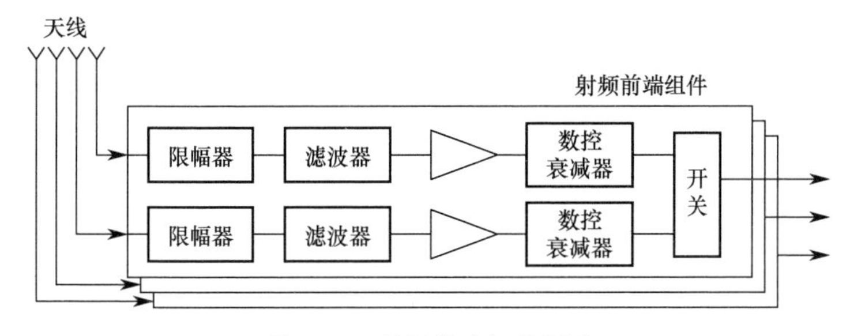

图 3.23　射频前端组成框图

信号经过频段选择送入变频组件，变频组件采用超外差变频方案，由变频通道、本振组件、均衡放大组件等组成，完成信号的变频和放大，输出统一的第一中频信号，并再次变频和不同带宽选择，分别输出第二中频和检波整形后的视频信号，其中第二中频信号用作时差测向，视频信号作为参考信号。

2. 转发信道

转发信道（包括通信信道）主要完成系统各站间任务的同步、通信和数据转发，主站和副站均包含接收、发射信道，组成单元包括发射组件、上变频组件（发射信道）、下变频组件（接收信道）、调制/解调组件和电源组件等。各站间链路信道有主站到副站的同步信道（单向）、主站与副站的通信信道

(双向）和副站到主站的转发信道（单向）。主站微波转发信道组成框图如图3.24所示。主站具有两个转发通道，分别对应左右两个副站，接收也是一样的。

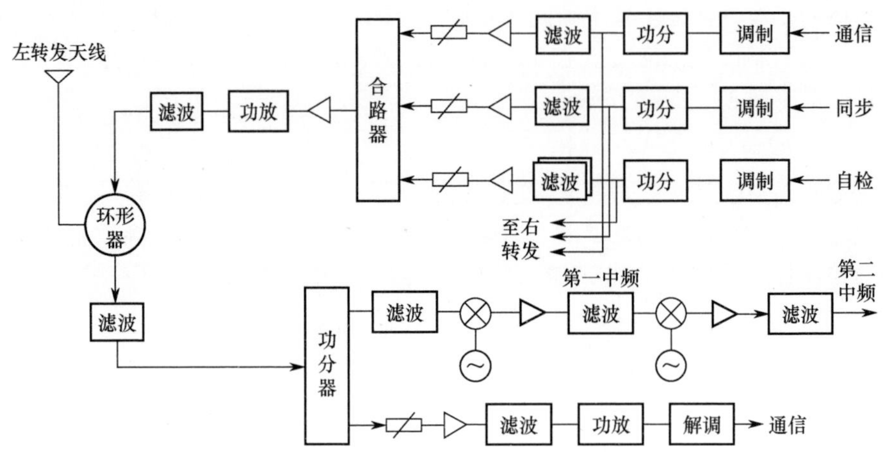

图3.24 主站微波转发信道组成框图

主站微波转发信道的工作过程：主站转发的信号有通信信号、同步时序控制信号和自检信号，经过调整、功分后送入左、右两个转发通道，再分别经过滤波、整形、合路、放大后，经过环形器由转发天线发射出去；在接收模式时，主站接收的信号有站间通信信号和副站转发信号。对于接收的通信信号，经过整形、滤波、解调后，送入通信机；而对于副站转发的信号，由于副站转发时是将接收到的雷达信号下变频到第一中频信号后，再经过上变频直接发射出去的，因此主站将接收到的转发信号滤波、下变频到第一中频后，即可还原副站的第一中频信号，后面的信号处理类似于接收信道部分。这里系统转发的射频信号频率应尽量避免可能的背景干扰和系统重点监控的雷达频率，转发信道的频率、带宽具有约束。同时为了保证系统运行的可靠性，可以在转发信道设计上备份一个频率信道。

副站转发信道组成框图如图3.25所示，与主站不同的是，发射部分除通信通道外只有转发通道，是将侦察接收到的雷达信号下变频得到的第一中频再经过上变频到转发的射频频率（不同于接收的雷达信号频率），再经过合路器、功放、天馈系统发射出去；接收部分增加了同步信号接收通道，组件与通信部分相同。

3. 时差中频信号处理

时差中频信号处理机是提取信号时差信息的分机。分机输入主站侦收信号和左、右副站转发信号，信号带宽可选宽带、窄带两种（为了提高信噪比），输出时差信息和提取的信号参数到数据处理分机。时差中频信号处理机主要完成以下功能。

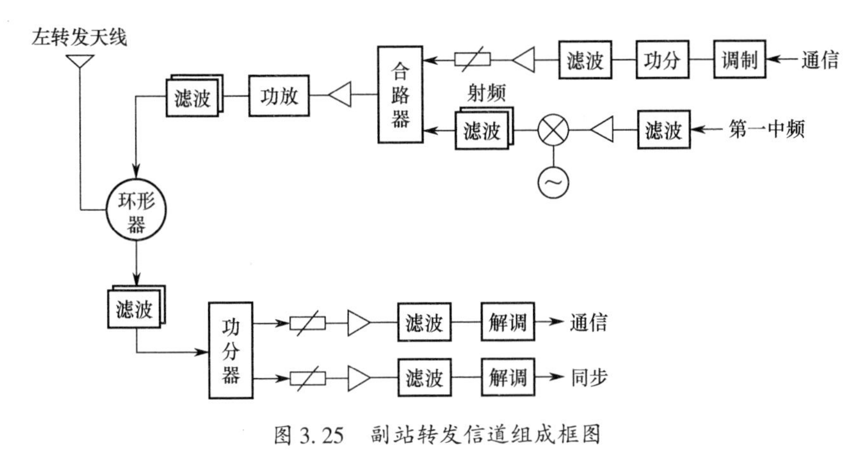

图 3.25　副站转发信道组成框图

（1）利用主路通道、左路通道、右路通道信号进行相关时差参数提取。

（2）对主路信号提取信号参数和信号分选。

（3）提取主路信号的全脉冲描述字。

前面已经提到，多站提取雷达信号时差信息，必须针对同一个脉冲同步处理，导致个别站必须从雷达旁瓣侦收信号，因此时差定位系统各站必须具备高灵敏度信号检测能力。

通常提取时差信息常采用的方法是将信号进行检波后，与一个门限比较，两次信号跨越门限的不同时刻之差便是时差信息，这种方法的先决条件是接收机所接收到的雷达信号经过检波后必须是清晰的脉冲，也即要求检波前有足够的信噪比，然而对于我们要检测和提取时差的信号是远远不能满足这个条件的，通常接收到的信号是十分微弱的，检波器处的信噪比甚至是负值。显然提高接收机灵敏度最有效的方法是提高信号处理增益，匹配接收可以输出最大的信噪比，从而会提高系统的灵敏度，降低对接收机输入信号功率的要求。但是，匹配接收的先验条件是必须清楚地知道所接收信号的信息结构。对于雷达而言，其接收机的频率响应函数应该是发射信号频谱的共轭值，因为敌方雷达和电子战侦察接收机属于非协作方式，而且雷达的频率、脉宽、脉内调制参数都可能是变化的，所以对雷达进行匹配接收的先决条件是难以满足的。

采用双通道接收并进行互相关处理可以达到匹配接收的目的。直观的感觉是双通道接收同一个雷达信号，两通道间的信号是相关的，而两通道间的噪声是不相关的，因此通过相关操作可将噪声处理掉，而将信号相关提取出来。在系统中我们采用数字方法对双通道接收到的信号进行相关，相关和匹配的概念在信号检测理论中具有同等的意义。例如，主站接收到的中频信号的脉冲位置为 t_1，对两个副站转发过来的中频信号不做脉冲位置的检测（事实上，两副站转发过来的信号的信噪比通常较差，不能可靠地检测到脉冲位置），直接将主站脉冲和副站的中频信号相关，通常便可得到满意的时差峰，如需要提高时差精度，可以采用多个脉冲积累。

时差中频信号处理机主要由高速多通道并行采集电路、高速并行数字信号处理机组成，如图 3.26 所示。数字信号处理机主要完成主路和左、右转发通道时差参数的提取，用于时差定位。

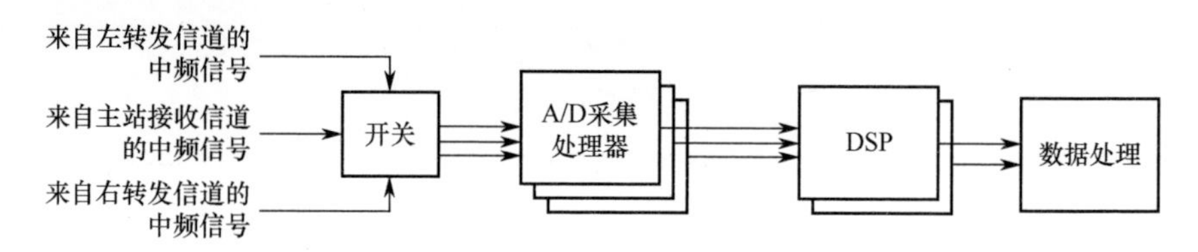

图 3.26　时差中频信号处理机组成框图

时差中频信号处理机由左、右两部分构成，其中左部分完成中高重频雷达信号的时差处理，由四通道高速 A/D 采集处理器、高速数字信号处理板、系统控制板、主控计算机组成；右部分完成低重频雷达信号的时差处理，由模拟滤波器组、A/D 采集处理器、高速数字信号处理板、系统控制板、主控计算机组成，滤波器组将信号的带宽划分为 4 个频段，分别送到 A/D 采集处理器在数字上形成脉冲描述字。通过高速数字信号处理板完成脉冲配对、时差处理、参数提取等处理，中频测量参数中包含了提取出的时差数据，还有载频、到达时间、脉宽、幅度等信号参数。

信号处理流程主要包括脉冲预分选处理、分选处理和时差提取。脉冲预分选的目的是在信号密度较高的情况下，为降低配对运算量，适当对信号流进行稀释。因此可以选择稳定的信号参数（如载频或脉宽）对信号流进行预分选，预分选的目的不是将独立辐射源脉冲列从交叠脉冲列中分离出来，而仅是对参与脉冲配对的数据进行稀释。一般的低重频雷达和高重频 PD 雷达的脉宽有较大的差别，这是一个可以利用的特点。在参数采集器中将其分成多个存储区，根据脉宽进行分流处理，参数采集器对宽脉冲和窄脉冲进行独立分区存储，每个区对应不同的脉宽参数存储，并允许存储和系统读取同时进行。

分选处理是对已发现的目标再进行验证和编批跟踪，另外，对信号做初步分类并过滤不感兴趣的背景信号，分别记录在背景信号库和辐射源结果库中。对关注的目标设置告警提示，一旦该频段信号呈现高/中重频特征就做出告警。

系统不论执行什么操作，对新信号搜索总是穿插在中间执行，收集的样本提供给主控计算机做统计分析，其特征参数经操作员确认后写入结果库。主站可指定副站在某些频段搜索和测向，副站操作员按主站指令指定新增频段，并定时报告处理结果以便主站印证，信号记录和传送的内容包括载频、脉宽、重频、到达角、采集时间、信号次数，将每个信号按指定字节长度打包发送，数据打包根据通信机性能确定。数据处理工作流程如图 3.27 所示。

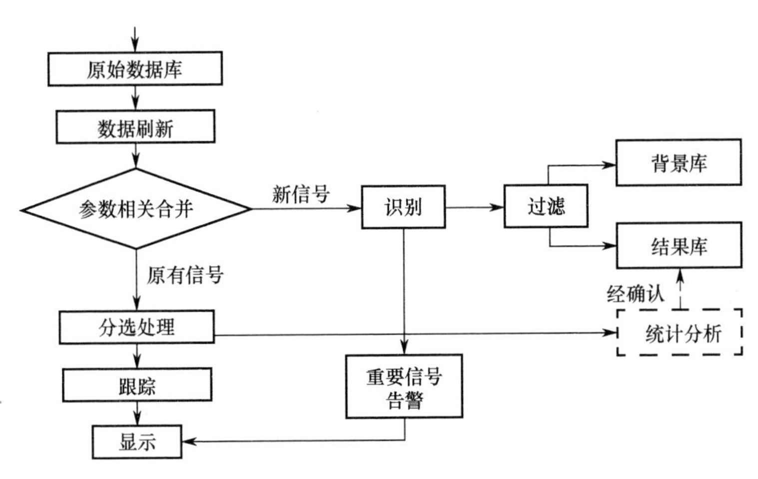

图 3.27　数据处理工作流程

信号经过分选后，可以进行时差信息提取处理。时差信息的提取采用统计平均的方法进行，即

$$\text{左时差：}\quad \delta_{t_1} = \left(\sum_{i=1}^{N} \Delta \mathrm{TOA}_i\right)/N, \Delta \mathrm{TOA}_i = \mathrm{TOA}_{\text{主}_i} - \mathrm{TOA}_{A_i} \tag{3.12}$$

$$\text{右时差：}\quad \delta_{t_2} = \left(\sum_{i=1}^{N} \Delta \mathrm{TOA}_i\right)/N, \Delta \mathrm{TOA}_i = \mathrm{TOA}_{\text{主}_i} - \mathrm{TOA}_{B_i} \tag{3.13}$$

对一个辐射源来说，当它被两个无源探测站同时侦收到时，仅由于传输路径不同引起时间上发生位移，当两脉冲序列延时对准时，应具有最小特征误差。因此，多信号脉冲配对也可采用时差直方图方法，即以不同站之间的脉冲到达时间差为横轴，相同时差脉冲数为纵轴，获得主副站脉冲流时差直方图。若在脉冲流中无配对脉冲或存在个别配对时，则直方图呈噪声分布，一旦有配对脉冲流时，直方图将在某些时差上出现峰值；若延长观测时间，则对应某个辐射源真实时差处的峰值将更明显。直方图时差提取示意图如图 3.28 所示。

进行直方图统计时需要引入时差窗原则，根据几何特性，辐射源信号到达两站间的时间差ΔTOA 满足

$$\Delta\mathrm{TOA}_i < 2D_i/c \tag{3.14}$$

式中：c 为电磁波传播速度；D_i为基线长度。不等式（3.14）称为时差窗。利用时差窗可以降低参与直方图统计的ΔTOA 数据速率。对各个时差区间直方图累积量进行门限检测，超过门限的直方图累积量是由两个站接收到的同一个辐射源的脉冲列形成的，这就是直方图统计脉冲配对的工作原理。为达到实时处理要求，这个工作由一个专门 DSP 完成。在被提取的两组脉冲序列中，可能有多个时差值满足条件，通过对其方差估计以剔除虚假值，即时差平滑。

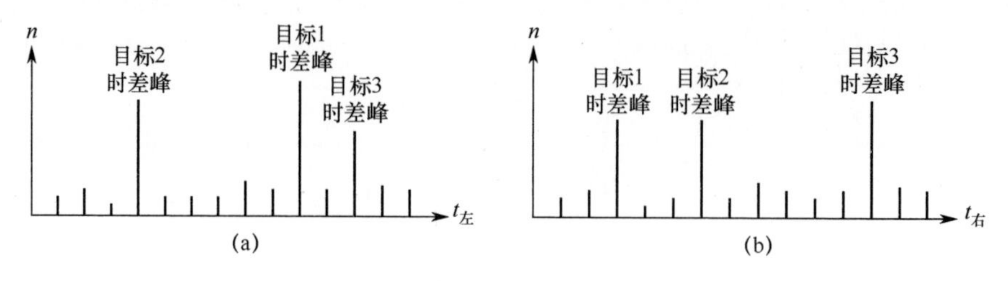

图 3.28　直方图时差提取示意图

4. 数据综合处理

数据综合处理是对处理后的数据做进一步的分选、识别、相关、定位等处理过程，主要包括参数相关、定位处理和航迹处理。

1）参数相关

参数相关是进一步对目标参数的分选和识别，在数据处理器中完成，它利用信号时差、到达角、某些特征参数综合不同时间接收的数据，形成目标的时间测量集合，为机动目标运动航迹的形成和固定目标测量统计值的形成提供依据。

时差配对本身就是信号分选，利用时差信息分离出同一个辐射源的脉冲列，并对辐射源参数进行估计。信号分选识别除了利用信号频率、脉宽等参数，还可以利用辐射源到达角、时差信息和位置信息。

若同一部雷达的不同脉冲到达时间大于一定的门限（如 30s），则作分批处理。同一部雷达的脉冲在一定的时间门限内，到达同样两个站的时差不会有大的变化，如果两次时差的差大于一定的门限（如 5μs），也做分批处理。同时，考虑到目标位置和速度矢量对时差的影响，当位置近时，同样速度的目标的时差变化快；又当目标速度方向与基线方向平行时，同样速度的目标的时差变化快。所以，进行时差相关时对不同的情况采用不同的时差门限。

2）定位处理

定位处理是对分选配对出来的信号脉冲串进行辐射源位置的确定和计算，

剔除模糊的点迹。定位处理流程中有一项重要的功能是解模糊，即在时差定位过程中对出现的多个点迹进行甄选，去掉错误的位置点。时差模糊是在特定的条件下出现的，与雷达信号的重频有关，也与定位系统各站之间的距离有关。

一般情况下，有3种解模糊的手段：一是利用雷达信号本身的重频变换实现解模糊，重频组变是机载脉冲多普勒雷达的典型工作方式，系统可以通过几组重频值的互质关系直接解开时差模糊；二是利用测向交会定位技术确定无模糊位置点粗略的位置，由位置反求左、右时差，取最贴近者为真实时差，若3个站都能报出方位数据，则可形成平面内一个定位区，从而去掉绝大部分的模糊点；三是借助航迹平滑方法去掉大部分的错误点迹。

采用时差定位的同时，系统也可以采用单脉冲比幅体制作为辅助测向，在中频处理器中完成比幅测向处理，解时差定位模糊。

3）航迹处理

提取目标点迹后，需要将运动目标以航迹的方式显示出来，形成目标航迹显示处理。航迹处理流程如图3.29所示。

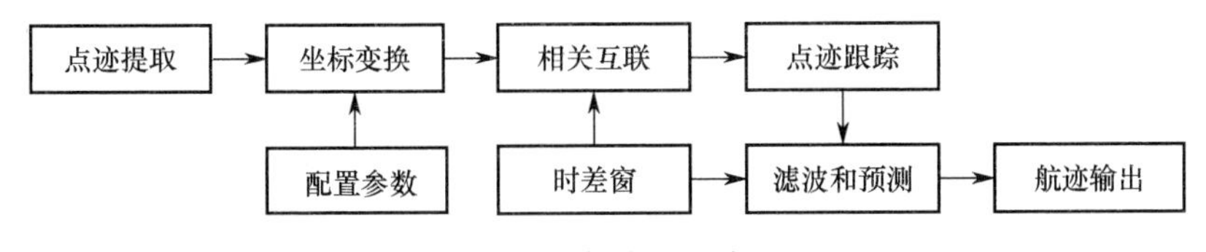

图3.29　航迹处理流程

经过目标信号分选提取出目标点迹后，按照要求选取需要的坐标原点，建立适当的坐标系，将目标点迹标绘在参考地图显示上，形成目标航迹。新提取的目标点迹和现存的航迹存在相关互联问题，相关互联是指将经过编批的目标参数进行定位处理和航迹归类，相关互联后，点迹和观测点迹存在以下3种情况。

（1）观测点迹和现存航迹之间建立了一对一关系，即关联成功。

（2）现存航迹没有找到与之关联的观测点迹，即在该跟踪周期内目标丢失一次。

（3）观测点迹没有现存的航迹与之相关互联，表明该观测点迹为新出现的目标航迹，或者为已有航迹出现的较大误差点迹，甚至错误的点迹。

当系统跟踪多批目标时，跟踪应遵循下列原则。

（1）互联成功的航迹继续跟踪。

（2）在一个跟踪周期内丢失的点迹应进行航迹的外推跟踪，若连续指定个数的跟踪周期目标丢失，则判定该跟踪消除。

(3) 新出现的观测点迹，对其建立暂时跟踪，可人工指定跟踪。

(4) 若暂时跟踪的航迹在接下来的几个处理周期内有观测点迹与之相关联，则暂时跟踪转化为自动永久跟踪。

目标数据点迹经过综合处理后，形成的目标航迹在态势显示计算机上显示出来，使之能够实时高精度地显示出情报和态势信息，便于操作者进行图形缩放显示，并将选定的目标位置等参数信息通过表格显示出来；同时各个侦察站的地理位置也在地图上标注出来。

5. 时序控制

主控计算机作为整个系统控制中的核心部分，起着对分系统的各个部分进行同步控制、协调工作的作用。同样，时序控制在主控计算机的指控下，实现了建立系统工作时的动作基准功能，为系统对目标的跟踪取样提供时序。

系统对目标定位时，3 个站要协同工作，必须保证三站设备的同步控制。时序控制主要完成主控计算机的控制命令的接收，产生各种时序信号，其框图如图 3.30 所示。

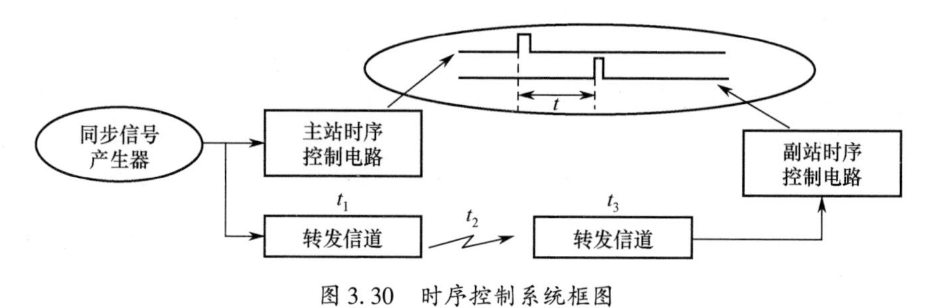

图 3.30　时序控制系统框图

由主站时序控制电路发出的时序控制脉冲，经过信道转发和接收后，副站接收到的时序控制脉冲相对主站有一个时延。因此，主副站间的距离测算误差对时延的精确度有较大影响，必须精确测算。

时序控制器在功能上主要是控制系统的工作方式，产生相应的控制流程和时序；接收各分系统及频率合成器的同步控制，根据系统工作方式控制射频前端、中频接收机等；控制软件发送自检命令，完成本机自检及整个系统的自检。

由于同步时序控制在时间上有严格的要求，因此基本用硬件电路完成。同步时序信号的产生与接收机的频率和频段设置必须同步协调工作，而不论在搜索工作方式、监视工作方式还是跟踪工作方式等。同步时序控制的工作过程中：首先同步信号启动完成接收机的频率和频段码设置，将接收机设置完毕；然后译码电路检测时序编码电路，检测到同步脉冲后，产生同步信号；最后启动中频采集信号。

时差定位系统的时序控制除了采用转发基于统一信号的时序控制，还可以采用基于统一时间的时序控制，如各站统一按照 GPS 提供的高精度授时。

时差定位单站系统还包括系统控制接收机、伺服控制、视频信号处理和通信系统，其中系统控制计算机是整个单站系统的核心指控部分，是人机交互的接口，系统控制程序将控制命令通过时序控制器发送到被控制分机，时序控制器还将分机上报的信息通过 CPCI 总线传递给系统控制计算机；伺服系统控制天线的指向和扫描方式：一方面控制站间通信天线的对准；另一方面控制侦收天线进行测向；视频信号处理显示感兴趣的侦察信号视频波形，同时监视转发的自检视频信号；通信系统负责系统各站的信息和数据的通信交换，通信计算机利用以太网对副站的控制命令进行下发，从而控制副站的工作模式和状态，同时接收各个副站上报给主站的数据，并将其发送到相应的地方。

时差定位系统的定位精度和效果除了与装备本身的技术力量有关系，还与系统的布局有很大影响。对于三站定位，两侦察副站多呈对称分布，而且站间距越大的情况下定位误差越小。因此，如果单纯采用由时差构成的双曲线的交叉定位，侦察站之间的距离要尽可能地取得大一点，避免使用双曲线误差放大严重和交角过小的局面。

综合比较测向交叉定位和时差定位的特点可以看出，测向交叉定位的精度弱于时差定位，空间截获的实时性较低。但是由于普遍采用高增益的天线，交叉定位在作用距离上要优于时差定位，而且交叉定位避免了时差定位的系统同步与转发的复杂性要求，技术要求和战术配置要求上更简单一些。

3.4 无源定位系统典型实例

国内对无源定位技术的研究时间不长，目前已经形成了几个型号的装备。无源定位系统和装备在国外已经有较成熟的研究和应用，本节选取部分典型的无源定位系统装备做简单介绍。

3.4.1 典型无源定位系统简介

1. “维拉-E”无源定位系统

“维拉-E”是捷克共和国 ERA 雷达技术公司（ERA Radar Technology）研制的，在该公司的产品资料中，它被定义为电子情报（ELINT）及无源监视系统（Passive Surveillance System，PSS）。

“维拉-E”是捷克上一代无源监视系统“塔玛拉”（Tamara）的后继产品，

而在“塔玛拉”系统之前，捷克在20世纪60年代和70年代还分别研制过“科帕奇”（Kopac）和“拉莫那”（Ramona）系统。相对而言，80年代研制的“塔玛拉”系统广受关注，因为在1999年3月24日到6月10日的“联盟力量”行动中，美国有一架F-117A“夜鹰”隐身攻击机被塞尔维亚的俄制SA－3（S－125）“果阿”（GOA）地空导弹击落，有一种说法是塞尔维亚获得的“塔玛拉”系统发现了F-117A。

“维拉-E”完成对目标的二维定位（如对地面/水面目标定位）需要3个侦察接收站（分别称为左、中、右侦察接收站）和1个中央处理站（CPS），侦察接收站如图3.31所示。左、右侦察接收站与中心侦察接收站之间的距离可达50km，通过微波接力通信与中心站联系。中央处理站的所有设备都装在一个标准集装箱中，与中心侦察接收站邻近部署。ERA公司宣称“维拉-E”特别适合用于防空监视，当必须进行三维定位时（因为对空中目标还要确定其高度），需要4个侦察接收站。侦察接收站的侦察天线部署在高17m的桅杆上以增大探测距离，中央处理站的处理结果可以转交给电子战中心或战区指挥部门。机动型“维拉-E”系统如果只考虑完成二维定位，那么所有设备可以装到3辆中型卡车和1辆拖车上；如果需要完成三维定位就需再增加一辆中型卡车。

图3.31 “维拉-E”侦察接收站

“维拉-E”系统完成目标定位有两个基本的条件：一是必须有足够快速和精细的电磁信号分析和鉴别能力，以确保在复杂电磁环境下区别发射该电磁信号的目标。根据ERA公司的相关产品资料，“维拉-E”采用了该公司名为“脉冲分析器（pulse analyzer）”的脉冲信号分析系统，该系统是独立的。“脉冲分析器”能非常精确地分析各种电磁辐射信号并对它们进行“指纹”识别，包括区分两台同型号的脉冲发射器发射的同型信号。二是“维拉-E”系统要完成目标定位还需要有行之有效的定位算法，“维拉-E”系统正是采用了“时差定位方法”（Time Difference of Arrival，TDOA）来进行目标定位。

“维拉-E”系统能接收、处理和识别各种机载/舰载和陆基雷达、电子干扰机、敌我识别装置、战术无线电导航系统（“塔康”）、数据链、二次监视雷达、航空管制测距仪和其他各种脉冲发射器发出的信号。主要工作方式包括空中目标监视、地面/水面目标侦察、早期预警和电磁频谱活动情况监视。

针对各种雷达和干扰机探测时，“维拉-E”的工作频段为1～18GHz，系统频段可扩展至0.1～1GHz和18～40GHz。用于敌我识别装置侦察时是1090MHz，用于塔康和测距仪时是1025～1150MHz，系统方位瞬时覆盖120°（捷克国防物资进出口公司提供的数据是140°），如果有特别要求也可扩展到360°。系统的最大探测距离达到450km，能同时跟踪200个辐射源目标，“维拉-E”系统工作示意图如图3.32所示。

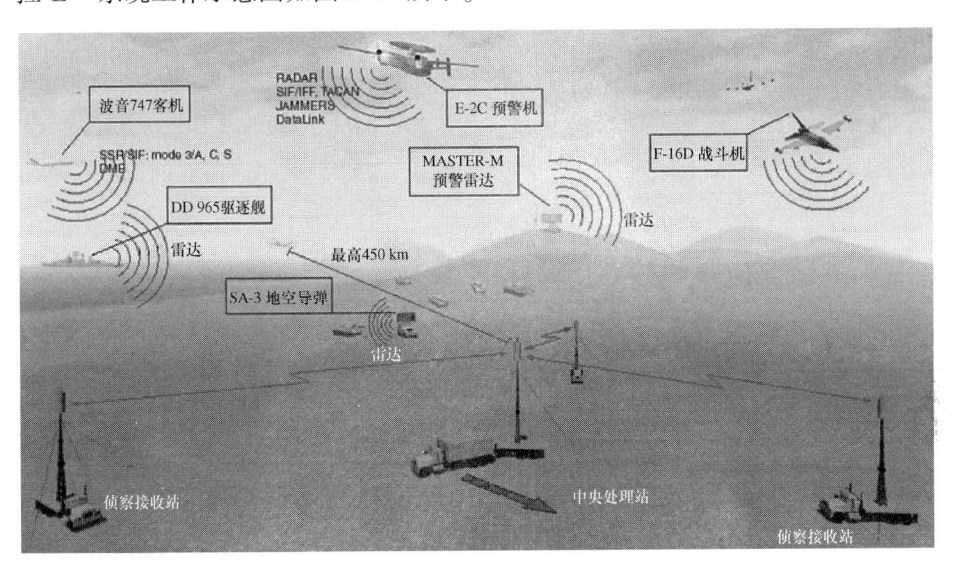

图3.32 “维拉-E”系统工作示意图

长期以来，人们都认为无源探测系统与长波雷达一样探测精度太低，只能用于搜索和早期预警，不能用于目标跟踪，而“维拉-E”系统则不然，捷克国防物资进出口公司在其资料上公开宣称“维拉-E”系统具有“很高的定位/跟踪精度”，因此，称“维拉-E”为单纯的无源监视系统实际上并没有完全体现出其独特之处。“维拉-E”系统进行二维探测时（左、右站与中心站之间的距离都是25km时），当目标距离150km，处理25个脉冲时，对雷达和敌我识别装置的定位精度（均方根值）为距离误差200m和方位误差20m，对塔康和航空管制测距仪则分别是 800m 和 80m；进行三维探测时，如果目标高度为 5000m，其他条件和二维探测时一样，那么在中心站与其他 3 站距离 15km 时，对雷达和敌我识别装置的定位距离、高度误差都是 400m，对塔康和航空管制测距仪的定位距离误差是 4km；距离 30km 时对前者分别是 150m 和 200m，对后者的定位距离误差是 1500m。从这些数据来看，“维拉-E”的探测精度仍然比不上现代先进有源雷达，但是确实已经可以满足跟踪目标的需要，这一点在现代战争的电子战环境下意义可谓非同寻常。

图 3.33 所示为“维拉-E”系统的集装箱型中央处理站。

图 3.33 “维拉-E”系统的集装箱型中央处理站

“维拉-E”系统的中央处理站采用大屏幕显示当前目标的特征、定位结果和侦察记录等信息，具有友好的人机界面（图 3.34）。输出的具体内容包括目标信息及其编号、目标坐标（以中心侦察接收站为原点）、辐射源类型和工作模式（该信息输入电子情报侦察目标数据库）、辐射源参数等，输出数据的刷新速度可以在 1 ~ 5s 之间调节。

图 3.34 中央处理站内部具有现代化的人机界面

除了以上特点，“维拉-E”系统也具有其他现代技术装备共有的特点，例如，具有很高的自动化程度（进行二维探测时系统只需要7名成员：3名驾驶员、3名技术员和1名中央处理站操作员）、快速机动、展开部署能力及较低的操作和维护要求。

除了“维拉-E”系统，“维拉”系列产品还包括“维拉-AP”“维拉-P3D”“维拉-HME”“维拉-ADSB”“维拉-ASCS”等。其中，“维拉-AP”用于处理飞机对二次监视雷达的应答信号和塔康/航空管制测距仪询问信号。与二维定位型“维拉-E”系统一样，它包括3个信号接收站和1个中央处理站（装有辅助交通情况显示器），左、右信号接收站和中心接收站的距离可达10～70km。在没有二次监视雷达的广大区域，“维拉-AP”可以装备ERA公司制造的选择性询问器并产生空中态势图。捷克国防部订购了一些“维拉-AP”并连成网络，覆盖了全国空域。该系统作用距离约450km，二维定位精度10～100m（取决于信号接收站的分布情况），能同时跟踪300架飞机。可靠性非常高，平均故障间隔时间（MTBF）达到8000h。

制造类似“维拉-E”的系统要解决的技术问题主要有3个，即脉冲信号的快速和精细分析技术、时间同步技术和可靠的精确定位技术。

对这种系统来说，如果脉冲信号的分析速度太慢，就会增大对空中目标的定位误差；而如果不能进行精细分析，假设空中有2架F/A-22“猛禽”（Raptor）战斗机都打开其APG-77有源相控阵雷达并工作于同一方式，系统就可能无法进行区别并导致定位失败，而快速、精细的脉冲信号分析能力的实现依赖于软、硬件的能力。时间同步技术的需要也是显而易见的。无源监视系统的中心侦察接收站和其他侦察接收站的时间必须保持高精度的同步，否则计算得到的时差没有意义。

2. 其他无源定位系统

以测向交叉定位为主要手段的无源定位系统比较突出的有以色列的EL/L8300G和乌克兰的“卡尔秋塔”，两者的基本配置都由3个传感器组成。EL/L8300G采用了短基线时差和旋转测向相结合的体制，侦察频率范围为0.5～18GHz。“卡尔秋塔”侦察频率范围为0.85～18GHz，天线转速较慢，为0.1～0.3r/min，测向精度约30′。“卡尔秋塔”将对信号的侦察和定位结合起来，它有单站和三站两种结构形式，单站系统主要用来侦察敌方无线电设备，对信号进行分析和识别，以确定平台的性质，在防空体系中担任早期预警任务，可利用大气波导效应实现远程预警，三站系统可对450～600km低空目标进行定位并估计其航迹，其中一个站为中心控制站。

以时差定位为手段的典型无源定位系统包括俄罗斯的“MCS－90系统”、

捷克的“塔玛拉”（Tamana）系统及以色列的 EL/L 8388 等。

俄罗斯的“MCS－90 系统”是一个由三站组成的无源定位系统，通过 3 个站同时获得的目标数据，利用时差定位的原理，实现对目标的定位与跟踪，该系统在苏联防空体系中广泛采用并称能探测到 B2 隐身飞机。

捷克的“塔玛拉”（Tamana）系统是三站时差定位系统，该系统利用空中、地面及海面系统的雷达、干扰机、敌我识别（IFF）应答机等辐射信号，可对空中、地面和海面（船只）目标进行定位、识别和跟踪，并可实时提供目标的点迹、航迹。其各站的间距为 10～35km，左右两个边站将接收及测量出的脉冲参数等数据实时地送到中心处理站，经脉冲分选、配对、相关等处理，可得到目标的信号参数和位置参数，与数据库对比后可判断目标的类型等。目标的探测距离大于 400km，可自动跟踪 72 个空中目标，并给出目标的航迹。据称，其改进型可自动跟踪 200 个目标。

以色列的 EL/L 8388 对空早期预警系统是一个多系统协同工作的无源定位系统，该系统采用短基线时差定位体制，工作频段为 0.5～18GHz，系统是典型的短基线时差定位系统，测时精度可达 1ns。

单站定位方面，“蒙娜丽莎系统”是苏联海防体系中具有无源定位功能的一个综合侦察体系，该系统包含一个无源定位子系统，该子系统是一个单站具有四波段接收通道及其处理装置的无源定位系统，装载在舰船上，在一定的气象条件下可检测、定位 200km 以外的目标，并具有一定的定位精度，这种无源探测定位系统还可以多站联合工作，能缩短发现目标的时间并获得比单站高得多的定位精度。

在基于外辐射源信号的无源定位系统方面，目前在该领域研究取得较大成功的还不多，主要包括美国洛克希德－马丁公司研制的“寂静哨兵”系统、英国防御研究局利用 TV 信号无源跟踪定位系统等。虽然各系统采用的方案有些不同，但代表了当前该领域研究的主要思路。

“Silent Sentry”（寂静哨兵）是由美国洛克希德－马丁公司历时 15 年研制的一种新型多基地监视系统，它依赖商用调频电台和电视台（50～800MHz）的连续波信号来探测和跟踪空中目标。系统采用多普勒体制，利用目标运动产生的多普勒频率来实现目标的探测、分辨、定位和跟踪。该系统每秒能对所有目标进行 8 次实时数据更新。由于系统所用的是存在于整个地球的无线电信号，因此是替代传统雷达系统的一种造价低、易于维护、工作隐蔽的探测系统，该系统可实现 60°～105°的方位覆盖和 50°的仰角覆盖，对 RCS 为 $10m^2$ 的目标探测距离可达 180km，距离深度覆盖可达 150km，经过改进后探测距离可达 220km；系统有能力对目标进行分级和分类，识别出被跟踪目标的平台类型。该系统的核心技术是“无源相干积累”（PCL）定位技术，通过将进入接收机天线的电视或广播信号和经空中动目标反射的回波信号进行相干处理，以达到信号检测和定位的目的。系统成功的关键是高速信号处理能力和采用新的算法，所以公司甚至把“寂静哨兵”系统比喻为一部“利用 C + + 和 U - mix 的奇特雷达”。

目前该系统有固定式系统和快速部署系统两种形式。固定系统可以同时处理 6 个辐射源，提供实时的 3D 跟踪，而快速部署系统可以同时处理 3 个辐射源，提供目标的 2D 实时跟踪，在事后的分析处理时可以得到 3D 图像。“寂静哨兵”系统中建立了一个存有全世界 55000 个有用的调频电台和电视广播台的发射信号数据库，该数据库将每个信号源的位置及载频等信号特征参数都进行了记录。依靠这个数据库，理论上系统可以工作在世界上的任何地方。

英国国防研究机构的 Howland 进行了基于电视信号的无源雷达系统的研究，无源接收机测量经空中目标散射信号的到达角和多普勒频移实现对目标的跟踪。该方案中认为目标的回波多普勒频移和 DOA 的时间历史由目标航迹和速度唯一确定，由此获得目标运动的 Doppler/DOA 历史与模型进行匹配。该系统采用了与美国“寂静哨兵”系统完全不同的探测定位技术，即其采用快速傅里叶变换（FFT）加卡尔曼滤波器和扩展卡尔曼滤波器技术。这个系统的探测和定位有两个独立的过程，首先以常规方法用卡尔曼滤波器获得多普勒频移和方位信息，再用扩展卡尔曼滤波器根据这些信息对目标定位和测速。系统主要由一对 8 单元 Yagi-Uda 天线、下变频单元和 VXI 数字 HF 接收机等硬件组成。系统在 1997 年 2 月进行了 3 次试验，当时其天线置于 18m 高的移动塔上，系统距 TV 发射台 100 余千米，能探侧 260km 远的目标。

另外，德国西门子集团正在研究基于移动电话的无源探测系统。它的设想是将移动电话基站作为机会照射源（transmitters of opportunity），用于照射空中目标。探测系统的接收器只有公文包大小。通过计算各个基站发出并返回的信号相位差对目标进行定位。各基站的发射同步采用 GPS。目前普遍认为，将移动电话网变成雷达网是具有一定发展前景的。移动电话基站广泛分布，功率、信号可控是其最大的优点（基站发信机功率可在 30dB 范围调整，最大输出功率为 320W）。GSM 基站上行频带在 900MHz、1800MHz（国内为双频，国外还包括 1900MHz 的三频频段），该频段也是雷达经常采用的频段。随着 CDMA 体制的广泛运用，移动电话基站可以发射人们所需的伪随机编码脉冲和脉冲组，同时其伪随机性使敌方难以从大量的电话编码脉冲信号中发现我方的探测脉冲，具有很好的隐蔽性。这种探测系统的关键是：①必须设计出一套移动电话网接入系统；②复杂的软件工程。

由以上叙述可以看出，目前的无源定位技术和系统的发展趋势是向单站定位发展，以代替传统的多站联合处理，以减少装备系统的复杂性，使单站具有更高的机动性，同时对单站定位技术提出了更高的要求。另外，无源定位还向基于外辐射源信号方向发展，利用现有的军民两用电磁信号环境，实现对空间目标特别是隐身飞行器的探测和定位，具有重大的研究意义和应用价值。未来的国土防空还要求将无源探测定位和有源雷达侦察结合起来，进行信息交换和数据融合，实现防空体系网络化。

3.4.2 无源定位关键技术及发展趋势

无源定位技术的发展相对时间较短，由于在使用上具有有源定位系统所起不到的作用，因此发展较快，但要构造一个好的无源定位系统仍然困难重重，涉及的关键技术甚多。

（1）无源定位面临的首要问题是如何提高定位精度。要提高定位的精度，从现有的定位体制出发，算法本身没有多大的潜力，于是人们把注意力转移到原始测量上。测角精度的提高本身就是侦察设备的关键技术，在此不再赘述；测时间精度和系统时统精度的提高是特别重要的。如果系统测时差的精度（含时统误差）为0.1μs，那么它所对应的定位误差是百米级，因此这就成为人们追求的热点。另外，0.1μs 内电磁波只能传播 30m，这么高的时间精度要求也就附加要求各站位置的精度至少应优于 30m，对系统提出了更高的要求。因此这里有两种发展方向：一种是进一步提高单个侦察站的性能，当测角和测时的精度进一步提高时，定位精度自然就提高了；另一种是进一步简化单站的性能，系统从实用的意义上可以允许有较多的侦察站，这样各侦察站的布局较易做得更合理，从而相应地提高定位精度。

（2）在多信号条件下做无源定位，解决不同侦察站所收到的信号的配对问题是无源定位的又一技术关键。这可以看成是复杂环境下对信号的判断和识别。由于无源定位系统的工作对象是无线电辐射源，怎样描述一个源，把它抽象化为一个可以用数学描述的东西，本身就是一个难题。描述得好，抽象出来的东西具有不变性，即它不随其他信号的存在而发生明显的变化，因此就可以更好地使用判断识别方面的理论，使信号配对问题尽可能圆满地解决。目前已经使用的信号配对大都属于各站独立处理，把侦察到的信号与存储在侦察站系统数据库中的信号相比，从中确定各个信号分别属于数据库中已有信号的哪一个，标定名称，供侦察站间处理使用。这种处理的模式比较简单，它不但要求设备内部事先有个数据库，而且对数据库中各参数要有一个视为相同的阈值，这个阈值怎样取就很有争议。如果侦察到的信号与数据库中的信号差别均较大，就不能找出匹配，无法标定名称；反之如果有两个信号均与数据库中同一个信号很近似，似乎只能说这两个信号是同一个，但它们使用同一个名称标定又将不能在侦察站间使用，构成配对。因此，人们采用另一条途径，即设法直接比较侦察站间的各信号，在一批信号与另一批信号之间寻求匹配，这一关键技术正在研究之中。

（3）由于无源定位系统的定位效果与各侦察站的布局密切相关，自然会想到对不同的地域（指同一大作用地域范围内的小区域）最好采用不同的布局，从而希望各侦察站的机动方便一点。因此，研究怎样简化侦察站、增加机动性成为无源定位系统的又一关键技术。它有可能引起重大变化，改变传统的电子对抗侦察概念。无源定位系统的一个发展趋势是在保证定位效果的前提下，力图缩小侦察站间的距离。目前对于100km处的目标定位，侦察站间合理的距离是50km；当侦察站间距能小到千米级时，系统的应用自然发生了变化。如果能达到200m，那么整个系统将可以装在一条船上，而当间距小到30m时，整个系统可以装在一架飞机上。这样，无源定位系统的应用和技术推动，都将发生新的变革。前面所介绍的定位方法是不能把侦察站间距缩小到千米级以下的，因此这一发展有赖于新的定位机制的出现。

另外，无源定位系统内的通信也是一个关键技术。它所不同于一般通信的是我们总力图使它具有隐蔽性，因此一般它采用定向天线相互通信，而且一般还要用尽可能高的速率做突发通信。两条途径解决通信所引发的问题：一是极力减少系统内必须通信的信息量，这就向人们提出了另一个技术难点，就是尽量做好预处理，这本也是一般侦察中面临的问题，但在无源定位系统中问题有了新的平衡标准。如果把任务都压在各个侦察站，当然通信量要压到最低，对信号的处理就不能利用系统带来的优势。这里的关键技术之一是怎样恰到好处地分配处理量，一方面使信息流量降低到可以承受，另一方面又充分享受由于系统的存在所带来的处理信号、分选信号的好处。二是尽量缩小侦察站间距。如果侦察站间距小到一定程度，有线通信将代替无线通信；而用小侦察站间距仍能正常定位并保证定位精度是系统难以攻克的技术关键。

（4）好的算法和较好的人机界面，仍然是无源定位系统的关键技术。

3.4.3 无源定位系统的发展趋势

对于多站无源定位系统，除了上面介绍的交叉定位系统、时差定位系统，还有频差定位系统，它是利用目标和侦察站之间具有相对运动引起的多普勒频移来对目标进行测向定位的，这种相对运动使得目标对各个位置侦察站的多普勒频移矢量有差异，进而利用多普勒频率差曲线提取目标位置信息。目标和侦察站间的相对运动可分 3 种情况，即固定侦察平台对运动辐射源、运动侦察平台对固定辐射源和固定侦察平台对固定辐射源，对于最后一种情况，可以人为地产生相对运动，来确定目标的位置信息。

由于多站无源定位系统的工作涉及多个侦察站，它们之间的协同、通信、数据综合处理要求比较高，因此多站定位系统存在自身的难度和不足。近年来又掀起了单站无源定位的研究热门，单站无源定位避免了多站无源定位的诸多问题，使测向定位问题集中到单个侦察站内即可解决，也使得完成定位的人力、设备得以减少，任务得以简化。

单站无源定位通常也利用目标和侦察站间的相对运动，如侦察平台运动或目标具有运动性，利用多次测量来提取目标参数，包括方位角、到达时间、频率、频率变化率、相位差变化率等，利用其中的某个观测量或联合利用多个观测量，就形成了各种不同的定位跟踪方法。

1. 测向法

测向法是应用最广的单站无源定位跟踪方法，也称为唯方位法。它是仅利用观测器测得的目标来波信号的到达角（DOA）信息进行定位跟踪。其优点是数据量小，数据处理手段也相对简单；缺点是采用信息量少，在实际应用中容易出现递推发散的情况。当目标运动时，可观测性问题比较突出，即要求观测站必须做特殊规律的运动。实际应用中通常采用类似“Z”字形三段折线的机动方式。另外，该定位法采用三角交会定位，如果要达到较高的精度，就需要较大的交会角，即要求系统维持较长的测量时间，因此定位精度较低，速度较慢。

2. 多普勒频率法

对于连续波或有较长持续时间的信号辐射源，除了方位，还可以测量到达信号的频率。当观测站与辐射源目标存在相对运动时，观测站接收到的目标辐射信号的工作频率（FOA）将附加一个多普勒频率值，它准确地反映了距离的变化。因此就产生了利用获得的频率测量值进行测距的定位法。一般在相对径向速度不是恒定的条件下，在一段运动时间内多次进行频率值测量，可以估算出雷达的位置。在辐射源频率（载频）已知时，对匀速运动的观测器，只要观测点不是总在径向上，通过 3 次以上的测量，可以实现定位。若载频未知，则需要在建模时把载频信息作为状态向量的一个元素，与位置信息一同被估计出来。

在定位跟踪过程中为了保证可观性，必须让观测站和目标在径向上存在相对运动，一个最简单也最常用的方法就是采用与测向法中相同的类似“Z”字形三段折线的机动方式。

3. 到达时间法

到达时间法与多普勒频率法类似，它是通过在观测器运动轨迹的不同点，对观测器和辐射源之间相对运动造成到达时间差（TOA）的测量，来实现固定位置、固定发射频率的辐射源定位。

事实上，相邻脉冲的到达时间差和到达频率包含的状态信息是等价的，因此，到达时间定位与多普勒频率定位法具有相近的观测性能。如果目标发出的脉冲串周期未知，那么在建模时要把脉冲串周期作为状态向量的一个元素，把脉冲串周期和位置信息一起估计出来，当然这样会影响可估性、收敛速度和精度。

在定位跟踪过程中为了保证可观性，同样必须让观测站和目标在径向上存在相对运动。另外，该方法与测向法一样，也存在着速度慢、精度低的弊端。同时，该方法的应用还受到雷达频率漂移、跳变的影响。

4. 联合方位和到达时间法

无论是测向定位法还是到达时间定位法，都存在定位速度慢、定位精度低的弊端。另外，观测过程中目标雷达频率的漂移会影响到达时间的测量。将测向和测到达时差两种方法结合起来，通过对方位和到达时间差的测量，来实现对目标进行跟踪，这就是联合方位和到达时间法。由于增加了观测信息，使得该方法的估计精度高于单纯的测向法或到达时间法，可观测性更强，并且使得定位跟踪更容易实现，更适于实际应用。

5. 联合方位和多普勒频率法

与上述联合方位和到达时间法类似，将测向和测频率两种方法结合起来，就构成了测向频率合成法，该方法的估计精度高于单纯的测向法或多普勒频率法，并能减少观测器的机动，增强可观性，使对运动辐射源的跟踪更容易实现，更接近于实际应用。

6. 相位差变化率法

相位差变化率法是性能十分优良的新兴的定位方法，要求观测器携带一个二单元天线阵。当目标的辐射信号到达观测器时，两个阵元之间存在相位差，随着观测器的运动，这个相位差会不断变化。由于这个相位差包含了辐射信号的来波方向角信息，因此通过对此相位差变化率的测量就能实现对目标的定位或跟踪。

相位差变化率法的定位跟踪速度和精度比传统测向法高很多，性能十分优良，但该方法的快速性和准确性是以增加测量量的复杂性为代价的。

7. 多普勒频率变化率法

多普勒频率变化率法依据的原理与测多普勒频率法类似，依然是目标和观测器之间在径向上存在相对运动，导致观测到的频率信息中包含多普勒成分。但是该方法提取的是多普勒频率变化率信息。

研究表明，利用多普勒频率变化率作为测量量，只要各测量量的测量精度满足要求，就可以在很短的时间内达到很高的测距精度。该技术的潜在优势在于，当受辐射源目标限制，观测器采样率很低时（如1/10Hz），依然可以通过较少的测量次数达到较高的测量精度。但该技术对多普勒频率变化率的测量精度提出了较高要求，就目前来说实现还有一定难度。

8. 联合相位差变化率和多普勒频率变化率法

相位差变化率法和多普勒频率变化率法都是十分高效的定位方法，联合相位差变化率与多普勒频率变化率法更是结合两种方法的优势，充分利用观测平台的运动信息，达到在很短的时间内，得到较高的测距精度。

由于相位差变化率信息来自切向相对运动，多普勒频率变化率信息来自径向相对运动，因此联合相位差变化率和多普勒频率变化率法的可观测条件比较苛刻，即要求观测器和目标在径向和切向都存在相对运动。同时，该技术对相位差变化率和多普勒频率变化率的测量精度要求都比较高。

上述几种定位跟踪方法在理论研究中或仿真实验中都被证明是比较高效、可行的方法，但是在这些研究中，均对方位测量、到达时间测量或频率测量要求偏高，有的是实际系统达不到的。即使采用性能卓越的处理技术，将来也是测量精度越高定位性能越好，所以，以后的研究方向应当包括高精度测量技术的研究，以实现对方位、到达时间、多普勒频率、相位差变化率等信息的高精度测量，达到定位跟踪系统的要求。

由于基于目标自身辐射的无源侦察定位存在一定的局限性，特别是近几场局部战争表明，在以美国为首的北约军队突防空袭时，飞机保持无线电静默，尽量关闭不需要的电磁辐射，这就使得对基于目标自身辐射的无源侦察定位存在困难，甚至不可能。近年来基于目标对周围电磁信号散射信号的研究受到更为广泛的重视。利用外辐射源信号的无源定位，是指无源定位系统不是利用目标自身辐射源的辐射信号进行定位，而是接收目标外的辐射信号进行定位。可利用的电磁辐射信号包括FM广播、电视、卫星信号（如GPS、卫星导航、通信）、无线通信信号等。基于外辐射源的无源雷达普遍利用了已知辐射信号的一些参数，如发射台位置、信号调制特性等，因此也有人称之为半无源雷达。另外一种基于目标运动期间对周围环境产生气动效应进行目标探测的设想也有国家在进行理论和工程研究，这类系统也可以归类为基于外辐射源的无源雷达。很明显，利用己方、敌方或第三方的广播、电视信号等外辐射源的隐蔽监测系统在未来反空袭作战、国土防空中将具有以下特点。

（1）利用各种存在于空间的无线电信号探测运动目标时，被探测目标本身不会发现自身已受到监视、跟踪，而且己方探测系统本身因无电磁辐射也不会遭到反辐射导弹的攻击，因而探测监视系统本身具有较强的战场生存能力。

（2）调频广播（电视）信号的频率范围为88～108MHz，电视信号的频率范围为50～800MHz，目前的雷达隐身技术还难以包括在该频段范围内，探测系统可以利用上述频率范围内的各种信号照射隐身目标后的前、后向散射信号，提高反隐身的能力。

（3）各种民用电台、无线通信基站设施遍布城乡，在战争中受到完全破坏的可能性小，电磁信号来源充分、广泛，探测系统的布设灵活。这种体制能观测更广泛的目标，但也存在信号环境复杂、信号提取困难的问题，信号的抗干扰能力值得怀疑。另外，随着隐身材料和技术的发展，其距离性能也会受到较大的影响。

第4章　雷达干扰系统

4.1 概　述

雷达干扰是指一切破坏和扰乱敌方雷达检测我方目标信息的战术、技术措施的统称。雷达干扰的主要对象包括预警雷达、目标监视雷达、导弹制导雷达、火控雷达及无线电引信等。一个完整的雷达对抗系统包含指控站、引导站、干扰站和目标指示雷达站四大部分，指控站主要完成对上级站、下属站的信息传送与指挥控制，能够指挥控制引导站对战场电磁态势进行侦收和分析，指挥控制干扰站对目标进行干扰，提高系统在复杂环境下的协同作战能力。指控站作为指挥协调中心，可自动收集引导站、干扰站截获的敌方雷达辐射源信号，获取作用范围内的雷达辐射源情报，对获取的雷达辐射源情报、目标指示雷达站上报的空情信息、上级指挥所下达的情报信息进行综合相关处理，形成敌我态势信息，并根据掌握的任务范围内的敌我态势信息及上级的指示命令，对干扰站的作战行动进行指挥、协调；引导站的作用除了具有 ESM 系统的主要功能，还能够对干扰站进行频率、方位等参数的引导；目标指示雷达站的功能主要是作为有源探测设备探测作战区域内的目标信号。雷达干扰系统是雷达对抗系统的核心部分，也是本章主要讲述的重点。

雷达干扰按照干扰的人为因素可分为有意干扰和无意干扰；按照干扰能量的来源可分为有源干扰和无源干扰。本章 4.2 ~ 4.5 节重点介绍有源干扰系统，4.6 节介绍无源干扰系统。

现代雷达对抗理论直接将有源干扰系统分为侦察接收分系统、干扰引导与控制分系统、发射分系统及显示控制分系统四大部分。其中，干扰引导与控制分系统包含传统意义上的引导控制分系统、干扰波形生成分系统及系统管理分系统三大部分，是系统的核心。显示控制分系统提供信息综合处理与显示及与各主要分机的接口，为操作员提供一个友好的人机交互界面，具备发射控制、伺服控制、战术决策和对抗资源管理、目标识别和威胁告警等功能，显示控制分系统对分选结果进行目标识别，对高威胁目标进行告警和干扰决策，引导干扰机对高威胁目标进行干扰，能够独立或配合其他各分系统完成相应的战术功能。本书也是按照这一思想进行雷达干扰系统介绍的，依据这一理论，雷达有源干扰系统的典型构成如图 4.1 所示。

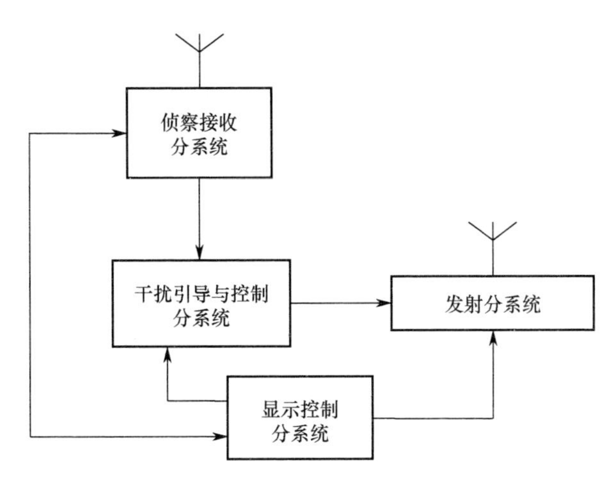

图 4.1　雷达有源干扰系统的典型构成

侦察接收分系统的主要任务是完成对雷达信号的截获、测量、分析处理及跟踪，其组成与雷达对抗支援侦察系统类似，典型组成部分包括天线、微波接收机、信号处理机三部分，通常设备配置包括测频天线、测向天线、副瓣抑制天线、测频接收机、测向接收机、参数测量与控制、预处理、主处理、辅助分选等模块。当测频天线接收到频段内的雷达信号后，测频接收机、测向接收机及参数测量模块，完成雷达脉冲参数的测量，形成脉冲描述字（PDW）数据，由接收机完成全部数据编码后，送信号处理机进行处理。信号处理机得到各个独立的雷达信号特征参数描述字，送信号识别模块进行目标识别和威胁等级判定。

显示控制分系统显示侦察接收分系统截获的目标信号，形成对指定空域的电磁态势显示。根据当前的工作模式进行干扰决策，引导干扰引导与控制分系统对威胁目标进行干扰。

干扰引导与控制分系统接收显示控制分系统的干扰命令，同时与侦察接收分系统之间分别有射频信号接口和数字信号接口。干扰引导与控制分系统中干扰系统完成与显示控制分系统的通信，对欲干扰雷达信号进行时域、频域和空域跟踪，完成相关时序控制，产生干扰激励信号。

发射分系统将干扰引导与控制分系统产生的干扰激励射频信号进行调制放大，通过发射天线辐射出去，从而实现对威胁目标的有效干扰。

4.2 干扰引导与控制分系统

干扰引导与控制分系统是雷达干扰系统的关键部分之一。其主要功能如下。

(1) 完成与综合显示控制分系统的通信，对欲干扰的雷达信号进行时域、频域和空域跟踪，完成时序控制。

(2) 根据显示控制分系统的干扰决策，可分别选择压制式干扰、欺骗式干扰或多种组合干扰等干扰方式，进行频率引导或通过数字射频存储器(DRFM)等技术将被干扰敌方雷达的真实信号进行复制，并对复制信号进行适当处理，将干扰引导激励信号输入到发射机，对雷达实施干扰。

干扰引导与控制分系统是雷达干扰机中最为重要的分系统，其最为核心的功能是干扰信号的产生。

有源干扰的基本原理是发射合适的干扰信号进入雷达接收设备，以此破坏或扰乱雷达对目标回波信号的检测处理。为了完成预定的作战任务，产生出满足要求的干扰信号，达到有效干扰的目的，现代雷达有源干扰机必须合理地组织各项干扰资源，根据其所要对抗的雷达信号威胁环境，制定最有效的干扰资源分配管理方式和干扰信号调制样式，并且不断监测雷达信号威胁环境的变化和干扰实施后的效果，动态地调整干扰分配管理方式和干扰信号调制样式，以期达到对整个雷达信号威胁环境干扰效果最佳的目的。

干扰引导与控制主要完成指挥控制引导、重频跟踪及时分隔分机、干扰信号产生、干扰控制等功能。

4.2.1 指挥控制引导

干扰引导与控制分系统中的指挥控制引导多由主控模块来完成，可以称为主控计算机。主控计算机的主要功能如下。

接收显示控制分系统分配的被干扰对象的批号、载频、重频、脉宽、到达方向、捷变带宽、被掩护目标距离及操作员规定的干扰样式等参数。

根据引导的干扰目标数量、威胁等级、干扰样式等参数，分配干扰通道号，计算干扰参数，形成相应的报文发送给各模块。

执行干扰子系统内部自检，监视干扰子系统各模块的工作，将干扰子系统工作状态送综合显控分机。

4.2.2 重频跟踪及时分隔分机

重频跟踪及时分隔分机是雷达干扰系统的重要分机之一。它根据主控计算机的命令及其预置参数，在规定的频域、空域及时域范围内对目标雷达信号的重频和载频进行自动搜索与跟踪，同时产生相应的干扰窗口。另外，该分机的时分隔电路还能根据时分隔码产生相应的接收/发射脉冲，分别输出至接收系统的开关阵列和干扰发射机，实现了系统收/发分时的工作体制，保证了在干扰敌方雷达时本系统接收机处于关机状态。

重频跟踪及时分隔分机不仅要求其技战术指标先进可行，而且要求体积小、质量轻、功耗小，同时尽量做到模块化和可移植性，设备反应速度要尽量快。因此，该分机采用硬件技术为主、软件技术为辅的模块设计。

4.2.3 干扰信号产生

有源干扰可以有很多干扰样式，但从产生干扰信号的原理来讲，只有两种干扰机，即引导式干扰机和回答式干扰机。

引导式干扰机的特点是干扰信号的参数、方位和样式都是由干扰系统的侦察接收机来引导。一旦完成引导，干扰机就主动地产生并发出干扰信号，因此又称为主动式干扰机。这类干扰机通常用于对雷达实施压制性的干扰，因此也常被称为压制式干扰机。

回答式干扰机在频率引导方法及工作体制上与引导式干扰机有很大的区别。通常，回答式干扰机主要用于对雷达实施欺骗性干扰，因此也常称为欺骗式干扰机。

引导式干扰机的引导包含两方面内容，即频率引导和方位引导。频率引导是引导式干扰机的核心问题，频率引导方法的不同，直接影响着整个干扰机的构成和干扰机的工作性能。对于全频段阻塞式干扰机，不需要频率引导，只是一个开机控制的问题；瞄准式干扰机为了发挥其功率威力，要将干扰功率集中瞄准在雷达接收机带宽范围左右的狭窄频率范围上，因此，必须对干扰进行频率引导。为此，也就需要在引导时间上、引导精度上、设备量上付出代价。

干扰机的频率引导技术上有模拟引导系统、数字式引导系统和计算机引导系统，其发展趋势是引导系统的自动化与数字化，最大程度提高准确性、可靠性和自适应性。在现代电子战条件下，需要完成对多个威胁雷达的干扰，需要采用微处理机和计算机进行干扰频率引导和控制才能实现自适应干扰。

1. 压制性干扰信号产生

本节重点介绍频率引导技术，干扰机频率引导方法有以下几种。

（1）测频法引导：即根据测得的雷达信号频率的绝对数值或预测得到的频率值，进行控制和调谐干扰发射机，因此也常称为绝对引导法。

（2）比较法引导：即比较干扰信号和雷达信号的频率，使干扰频率对准到信号频率上，而不必测出信号频率的绝对数值，所以也常称为相对引导法。

(3) 综合法引导：即综合采用上述两种方法，使之兼具两者的优点。

至于具体干扰机采用哪种引导方法，要根据引导时间、引导误差、设备量和技术上实现可能性等各方面的要求，做全面权衡而确定。

瞄准式干扰机对频率引导（瞄频）误差的要求与干扰信号的频带宽度（干扰带宽）有关。如果干扰带宽很窄，那么频率引导误差 δ_f 应小于雷达接收机通频带 Δf_r 的一半，如图 4.2 (a) 所示，即

$$\delta_f \leqslant \Delta f_r/2 \tag{4.1}$$

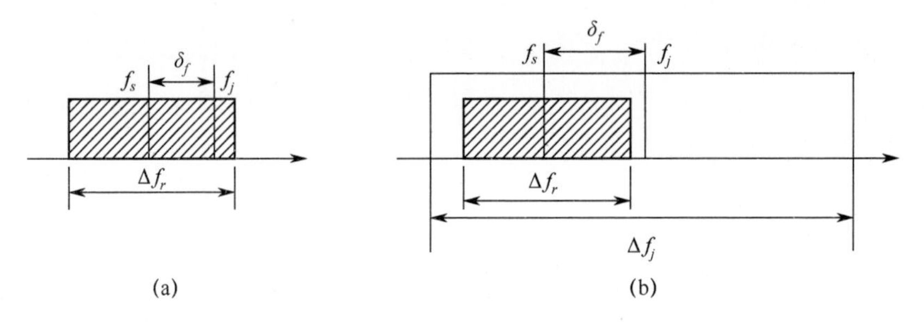

图 4.2　频率引导误差与干扰带宽的关系

如果干扰带宽 Δf_j 较宽［通常干扰带宽都大于雷达接收机带宽，如图 4.2 (b) 所示］，那么在保证干扰带宽覆盖雷达通带宽度时，频率引导误差应满足

$$\delta_f \leqslant \frac{|\Delta f_j - \Delta f_r|}{2} \tag{4.2}$$

1）测频法频率引导方式

测频法引导的原理如图 4.3 所示。它包括频率测量设备、记频和控制设备、调谐设备和干扰功率发生器，测频法引导在自动控制原理上属于开环系统。

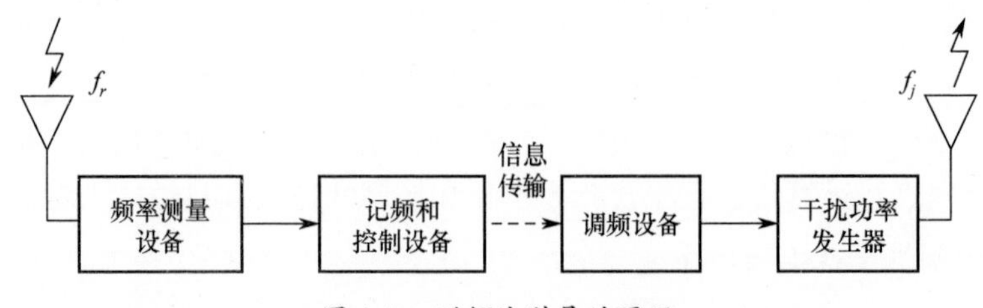

图 4.3　测频法引导的原理

频率测量设备就是侦察接收机；记频和控制设备将接收机所测得的雷达信号频率的绝对值记忆下来并控制干扰功率发生器的调谐设备，使干扰功率调谐

到雷达信号频率上；干扰功率发生器一般是磁控管振荡器或返波管振荡器等，调谐设备根据功率发生器的形式不同采用机械调谐或电子调谐的方式调谐干扰功率发生器的频率。

由于雷达系统一般采用空间扫描和脉冲工作的模式，因此记频设备是必需的，这样才能保证脉冲时间间隔内和两次雷达照射之间等信号不存在时仍能对干扰频率进行调谐。

测频法引导的优点是它以测得频率的绝对数值进行引导，一部测频设备可以引导多部干扰发射机，便于构成干扰体系；缺点是频率瞄准误差较大，因为它是开环系统，干扰频率得不到修正。

为了减少引导时间和提高频率瞄准的准确度，可以采取以下措施。

(1) 快速测频：研制各种快速而精确测频的侦察接收机。

(2) 采用数字化的记频和引导控制设备。

(3) 采用快速调谐的振荡器（如返波管、电调磁控管振荡器）或主振（压控振荡器）加行波管或固态功率放大器的发射设备。

(4) 采用测频和引导相结合综合式电路。

采用测频和引导控制综合式电路，既能减小引导时间又能减小频率瞄准误差。图 4.4 所示为这类电路中典型的一种。

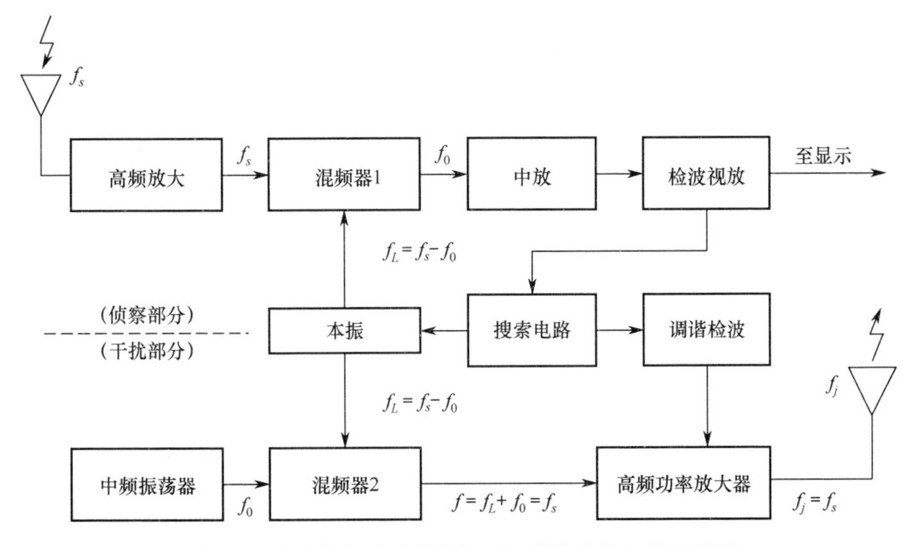

图 4.4　搜索式超外差接收机测频引导干扰机原理框图

该方法的特点是通过本振把测频和引导结合起来，该测频设备是一自动搜索测频的超外差接收机。当没有雷达信号时，搜索电路使本振频率自动搜索；

当出现雷达信号并被接收时，信号经混频器进入中放，经检波视放输出一个锁定信号使搜索电路停止搜索。

本振既是测频设备的一部分，又是记频设备。本振频率再经混频器 2 和中频振荡器输出的稳定中频 f_0 进行混频，其和频便等于信号频率。搜索电路在锁定时，还对高频功率放大器进行调谐，因此，混频器 2 输出的信号，其频率等于信号频率，可经高频功率放大器后发射出去。

这种引导系统的引导时间主要是本振搜索锁定的时间和高频功率放大器调谐时间来决定。如果高频功率放大器采用宽频带功率行波管，那么输出部分不需要调谐。于是，整个引导时间就只是自动测频的时间，用快速搜索的侦察接收机只要几微秒就可能完成（在一个信号脉冲宽度内或通过微波储频装置将其展宽的脉冲内完成)，频率引导误差也很小，它与本振频率的稳定性、固定中频振荡器的频率稳定性及中放带宽等有关。

由于采用了外差式电路，因此必须防止和消除谐波混频产生错误频率的可能性，同时，这种方案还必须采取措施保证侦察天线和发射天线间有足够的隔离，以防止产生错误的引导。

2）比较法频率引导方式

比较法引导是直接将干扰频率与雷达信号频率在引导过程中不断地进行比较，以减少引导误差，因此频率引导精度较高，这在自动控制原理上属于闭环系统。比较法引导的原理如图 4.5 所示。

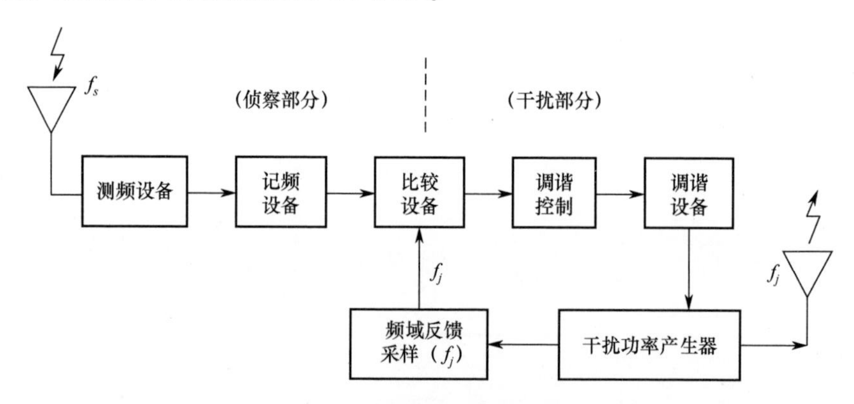

图 4.5　比较法引导的原理

从图 4.5 中可以看出，它和图 4.4 所示测频法引导的不同之处是多了频域反馈采样和比较设备，比较设备的用途是比较干扰频率和信号频率，把干扰频率准确地调整到雷达频率上。

比较法引导的工作过程是：测频设备接收到雷达信号后经记频设备将信号

加到比较设备，作为引导干扰频率的依据，同时，比较设备根据干扰频率相对雷达信号频率的高低，控制和调谐干扰功率产生器的频率，使之对准雷达信号频率。这时，干扰功率产生器的频率只是粗略地瞄准到信号频率，若要精确地瞄准，需要从干扰功率产生器耦合出一路信号经过干扰测频设备再加到比较设备，通过干扰频率和信号频率的连续比较，不断地把干扰频率反馈调谐到信号频率上。

由于有了闭环的比较回路，可以不断地修正干扰频率，因此比较法引导误差很小。当然，在总的引导时间里也就增加了不断地反馈比较过程中所需的时间。

比较法引导可以用较简单的设备得到准确的频率瞄准精度。例如，最简单的方法是利用显示器作为比较设备进行人工辅助瞄准和引导。由于这种引导方法设备简单，引导准确，并且可以直接监视引导的效果和干扰的过程，因此成为许多干扰机，特别是早期的干扰机所广泛采用的一种引导方法。但是，在人工引导时，引导时间较长，至少需要 10s 以上，一般为 20～30s，引导时间的长短主要由操作员的熟练程度决定。

要减小引导时间就需要采用自动的引导方案。图 4.6 所示为一种侦察、测频和引导全部自动化的方案。

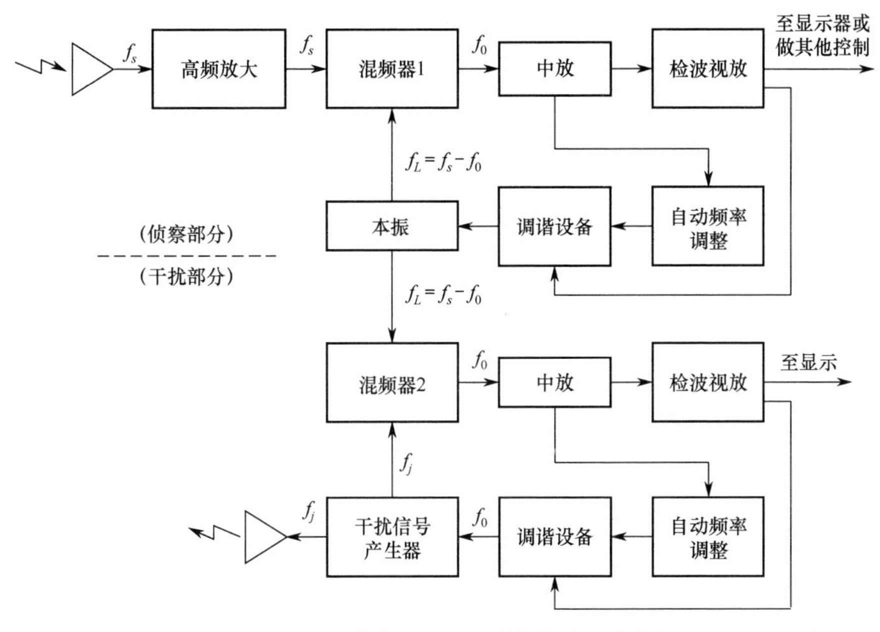

图 4.6　一种侦察、测频和引导自动化的方案

该方案也称为具有监视效果的搜索－锁定瞄准式噪声干扰机（有些应用场合称为瞄频接收机）。在该方案中，侦察部分是一部自动搜索的超外差式接收机。在未收到信号时，本振处于自动搜索状态；收到雷达信号后，当本振频率f_L和信号频率f_s的差频等于中频频率f_0时，具有带通滤波功能的中放有中频信号输出，经检波视放输出的视频锁定脉冲将本振锁存，停止频率搜索并开始自动频率微调，直到干扰信号频率更精确地跟踪到雷达信号的频率上，然后用本振频率对干扰发射机进行频率引导。

干扰部分也是一个自动频率搜索的闭合环路。当干扰频率f_j不等于信号频率f_s时，调谐设备连续改变干扰信号产生器的频率，直到$f_j=f_s$时，它和本振频率在混频器2混频后的差频等于中频f_0，即$f_j-f_L=f_j-(f_s-f_0)=f_0$，才有信号进入中放经自动频率调整设备和调谐设备将干扰频率锁定在信号频率上，并微调校准。

比较法自动引导的机械调谐干扰机，引导时间约需几百毫秒至几秒；对电子调谐的干扰机（大功率返波管、电调磁控管）约需几毫秒；对主振放大式干扰机只需几十微秒。

测频法频率引导与比较法频率引导是目前最为常用的方法，它们各有特点，下面将其主要特点进行归纳比较。

测频法需要知道频率的真实值并以此引导干扰机，因此它可以引导任何干扰机。特别是数字化引导设备，可以使侦察机和干扰机具有通用性，使一部侦察机可以和不同类型的干扰机联用，或者一部侦察机引导多部干扰机，便于构成干扰体系，因而很有发展前途。但测频法要实现准确的引导就必须精确地测出频率（例如误差为1～2MHz），这在设备量上和测量时间上都要付出代价。测频法需要知道频率后才能引导，在测频时间上要求高，因此具有瞬时测频性能的各种新型的测频接收机在测频法中获得广泛的应用。

比较法引导可以不需要知道信号的频率绝对值，比较法可以用比较简单的设备得到准确的频率瞄准，但要进行信号比较，干扰机必须与侦察机有耦合，因而特定的干扰机只能与特定的侦察机固定联系，这给干扰机的统一指挥带来了困难。比较法最常采用的是搜索式接收机，因而测频时间较长。此外，比较法要进行频率比较需要较长的时间，在人工引导的干扰机中，频率比较所需要的时间是主要引导时间。

从频率引导精度上来看，比较法准确而设备简单，而测频法要达到同样的精度在设备上就要复杂得多；在引导时间上，测频法快，而比较法要慢一些。当然，还要结合具体设备具体对待，对于人工引导，显然比较法的引导时间要长；对于自动引导，比较法和测频法都可以实现快速的引导，因为此时的引导时间主要由干扰功率产生器调谐所需的时间确定，测频、记频、比较、控制等过程所需要的时间相对来说所占的比例较小。

3）综合法频率引导

由于测频法引导和比较法引导各有优缺点，为了利用两者的优点和克服两者的缺点，在实际干扰机中常常将其结合使用，即综合法引导。

综合法引导存在多样形式。一种常用的形式是先以测频法在宽的频率范围内快速地发现目标，快速地粗测雷达频率，对干扰机做概略的频率引导；然后再在缩小了的频率范围内用比较法进行准确的频率瞄准，引导干扰机对准雷达的频率以实施干扰。如图 4.7 所示，就是这种综合法频率引导的一种典型形式。在这个引导方案中，对干扰机的粗测引导采用测频法，对干扰机的精确引导采用比较法。粗测引导和精确引导完全自动完成，以达到快速和准确相结合的目的，设备量上也比较简单轻便。

粗测引导接收机采用宽开的多波道接收机，具有瞬时测频、线路简单、工作可靠等优点。侦察天线接收的信号经微波分路器加至各晶体视频接收机的带通滤波器，将侦察波段区分为 N 个波段（图 4.7 中所示分为 5 个分波段），同时分路器也将信号送至精测接收机以备精确引导之用。多波道接收机的每路输出又分为两路：一路加至波段指示灯，显示出信号所在的波段数；另一路加至波段电压产生器，以产生与该波段相应的电压送至精测接收机及干扰发射机，使本振频率及干扰发射机功率振荡器的频率迅速跳到雷达信号所在的波段上。

精确引导部分与比较法自动频率引导的原理相同。电调本振（VCO）在波段搜索控制下迅速调谐到雷达信号频率所在的分频段上，然后在此分频段内搜索，当本振频率（f_L）和信号频率（f_s）的差频等于中频频率时，经中放、检波和视频放大便有视频脉冲信号将本振锁定，并转入自动频率跟踪，完成准确的测频和记频。

对干扰发射机的频率引导采用和精确测频相同的超外差闭合环路。大功率振荡器可采用 M 型返波管振荡器或电压调谐磁控管，它的输出通过方向耦合器加至干扰天线发射出去。方向耦合器只将很小的干扰功率（-30dB 以上）加至混频器 2，当干扰频率 f_j 和信号频率 f_s 相等时，经中放、检波视放电路便有信号输出，通过调谐控制电路将干扰振荡器的频率锁定，并转入自动微调，使干扰频率更准确地瞄准到信号频率上。

图 4.7 所示的引导时间是粗测引导和精测引导时间之和。由于多波道接收机具有瞬时测频能力，而波段转换也可很快完成，因此粗测引导时间约在几微秒的量级，所以整个引导时间主要由精测引导时间所确定。

精测引导的时间又包括精测频率的时间和调谐干扰发射机的时间，大致达毫秒量级。由于搜索只在分波段里进行，使得引导时间减小到不进行粗测引导时的 $1/N$，而且波段变窄，引导精度与没有粗测引导时相对较高。

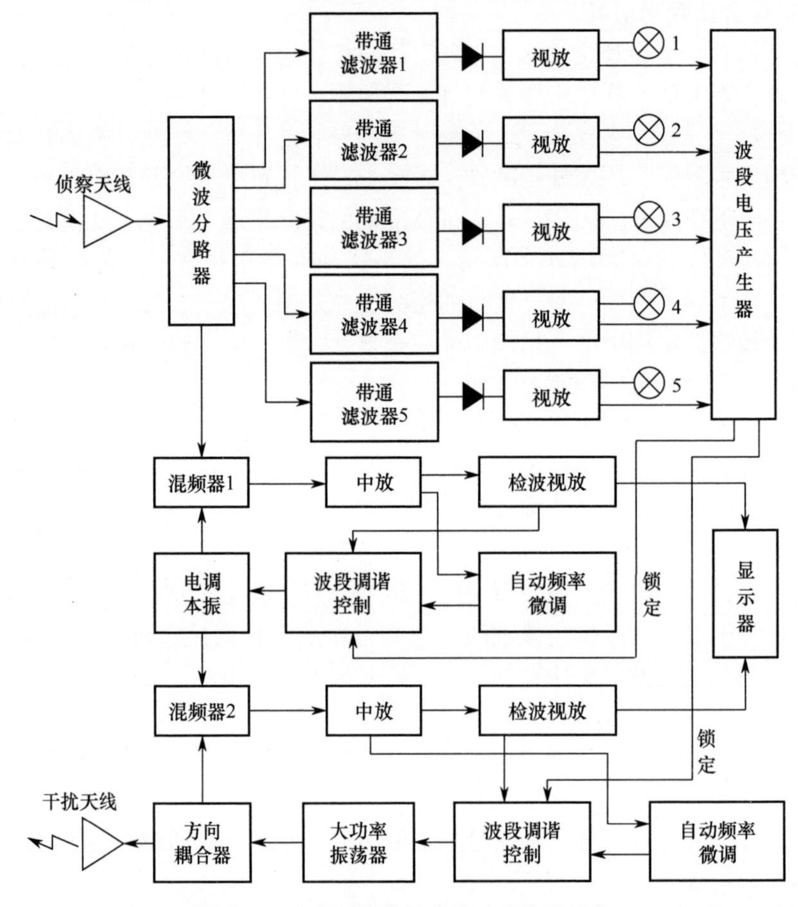

图 4.7　综合法频率引导的一种典型形式

这种综合引导方案，在同一时间内只能引导干扰一个频率的雷达，波段电压产生器在某一路信号控制下，需将其他各分波段闭锁；如果要求干扰多个频率的雷达，就需要有多个精测引导系统和多个干扰发射机，而且波段电压产生器也需增加相应的控制逻辑。

4）IFM 加搜索锁定瞄准式干扰机

随着 IFM 技术的成熟和广泛应用，干扰机频率引导技术又有了新的改进办法。在进行频率侦察和测量的同时，完成对频率的快速准确地引导，扩大频段宽度，减少设备量，降低成本，可以采用 IFM 接收机替代图 4.7 中的滤波器组来完成对频率的粗引导，如图 4.8 所示。

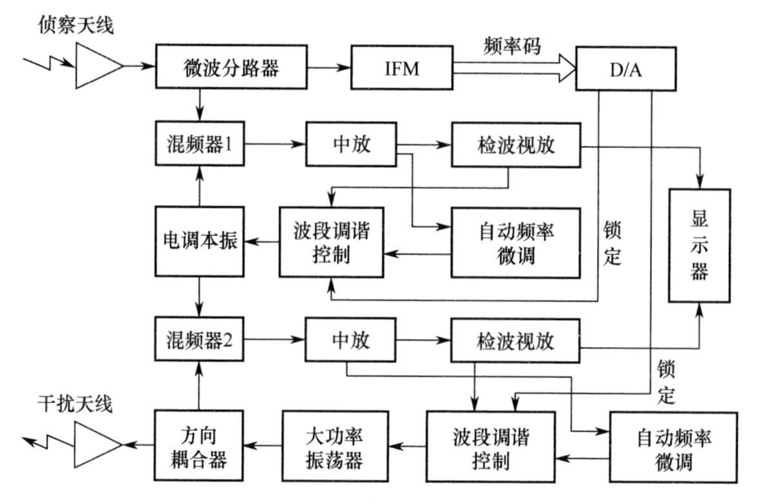

图 4.8　IFM 加搜索锁定瞄准式干扰机

该方案把接收到的雷达信号分为两路，其中一路输入 IFM 接收机，IFM 对雷达载频进行快速测量，并把测量结果频率码传递给 D/A 变换电路，完成频率码到频段控制电压的转换。该频率引导控制电压输入搜索锁定瞄准式干扰机（有些资料称为 AFC，即自动频率控制接收机），然后在此电压对应的很小的频率范围内完成对雷达信号快速搜索和锁定，一次完成频率引导。

5）IFM 加 VCO（或 DTO）的频率引导技术

IFM 加 VCO 频率引导的工作原理框图如图 4.9 所示。

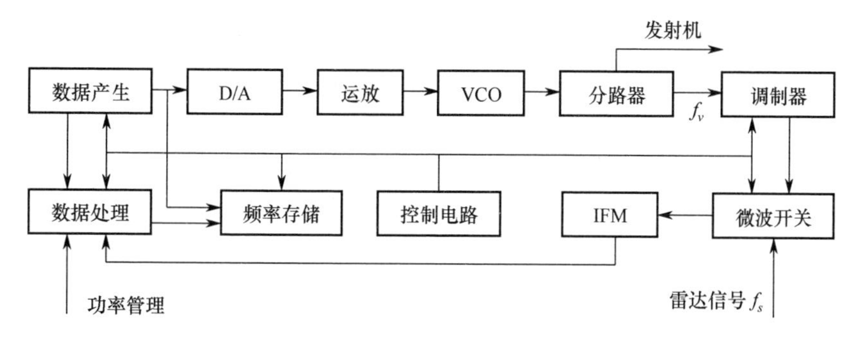

图 4.9　IFM 加 VCO 频率引导的工作原理框图

采用闭环频率校正，开环频率引导的方式。在控制电路作用下，首先由数据产生电路送出逐渐递增的调谐码，经 D/A 转换和运放后加到 VCO 上，而 VCO 输出的射频信号被调制器调制后，经微波开关送到 IFM 进行测频，测频码由数据处理电路处理后，在频率存储器中将产生该测频码的调谐码存入其中，直至由低到高将 VCO 的频率校完为止。这一过程就是闭环校正，在有些应用领域称为装订或装载。

该过程完成以后，控制电路使系统处于开环引导状态，即将测频接收机测出的雷达信号频率码作为引导码，或者直接由功率管理送引导码，经过数据处理电路后，去频率存储器中把对应于该引导码的调谐码取出来，经 D/A 转换和运放后形成调谐电压加到 VCO 上，VCO 则输出对应于雷达信号或引导码的射频信号，再加上干扰样式后送到发射机去对敌方雷达实施干扰。这一过程就是开环频率引导。在这一部分，对于一般的常规雷达和捷变频雷达能进行有效的干扰，但对于脉冲多普勒雷达则显得不够。因为多普勒频移都是很小的，所以，要对脉冲多普勒雷达进行有效的干扰，频率引导精度低显然是不行的。

此种频率引导方案也被称为 IFI（instantaneous frequency inducting，瞬时频率引导）。

在此方案中，可以采用 DTO（digitally tuned oscillator，数字调谐振荡器）来替代模数转换和 VCO 模块。

6）采用 DDS 的频率引导技术

直接数字频率合成（direct digtal synthesis，DDS）技术是以全数字技术，从相位角度出发直接合成所需要波形的一种新的频率合成原理。其精细的频率分辨力、极快的频率转换时间、很宽的相对带宽、输出信号相位连续、可同时输出正交信号、具有任意波形输出和数字调制功能等优点，在现代雷达、通信、电子战等领域获得了日益广泛的应用。

基于 DDS 的频率引导技术的原理框图如图 4.10 所示。图 4.10 中，EPROM 对来自测频接收机或功率管理的频率引导码进行数码变换，这是因为频率引导码的位数和送到 DDS 的频率控制字位数是不一样的；DDS 是一个输出频率范围为几百兆赫兹的系统，而时钟频率一般为 DDS 输出信号最高频率的 2.5 倍；开关滤波器组对 DDS 输出的杂散信号进行抑制，以便最终得到频谱纯度更好的射频信号；译码器 1 的输入数据也为频率引导码，其译码输出根据 DDS 输出信号频率范围从开关滤波器组中选择一个子滤波器；分频器的分频系数根据 DDS 输出信号的频率带宽和需要覆盖的频段数来选择；谐波发生器形成一系列本振信号，而这些本振信号频率是分频器输出信号频率的奇数倍或偶数倍；滤波器组对需要的奇数倍或偶数倍频率信号进行滤波，以便后面的微波开关根据频率引导码选择本振信号；微波开关的控制信号为译码器 2 的输出，而译码器 2 的输入则为频率引导码。具体工作过程是：当频率引导码到来后，译码器 2 根据频率引导码所代表的信号频率所处的频率范围，输出微波开关的控制信号，选出对应于该频率范围的本振信号送到镜像抑制混频器。另外，频率引导码又送到 EPROM，取出 DDS 的频率控制字，使 DDS 输出与时钟信号稳定度一样的信号，该信号经开关滤波器组滤波后，送到镜像抑制混频器与选出的本振信号相混频，从而得到所需要的射频信号。

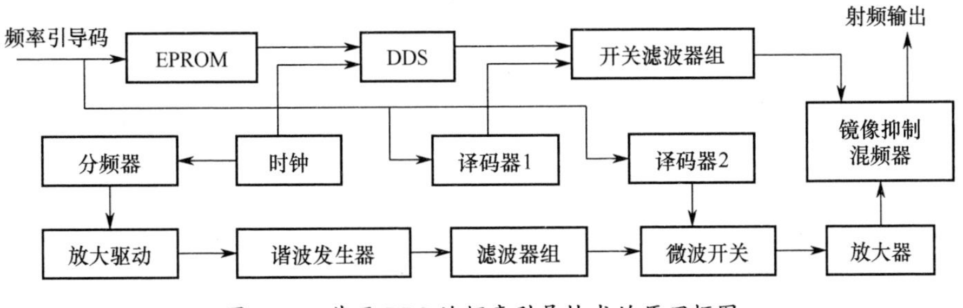

图 4.10　基于 DDS 的频率引导技术的原理框图

DDS 的频率转换时间仅取决于频率控制字的传输时间，即一个时钟周期，但实际上受限于器件的延迟时间，如 EPROM 和 D/A 的转换时间等。在采用高速器件以后，可以将频率引导的时间做到 100ns 以下。而基于 VCO 的频率引导系统，其引导时间除了受限于 EPROM、D/A 等器件，还受限于 VCO 的调后漂和运放的转换率。因而，引导时间一般为 1μs 左右。由此可见，DDS 频率引导时间比传统的频率引导时间要快许多倍。

在频率引导精度方面，传统频率引导精度受测频接收机测频精度、D/A 的转换误差、运放的增益误差、VCO 的调谐误差、VCO 的调后漂等的影响，在几千兆赫兹引导带宽的情况下，一般只能做到几兆赫兹以下。如果不经常进行频率校正，那么引导误差还要大些。而采用 DDS 的频率引导系统，没有调谐误差、调后漂、运放增益误差等的影响，只要频率引导码的位数足够多，频率引导精度就会非常高。例如，对于 32 位的相位累加器，1 GHz 的时钟频率，DDS 输出信号的频率步进量为 0.23283Hz。若频率引导码为 12 位，频率引导范围为 4GHz，则频率引导的步进量应为 0.9768MHz。若频率引导码为 14 位，则步进量为 0.2442MHz。也就是说，此时的频率引导精度仅取决于频率引导码的位数。但对于采用 VCO 的频率引导系统，当频率引导码位数增加后，相应的调谐码位数也将增加，反过来说，就是调谐电压的步进将变得更小，因而使得 VCO 的调谐电压有可能被噪声或电源的纹波所淹没，从而使位数增加应产生的效果变得不明显。此外，DDS 输出信号频率稳定度是由时钟信号的频率稳定度决定的，可以做得很高，它不像 VCO 的输出信号频率会随温度和时间发生漂移，从这点来说，即使对相同位数的频率引码，DDS 频率引导系统也比采用 VCO 的频率引导系统引导精度要高，输出信号也更稳定。

基于 VCO 的频率引导系统，由于 VCO 的频率调谐范围可以做到几千兆赫兹以上，因此其频率引导范围是很宽的，这是它的优点之一。而基于 DDS 的频率引导系统，因为 DDS 输出信号的带宽很窄，只有几百兆赫兹，所以要达到几千兆赫兹的带宽，就必须进行频带扩展，这也是该方案的缺点之一。

采用 VCO 的频率引导系统调频功能的实现是通过在 VCO 的调谐电压上加三角波、噪声或方波的形式来实现的，也可以通过让频率引导码以某一频率为中心作连续的递增或递减的变化来实现，而基于 DDS 的频率引导系统只需要改变它的频率控制字 K 就能实现调频的功能了。

基于 VCO 的频率引导系统，其调相功能是通过在后面加移相器来实现的；而 DDS 频率引导系统调相功能的实现是通过在 DDS 中加入相位控制字的办法来实现的，即在相位累加器和正余弦查询表之间加入相位控制字对相位码进行调制，以此来实现调相功能。

调幅功能在电子战频率引导系统中不常用。对基于 VCO 的频率引导系统，可以在其后面加数控衰减器的办法来实现。只需控制衰减器的输入码，就能使射频输出信号幅度按一定规律变化；而对基于 DDS 的频率引导系统，要实现调幅功能是很简单的，只需要在正弦和余弦查询表后面加复数乘法器，让幅度调制码与查询表的输出相乘，由此便可以得到幅度调制信号输出。

7）信道化瞄频技术

信道化瞄频系统采用了信道化微波网络集成技术、数字射频存储技术、多点频源稳频技术、视放集成技术、超外差技术和宽带中放技术等，是当前电子对抗领域中较为优越的一种瞄频体制。

（1）信道化瞄频系统的组成。

典型信道化瞄频系统的组成如图 4.11 所示。

在图 4.11 中，信道化瞄频系统包括信道化瞄频系统微波网络、N 路点频源本振、单刀 N 掷中频开关、宽带中频放大器、DRFM（射频存储器）、N 路视频放大、数字译码及“人工 - 自动”转换控制部分。

（2）信道化瞄频系统的基本工作原理。

信道化瞄频是集超外差和数字射频存储和微波网络于一体的一项新技术，它既有数字式频率引导的快速性，又有 DRFM 瞄频的精确性。其瞄频系统的工作原理框图如图 4.12 所示。

K_1 和 K_2 为单刀 N 掷中频开关，这两个开关均由一个控制器同步控制工作。例如，信号频率在第 n 信道时，由第 n 路的检波输出自动接通中频开关到 n 点。本振信号为 f_m，信号频率为 f_{cm}。信号频率与本振同时加在混频器 1，产生 $f_m - f_{cm}$，$f_{cm} + f_m$ 频率很高，不能通过中放通带，f_{cm}、f_m 也不能通过中放通带，只有 $f_m - f_{cm} = f_0 \pm \Delta f/2$ 能够通过中放通带。

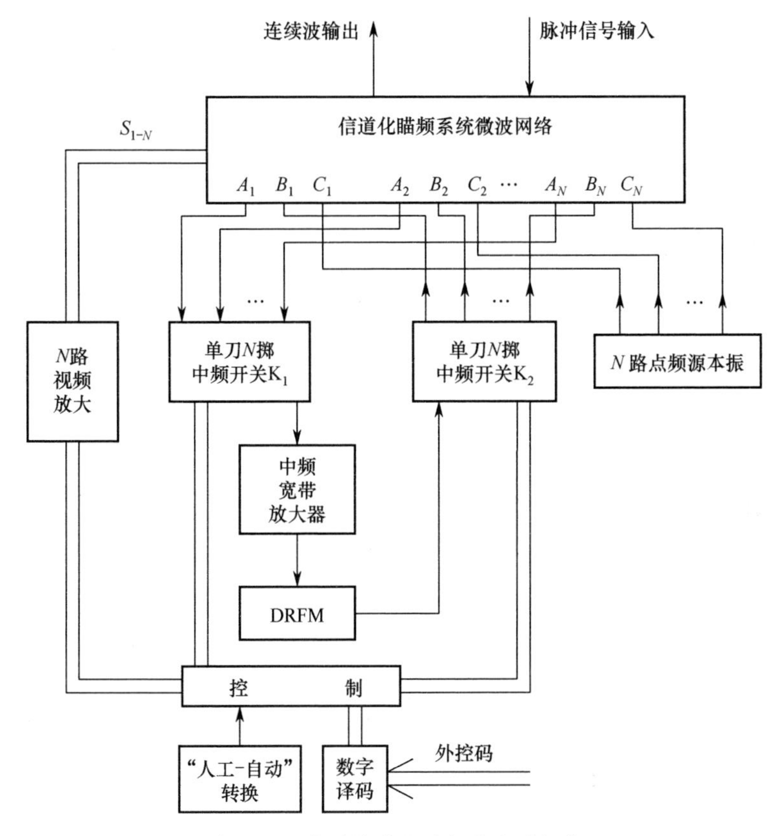

图 4.11 典型信道化瞄频系统的组成

这里的f_0为中放中心频率，Δf为中放带宽，而射频存储器频带范围为$f_0 \pm \Delta f/2$。因此，能够使中放输出的脉冲变成同一频率的连续波中频。

本振信号f_m和射频存储器的中频信号$f_0 \pm \Delta f/2$同时加在混频器2上，产生$f_m \pm (f_0 \pm \Delta f/2)$，这里$f_m + (f_0 \pm \Delta f/2)$不能通过第$n$信道滤波器，$f_m - (f_0 \pm \Delta f/2) = f_{cm}$输出的频率与输入的频率相同。这样，就达到了瞄频的目的，只是把脉冲射频变成了连续波信号上可进行各种干扰样式的调制，实现对各种体制雷达的干扰。

同理，若信号频率在第i信道，频率f_{ci}、本振频率f_{ri}与信号频率f_{ci}在混频器i_1上进行混频，得$f_{ri} - f_{ci} = f_0 \pm \Delta f/2$。对于$f_0 \pm \Delta f/2$，经过射频存储器把频率的脉冲信号变成同一频率的连续波信号，由把$f_0 \pm \Delta f/2$和f_{ri}在混频器i_2上混频，得到$f_{ri} - (f_0 \pm \Delta f/2) = f_{ci}$，通过第$i$滤波器输出。

以此类推，在整个宽带范围内，都能达到快速精确的频率瞄准。

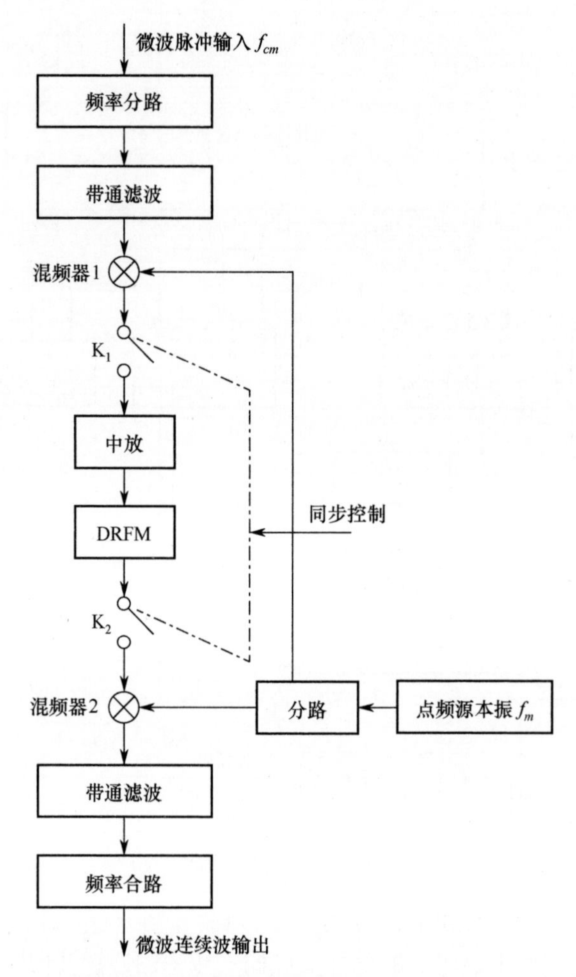

图 4.12　信道化瞄频系统的工作原理框图

(3) 信道化瞄频系统微波网络和控制。

用第一个频分器将输入信号频段分成 n 个频率通道。为了改善这个频带的矩形系数，在每个通道上再加一个带通滤波器。将每路滤波器的输出分成两路：一路加至检波器；另一路加至混频器 1。经 s_1 输出视频信号，经 A_1 输出中频信号。N 路点频源本振经 C_1 加至混频器 11、12，经射频存储器（DRFM）输出的信号加至 B_1，经混频器 12 输出的加至频率合路器的滤波器 1 输出。

n 路的混频器、N 路点频源本振、频率合路器和检波器等都是一一对应的，把这些器件用微波集成的方法制作成一个整体，这样体积小、质量轻，可靠性也好，具体的框图如图 4.13 所示。

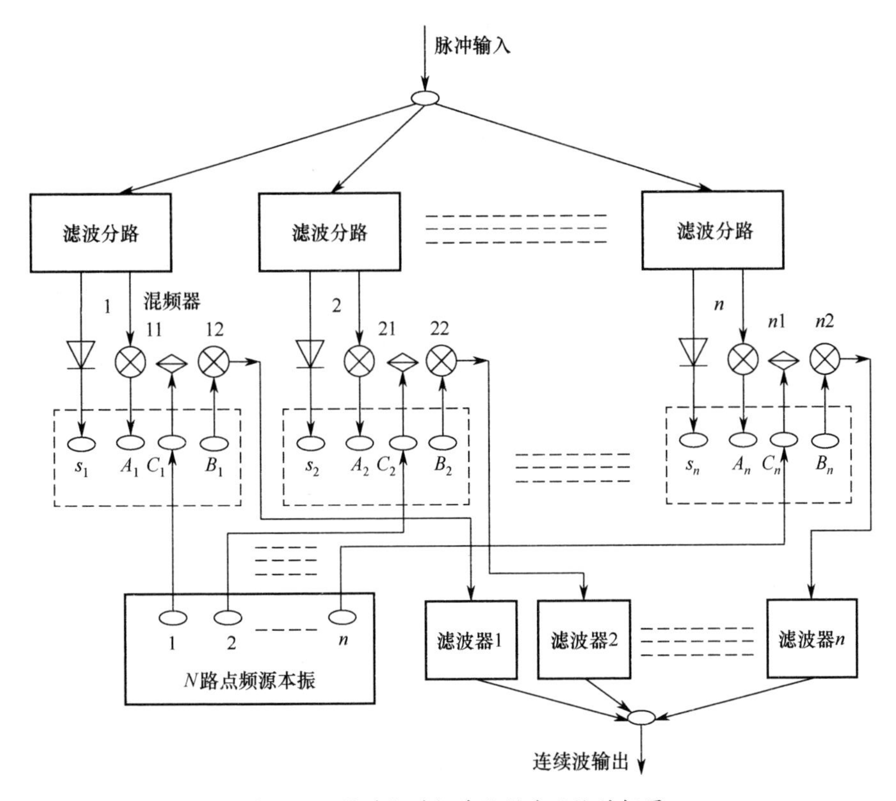

图 4.13　信道化瞄频系统微波网络的框图

每路的视频输出经视频放大、整形后，控制中频开关自动转换，使 n 路信道都能自动地接通到信号所在的信道上。

n 路视放、整形、驱动控制电路的组成如图 4.14 所示。它们的控制方式有 3 种：①自适应控制，即哪路来的信号就自动接通哪路；②人工控制，人为选定需要干扰哪路信道信号，即将开关接通哪路信道；③由遥控进行数字控制，接通指定的信道。

（4）信道化瞄频系统的先进性。

信道化瞄频系统是采用了信道化微波网络集成技术、数字射频存储技术、多点频源稳频技术、视频放大集成技术、超外差技术、中频宽带放大技术等先进技术而组成的新型信道化瞄频技术。这个新型的信道化瞄频技术既具有以往各种瞄频设备的功能，又有以往各种瞄频设备不具备的新功能，即瞄频速度快、瞄频精度高、工作频带宽、质量轻，是多种瞄频系统中的佼佼者。

8）噪声干扰机

目前，在实际应用中，压制干扰信号采用的都是噪声或噪声调制干扰信号。采用此种技术的干扰机，可称为噪声干扰机。广义地说，所谓噪声干扰机，即它发射类似噪声的干扰信号，对被干扰电子系统的部分或全部带宽实施干扰，以降低被干扰电子系统的效能。这种干扰机有时也称为否定式干扰机，这是因为在它施放噪声干扰期间，阻碍了被干扰雷达的检测。有些噪声干扰机是这样设计的：使噪声信号的特性尽可能地接近被干扰接收机系统内部产生的噪声特性，以使操纵员误认为干扰噪声是由它自己的接收机长期使用或维护不当引起的。当然，功率过大的噪声干扰，容易被操纵员识别出来。噪声干扰机已问世多年，并得到了不断改进。

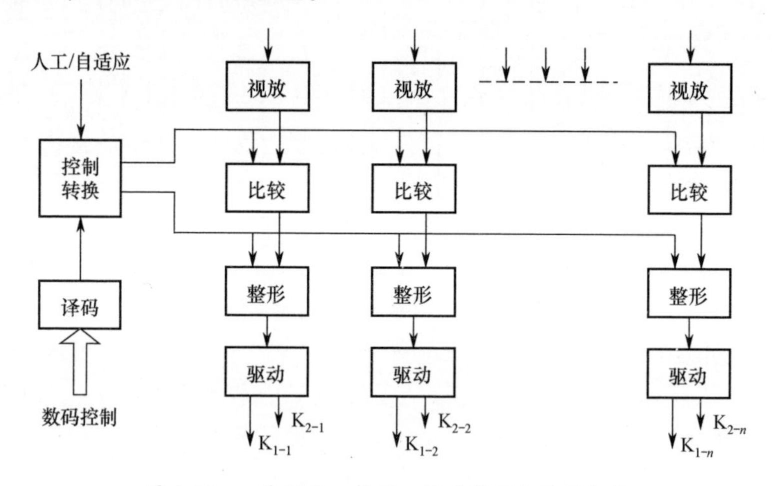

图 4.14　n 路视放、整形、驱动控制电路的组成

(1) 射频噪声干扰机。

图 4.15 所示为射频噪声干扰机简单的原理框图。噪声源可以是噪声真空管或半导体噪声二极管，其输出被放大到适合天线辐射的电平。一个简单的电阻器也可以用作噪声直接放大器的噪声源，但是所需增益量通常使这种设计不可能实现。这类干扰机的频率控制通常取决于噪声源的适当选择，可以利用超外差技术或滤波方法，视需要，也可通过选择噪声源和滤波来控制带宽。

如果要想将白噪声或伪白噪声放大到可用于干扰的电平，就必须要采取一定的措施。虽然白噪声在整个有用带宽内有连续的和均匀的频谱，但它总有一些峰值比噪声平均电平高 10dB 左右。当它被行波管放大时，这些噪声峰值就会使行波管电子束饱和并抑制噪声信号的较小电平分量。欲使这种影响减至最小，通常需要对放大前的噪声进行限幅。

(2) 噪声调制干扰机。

目前，关于噪声干扰信号主要有射频噪声、噪声调幅、噪声调频、噪声调幅调频、噪声调相等。

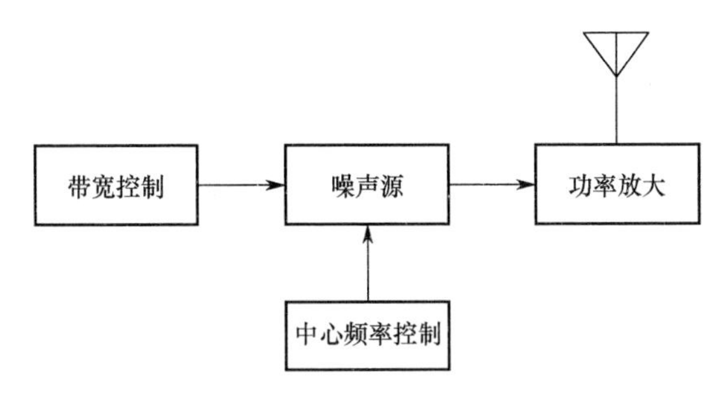

图 4.15 射频噪声干扰机简单的原理框图

射频噪声干扰具有和接收机内部噪声相同的结构，干扰效果较好。但是射频噪声干扰的干扰功率不易做得很大，大功率微波噪声产生器目前仍停留在实验室研究阶段。为了提高干扰功率，只得另辟途径，寻求其他噪声干扰样式，如噪声调幅干扰。

噪声调幅干扰适用于实施瞄准式干扰。噪声调幅干扰的旁频功率为调制噪声功率的一半，欲提高旁频功率，就得产生高功率的调制噪声，这在技术实现上也有一定困难。

不仅能提高调制噪声功率，而且能达到提高有效噪声干扰功率的方法之一是：噪声调频干扰。噪声调频干扰可以在较宽阔的干扰带宽内获得较大的干扰功率，特别是干扰带宽较宽。影响噪声调频干扰效果的主要因素有干扰带宽、频率瞄准误差和调制噪声的频谱宽带。

噪声调幅干扰和噪声调频干扰都是一种理想的情况，实际的调制过程往往会出现当一种调制的同时产生另一种寄生调制的现象，即调幅的同时产生寄生调频的现象。而当寄生调制的调制度较大时，无论调幅还是调频都产生同样的结果。已调波的振幅和频率同时按照调制噪声变化规律进行变化，称这种调制为噪声调幅 - 调频。

噪声调幅 - 调频干扰具有一些突出的优点：①噪声调幅 - 调频兼有纯噪声调幅和纯噪声调频的优点，既可得到较大的干扰发射功率，又能获得较宽的干扰频带；②噪声调幅 - 调频干扰，在雷达接收机显示器系统中产生的干扰噪声质量较好，对回波的遮盖性强；③允许有较大的频率瞄准误差。

噪声调相的频谱宽度，近似地等于调相噪声的频谱宽度的两倍。利用窄带噪声也可以获得窄带噪声的干扰信号，在这种情况下，连续射频频谱的形状与调制电压频谱形状相似。

在工程应用中，比较常见的是噪声调频和噪声调相。

①噪声调频干扰机，如图 4. 16 所示。

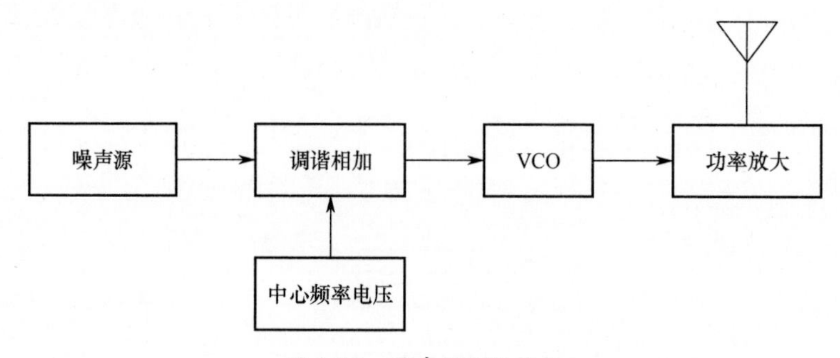

图 4. 16　噪声调频干扰机

压控振荡器（voltage controlled oscillator，VCO）的射频输出由加在输入端的调谐电压来控制。调谐电压有两种：一种是来自噪声源调谐电压，主要是完成噪声调频功能；另一种是来控制载频中心频率的电压，两种电压相加来控制VCO 输出的干扰信号。

VCO 调谐电路中还有噪声自适应选择电路。由于 VCO 的电压调谐率在较宽工作的范围内不是线性的，因此在干扰时对其加噪声调制的噪声幅度也必须随之改变，以保证在全频段内干扰带宽满足要求。

另外，通过改变噪声源的幅度来控制噪声调频信号的带宽，以实现不同的干扰效果，如瞄准式干扰、阻塞式干扰。通过中心频率叠加一些干扰波形，如正弦波、锯齿波、三角波、方波等实现干扰样式变换。改进的噪声调频干扰机框图如图 4. 17 所示。

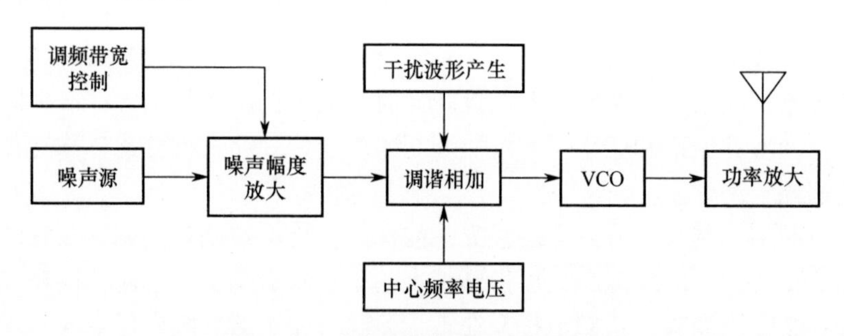

图 4. 17　改进的噪声调频干扰机框图

这样的干扰信号，随机地附加到雷达的频率上，在雷达接收机的输出端产生一个幅度像噪声一样的随机变化的电压，其在雷达中产生的尖峰脉冲的宽度和幅度取决于干扰机频率在雷达频段的分布情况。

② 噪声调幅 - 调频干扰机。

在噪声调频干扰机的基础上加以改进，便可以产生噪声调幅－调频干扰信号。通常，VCO 的射频输出不能输入给行波管的大功率放大器进行直接放大，而必须经过干扰功率激励，把 VCO 的小功率放大后再输入给发射放大链，在此前置放大时可以进行幅度调制。

可以加入噪声信号及其他幅度调制波形，可以完成不同的干扰波形，如图 4.18 所示。

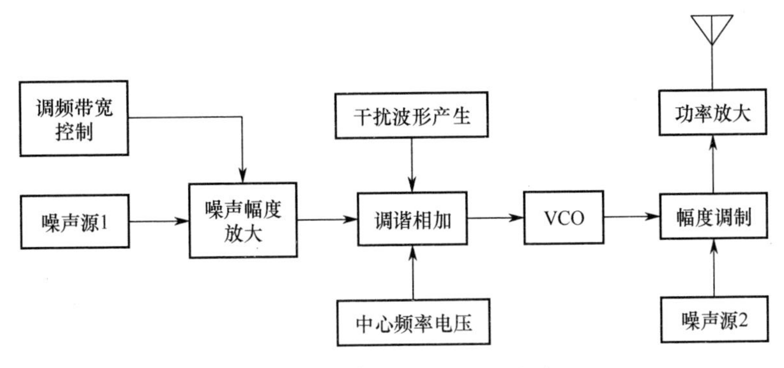

图 4.18　噪声调幅－调频干扰机

（3）干扰噪声的质量。

在干扰作战方案中，如果其他的参数保持不变，产生干扰噪声的方法（不论是瞄准式干扰噪声还是阻塞式干扰噪声）就决定了对某种雷达系统的干扰效果能达到何种程度。在干扰宽带频率捷变雷达的情况下，研究噪声干扰信号的设计准则是非常重要的问题。经过多次试验的结果证明：在同一架飞机上，具有相同平均辐射功率密度的不同噪声干扰，它们各自的暴露半径是不同的。如果一部干扰机的噪声信号设计正确，而另一部设计不正确，那么它们之间暴露半径的差别可达 10 倍或更多。噪声干扰质量的重要性，部分依赖于雷达所采用的目标测量方法。在本节中所讨论的质量问题是在两种不同的干扰机之间的比较，而被干扰雷达所采用的测量方式则是相同的。装载在飞机上的干扰机设备很大，价格昂贵，作战部队应该从这些装备中获取最大的干扰效果。在本节中将论述一些方法，以保证在一定功率条件下，对被干扰雷达具有最大的干扰效果，或者具有最好的干扰质量。

图 4.19（a）所示的波形为一部雷达的例子，它的脉冲宽度为 0.1μs，重复频率如图中所示，它的瞬时带宽为 10MHz，频率捷变带宽为 500MHz，频率捷变是在每个脉冲之间进行的。图 4.19（b）所示为一部阻塞式噪声干扰机的正弦波调频波形，它的总频率调制带宽范围为 500MHz，或者更宽一些。干扰机的中心频率对准雷达频率捷变带宽的中间频率，并且在雷达的脉冲宽度期间

进行 500MHz 范围的全部扫频，这就是在雷达的脉冲宽度期间进行正弦波半个周期的频率扫描。所以，整个正弦波周期的频率扫描是在雷达脉冲宽度的两倍时间内进行的，正弦波的扫描频率为 5MHz。这种方法能保证在雷达的脉冲重复周期内，在每个距离分辨单元中，不管雷达采用什么频率工作，都有干扰信号存在。虽然干扰机的阻塞式噪声的内部扫描速度为雷达脉冲带宽的 1/2 已经能满足要求，但通常采用雷达脉冲信号的全部带宽（在本例中为 10MHz），使其具有更好的安全因数。真正做到了这一点，在雷达的整个重复周期内，就没有一个雷达回波信号能够不受干扰。如果阻塞式噪声干扰机必须同时干扰多部宽频带频率捷变雷达，那么干扰机的扫频速率必须等于这批雷达中最宽的带宽。在这个例子中，干扰机的噪声扫描速率为 5000MHz/μs。这样的频率扫描速率是能够用现有的微波功率管产生的。扫描的波形不一定必须是正弦波，也可以是三角波或锯齿波。不管用什么扫描波形，都是一种调频信号，而且在理论上不产生调幅信号。为了使干扰信号能够通过雷达接收机中的交流耦合电路，在高质量噪声干扰信号中需要有噪声调幅信号。在雷达的通带中，纯粹的调频信号可能以一种直流电流出现，所以，在高质量的噪声干扰机中，要加上噪声调幅信号。

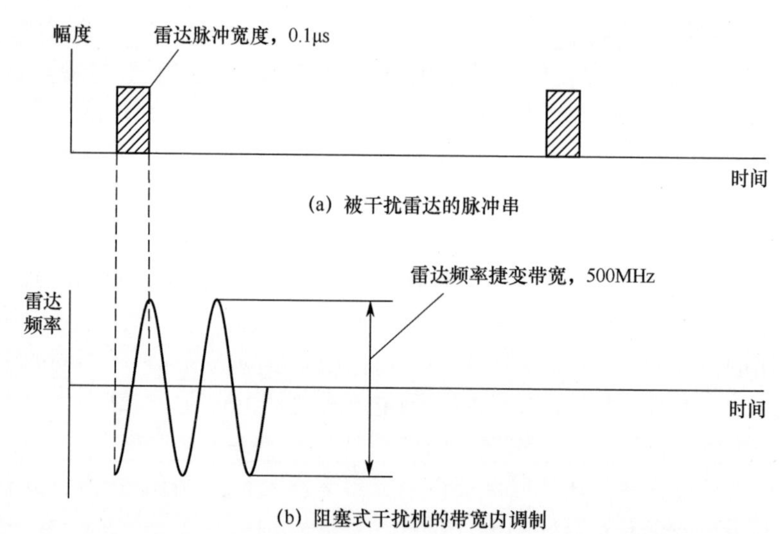

注：(1) 频率扫描速度 =500/0.1 =5000MHz/μs；(2) 按经验估计，正弦波扫频范围应该覆盖雷达的全部频率调谐范围，正弦波本身的频率应等于或大于雷达脉冲信号带宽的 1/2。

图 4.19　噪声干扰机的扫频带宽要求

图 4.20（a）所示为一种通用的高质量噪声干扰机的框图。其中，压控振荡器是射频能量的信号源。有 3 种信号经过信号相加和放大，来驱动这个压控

振荡器。第一种是直流电压，决定干扰机的中心频率；第二种是快速正弦波产生器所产生的信号（例如，正弦波频率为 10MHz），使压控振荡器频率变化的偏移量为被干扰雷达的全部工作频带；第三种是 5 ~ 10MHz 的噪声信号，由噪声源产生，使压控振荡器产生 10 ~ 20MHz 的频率偏移。经验证明，这样的噪声带宽应该约为雷达瞬时带宽的 2 倍。在这个例子中，这种带宽约为 20MHz。这样所产生的频谱比 10MHz 偏移量所产生的频谱更为平坦。最后，这种调制信号分布在输出频谱中各条 10MHz 谱线之间的空隙。在压控振荡器的输出信号进行放大和辐射出去之前，还由噪声源中 20Hz ~ 5MHz 噪声信号进行一次调幅。如前所述，其他波形的信号能够用来替代频率为 10MHz 的正弦波，锯齿波特别有效，因为这种波形产生烟囱状的频谱（两边陡直，中心部分平坦，旁瓣很低）完好地包含了噪声干扰信号，并且减少了不需要的频谱扩展。但是产生这种锯齿波与正弦波相比，需要更宽的带宽。20Hz ~ 5MHz 的幅度调制，降低了干扰信号的平均功率输出，降低功率的程度与调制深度有关。为了部分地克服这个缺点，可以取消幅度调制，而调整 20Hz ~ 5MHz 噪声调频信号的幅度，使压控振荡器的频率偏移达到被干扰雷达瞬时带宽的 3 ~ 4 倍。这种调频噪声快速穿过被干扰雷达的通带，从而在雷达中产生调幅干扰，其结果与噪声调幅干扰同样有效，但是采用这种方法，功率也有损失。功率降低以后，3 ~ 4 倍带宽的噪声调频范围就会减小，所以在设计时必须进行折中。不论采用哪种方法，在干扰信号内部增加调幅噪声时，设计的总要求都是干扰噪声必须非常接近被干扰雷达前端本身所产生的白噪声。干扰机输出的频谱及其瞬时值如图 4.20（b）所示。注意，正弦波调频的噪声干扰信号，在其带宽范围内的顶部平坦，非常良好地覆盖了雷达的全部工作频率范围。

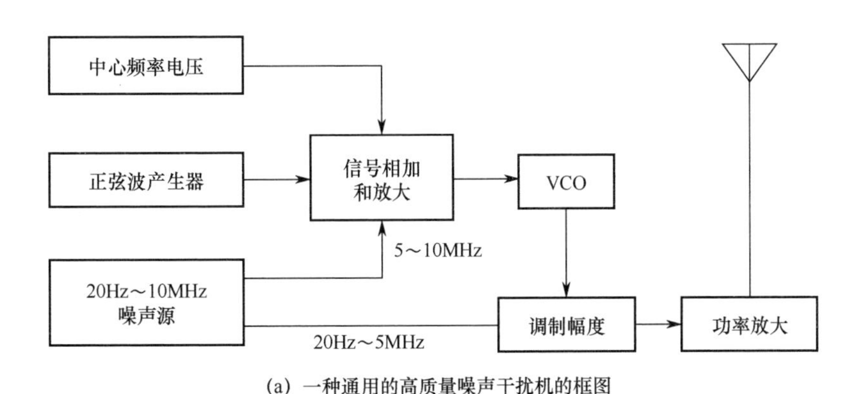

(a) 一种通用的高质量噪声干扰机的框图

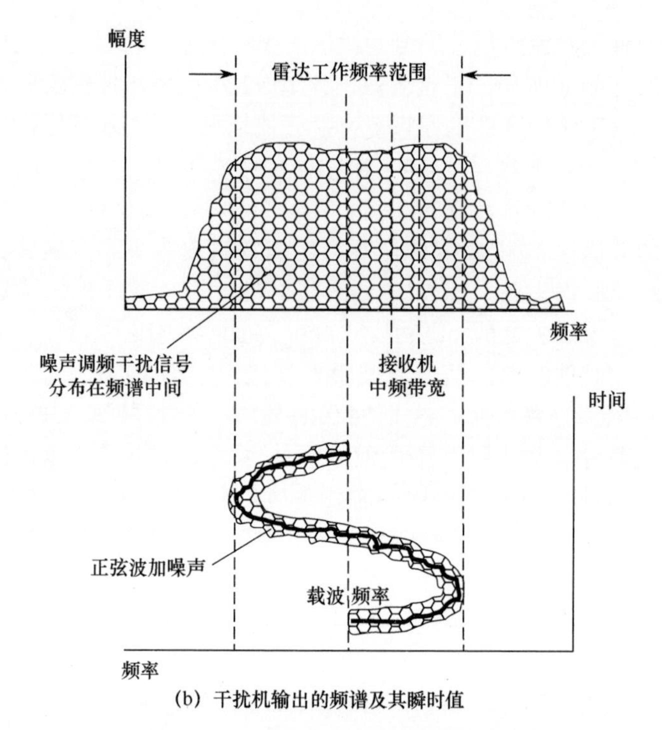

(b) 干扰机输出的频谱及其瞬时值

图 4.20　正弦波加噪声的调频干扰

图 4.21 所示为另一种噪声干扰机的设计，这种设计不宜推荐使用。在本节中介绍是为了指出噪声干扰机设计师们容易产生的一种错误，意图并不是要介绍一种不好的干扰系统的框图，而是认为有必要对此进行说明。因为这种设计已经用在许多正在使用的电子干扰设备中，从而使大量的、已经生产出来的设备必须加以改进，所以要花大量的经费。设计师为了简化改进方法和减少费用，采用增加噪声信号源输出功率的办法，使噪声信号对压控振荡器的调频范围增加几百兆赫兹，以代替增加一个正弦波调频或锯齿波调频的组合。这种设计所带来的问题是：噪声中的高频分量出现的工作时间很短，而且噪声的高频分量幅度也较小，频谱很差。换言之，这种方案不能保证不论雷达采用什么频率工作在被干扰雷达的每个距离分辨单元中产生干扰。增加噪声调制的带宽能够改进这个问题，但要花更多的费用。这是一种效果不好的噪声干扰机设计，这种干扰机的暴露半径，与本节所推荐的同样功率的干扰机相比，要大得多。这种设计仅对窄带雷达是有效的，但是噪声干扰机的设计，必须能对付许多类型的雷达，并且是有效的。所以，为了提供对各种雷达都有效的噪声干扰机，且效果安全可靠，应该采用图 4.20 中的框图。

2. 欺骗性干扰信号产生

1）储频技术

射频信号存储（RFM）是将雷达的射频脉冲信号保存一定的时间，需要的时候，再恢复输出。射频信号存储器是转发式干扰机中的关键部件，它在雷达的目标信号模拟、杂波信号模拟、无源干扰信号模拟等方面也有着广泛的应用。射频信号存储技术是欺骗干扰中最为常用的一种关键技术，常简称储频技术。

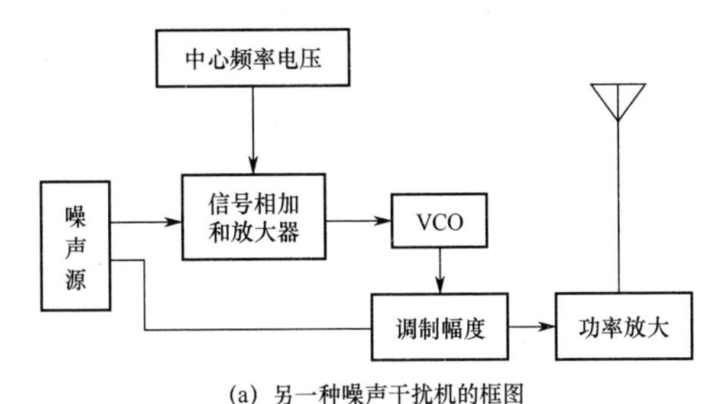

(a) 另一种噪声干扰机的框图

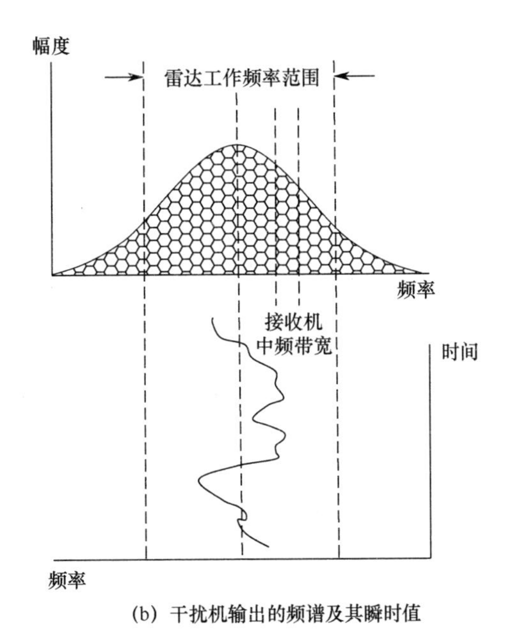

(b) 干扰机输出的频谱及其瞬时值

图 4.21　仅采用噪声调频的方案

在距离欺骗及假目标干扰中都需要使用储频技术将接收到的雷达信号频率储存一段时间，以实现干扰脉冲滞后于雷达信号一段时间。此外，储频技术还可用来使干扰发射与侦察接收不同时进行，在时间上错开，以解决收发隔离问题。

根据射频信号存储器的工作原理，主要分为模拟射频存储技术（ARFM）和数字射频存储技术（DRFM）。下面分别进行讨论。

（1）模拟射频存储技术（ARFM）。

直接保存模拟信号的射频信号存储器为模拟储频。射频存储主要有延迟线储频和储频环路储频。下面以储频环路储频为例进行说明。

串联式储频环路储频的原理如图 4.22 所示。输入射频脉冲经前置放大器放大后，加在储频环路中的高频开关上，并通过开关加到环路行波管的输入端上。在高频开关上还加上控制信号，该控制信号为一负方波，其前沿比输入信号脉冲前沿迟后 τ_i。当负方波作用于高频开关时，开关断开，所以射频开关接通的时间为 τ_i，这就保证了当不同宽度的射频脉冲加到射频开关上时，从开关输出的脉冲都有相同的脉冲宽度 τ_i。射频开关在控制信号的控制下对输入雷达脉冲进行取样，取样后的射频脉冲称为示样脉冲或指令脉冲。

示样脉冲经环路行波管放大后分两路输出：一路作为干扰的激励信号；另一路经射频迟延线迟延后，通过射频开关反馈到环路行波管的输入端。取环路的总迟延时间 τ_s 和示样脉冲宽度 τ_i 相等，并使环路的开环增益满足一定条件，就可以保证示样脉冲在储频环路中首尾相接地不断循环下去。

控制电路输出控制射频开关转换的控制方波，同时输出宽度与输入雷达脉冲宽度相等、可变迟延的视频调制脉冲。控制电路是受雷达视频脉冲的控制而进行工作的。

在图 4.22 中，环路行波管是串接在主信道中的，称为串联式储频环路。环路行波管还可以有另一种接法，称为并联式储频环路。前一种电路的优点是环路行波管可以兼作信号放大管，可省去一只行波管，因而体积、质量都可以减小；缺点是一只行波管要兼顾储频和放大信号两个方面的要求，难以达到两者都为最佳工作状态。

（2）数字射频存储技术（DRFM）。

从 20 世纪 70 年代起，军用雷达已经广泛采用脉冲压缩、脉冲多普勒和合成孔径雷达技术。所有这些技术都是基于相干信号处理技术。相干信号处理技术原本是作为在自然干扰环境中改进雷达性能的一种手段，也已证明它是一种强有力的电子反对抗措施（ECCM）。

干扰机不能有效对付相干信号处理的原因是发射的信号与原信号不相干，不能利用雷达施加在其回波信号上的相干处理增益。这种情况迫使电子战设计师开发出能够存储和转发输入雷达信号的相干复制品的方法。20 世纪 70 年代，发明了一种称为数字射频存储器（DRFM）的革命性的技术，这是一项重大突破，该装置非常适用于产生相干干扰。

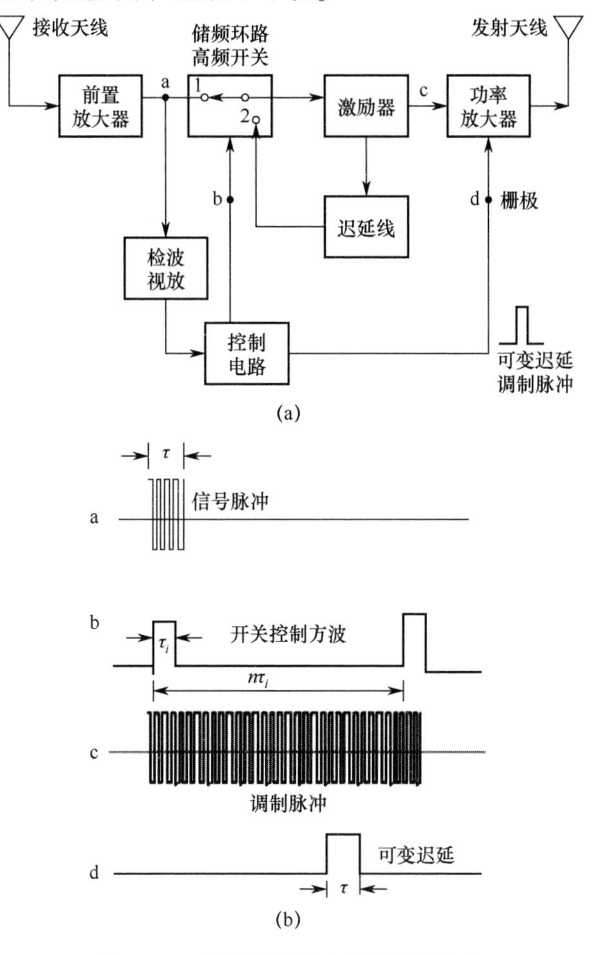

图 4.22　串联式储频环路储频的原理

① DRFM 的工作原理。

DRFM 的工作原理非常简单，难点在于其技术上的工程实现。如图 4.23 所示，用一个合适的本地振荡器把输入信号下变频到一个通用频段。然后再用一个本振把该信号变到基带内，生成同相信号 I 和正交信号 Q。这两个信号被采样并快速转换成数字格式，存储在数字随机存取存储器（RAM）里。如果变频用的振荡器足够稳定，那么存储的信号就能够保存输入信号的全部相位信息。

为了再生信号，必须以相同的时钟速度同时读存储器，产生存储信号的复制品，即 I 和 Q 两路信号。在 D/A 变换器的输出端，有一个与输入信号一样的信号，只是附加了一些由于采样量化过程引起的虚假分量。

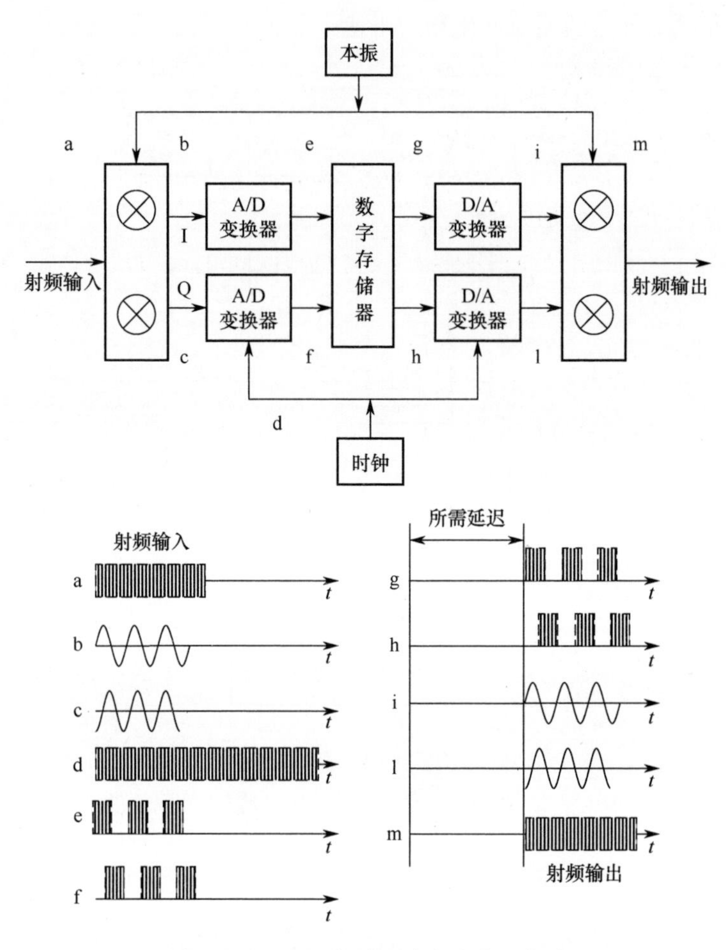

图 4.23 DRFM 框图和基本信号示意图

为了使这种虚假分量低，必须仔细选择位数。因为增加位数将要增加体积，尤其要增加散热量，所以必须进行折中考虑。存储器的带宽取决于时钟，理论上，采样频率是时钟频率的 1/2。因为有两个信道，即 I 和 Q，所以数字存储器的带宽与时钟频率一致。总结 DRFM 的特性如下。

a. 存储并相干地再生接收的信号。

b. 任意长度地延迟输入的信号。

c. 通过改变读出时钟的稳定性在接收信号的频率附近产生噪声。

d. 合成频段内的任意频率。

e. 产生相干干扰。

总之，DRFM 是一种由计算机直接控制、能产生相干与非相干干扰信号的装置。

② DRFM 的组成模块。

一个普通的 DRFM 至少包括以下主要器件。

a. 超外差上、下变频器（DUC）。

b. 量化器（ADC）和调制器及 DAC，在此称为前端（FE）。

c. 数字存储和控制器（RH&C）。

之所以要把射频信号变到基带内，是因为它与信息的分选问题有关。到目前为止，长时间和大容量存储信息的唯一方法是使用半导体存储器，半导体存储器是唯一能够存储数字信号的器件，所以，输入信号必须转变成比特流(下变频，并根据奈奎斯特准则数字化)。

由上述可知，DRFM 在原理上是简单的，但由于需要高速数字信号处理，在技术上变得很复杂。因为高速数字处理方面取得的进展，目前的 DRFM 不仅能满足存储和再生输入雷达信号相干复制品的基本要求，而且能使其他装置无法了解其信号变换的特性。例如，具有相位校正的转发式干扰机。

如上所述，DRFM 由以下 3 个主要模块构成。

a. DUC：即上、下变频器，使雷达信号在频域内发生变化；

b. FE：即把信号变成比特流的模数变换器(数字量化器)和相反的数模变换器；

c. RH&C：(RAM 处理和控制装置)。

DUC 是射频装置，其主要任务有两项：一是对射频频段的信号进行滤波，并且下变频到与 FE 匹配的一个合适的中频上；二是把 FE 的输出上变频到原先的射频频段上。

DUC 需要的技术与其他 ECM 超外差接收机中应用的技术是非常相似的，但在这种应用中，本振的参数特别重要。例如，当需要产生非常好的假目标时，就要求良好的本振稳定度和相位噪声。

FE 是更为重要的关键部件，因为 FE 不仅要满足模拟与数字两个方面的要求，还要满足速度要求。FE 有两个主要功能：一是把下变频器的中频信号变换成数字格式，并降低数据流变化的速率，以与 RH&C 电路板的存取速度相匹配；二是加速 RH&C 来的数据流，进行相位、频率和幅度调制，再把它从数字格式转变成模拟格式。FE 是宽带模拟器件和高速数字电路组成的混合电路。

RH&C 基本上是一块高速数字电路板，备有 RAM 和管理读、写过程所需的相关的控制元件，并且与外部留有控制接口，通过这个接口，ECM 系统就能命令实施以下任务：以一定的延迟量复制信号、存储进入的信号、对进入的信号进行分段、产生有一定带宽的噪声。

③ DRFM 的主要性能要求。

为了使 DRFM 系统适应现代电子对抗的要求，对该系统提出了以下性能要求。

a. 工作宽度（OBW）。工作宽度为 DRFM 系统能接收和处理的射频信号的频率范围。通过调谐或选择本振的方法，可使系统的工作带宽为瞬时带宽的若干倍。

b. 瞬时带宽（IBW）。瞬时带宽即基带处理器的频带宽度，它是由采样速率（系统时钟）所决定的。在单通道的 DRFM 系统中，瞬时带宽的值等于采样率的一半；而在正交调制的 DRFM 系统中，瞬时带宽的数值等于采样率。

c. 寄生信号抑制。寄生信号的主要来源有本振泄漏、镜像响应和交叉调制。寄生信号不仅降低了干扰发射的效率，而且容易成为寻的导弹的信标，并影响其他电子设备的工作。

本振泄漏：因为用于上变频的平衡混频器中本振与输出之间隔离度不够，它会导致瞬时带宽中心频率的连续波辐射。

镜像响应：由 DRFM 系统中上变频器的两个通道之间的幅度和相位的不平衡所引起。两个通道幅度和相位的不平衡使“对消”不彻底，因而产生不需要的镜像边带。

交叉调制：由于混频器的非线性，使输出信号包含输入信号频率之间的组合调制分量。这样，当两个频率分量作用于混频器时，就会在两个信号之间形成交叉调制分量，即使对单个信号，在方波的各次谐波之间也会形成交叉调制分量。

总的寄生信号能量对 DRFM 系统性能有重要影响，它不仅仅降低了干扰机的有效功率，更重要的是为敌方识别和干扰寻的构成一个显著的特征，寄生信号抑制的典型值为 17dB。

d. 动态范围。DRFM 的输入动态范围与其工作方式有关，在线性工作方式中，输入动态范围直接由量化比特数（分辨力）决定，即一位的量化对应于约 6dB 的动态范围，采用自动增益控制电路可以扩大系统的输入动态范围。在限幅工作方式中，输入动态范围可以做得很大，但它不适用于处理同时到达的信号。总之，DRFM 的动态范围主要决定于 A/D 变换器和 D/A 变换器的动态范围。

e. 存储器容量和工作方式。存储器的工作方式包括延迟转发、短期存储或两者兼有，不同的工作方式决定了所需存储器的长度和所能存储的威胁文件数。为了对多个威胁雷达进行干扰，通常存储器只存储每个雷达脉冲信号的一小段（示样脉冲）。采样率越高，信号持续时间越长，量化位数越高，它对存储器容量的要求也越高。

f. 读写时延。读写时延是指从威胁信号输入到复制信号输出所需要的时间。DRFM 的读写时延不能太大，因为在距离波门拖引应用中，DRFM 中产生的复制信号只有与敌方雷达的真回波信号进入同一距离波门中才能捕获该波门，从而产生欺骗干扰的效果。

g. 相干性。相干性可理解为接收信号与再现信号之间的相干程度。在示样脉冲工作方式时，必须考虑由于相位不连续引起的相干性变差的问题，此时必须通过相位校正技术来提高相干性。

④ DRFM 的量化方法。

DRFM 对模拟信号的量化方法主要有幅度量化法和相位量化法，分别称为幅度取样 DRFM 和相位取样 DRFM。

a. 幅度量化法。幅度量化法是传统的量化方法，是根据信号的幅度大小将信号量化为 2^n 个电平，其中 n 为量化位数。单通道幅度取样 DRFM 基本电路及量化波形如图 4.24 所示。

其具体量化过程是：首先由储频控制电路向 A/D 变换器发出启动方波①，使其按照采样时钟②对输入信号③进行幅度量化取样，A/D 变换器的输出数据序列依次写入存储器。在示样脉冲方式时，方波①的宽度为 τ，全脉冲方式时，方波①宽度与输入雷达信号的脉宽一致。在需要输出时，控制电路发出读出方波④，其宽度与输入脉冲的宽度一致。在方波④期间，按照读出时钟⑤，从存储器中依次读出数据，经 D/A 变换器、滤波器产生模拟信号⑥。在示样脉冲时读出的地址在方波④期间将循环若干次，全脉冲时的读出地址在方波④期间不循环。在一般情况下，读出时钟⑤与采样时钟②相同。

为了抑制上、下变频时的高次交调，单通道 DRFM 的采样率应大于信号带宽的 4 倍，才能保证所采信号不失真，要求如此高的采样率，当信号带宽较宽时很难实现。因此，使用比较广泛的是正交双通道幅度量化，其基本组成如图 4.22 所示。

正交双通道幅度量化 DRFM 一般采用正交下变频零中频处理技术，将截获的威胁信号分解成同相和正交两路信号，分别进行采样、量化、存储和变换。对于相同的瞬时带宽，它所需要的采样频率只有单通道的 1/2。但它需要双通道的幅相高度一致，并要求采用正交双通道的上、下变频处理。

b. 相位量化法。相位量化的概念与幅度量化不同，它将正弦波周期分成 2^n 个相位区间（n 是相位量化比特数），然后将每个相位区间产生的相位码存储起来，重构时将相位码变换成台阶式正弦波。例如，$n=3$，称为 3 比特相位量化，是把正弦波周期分成 $2^3=8$ 个相位区间，每个相位区间为 45°。相位量化的 DRFM 的结构与幅度量化的 DRFM 类似，区别在于相位量化 DRFM 以极性量化器取代了 A/D 变换器，用加权相加网络取代了 D/A 变换器，因此可以获得较高的采样率。

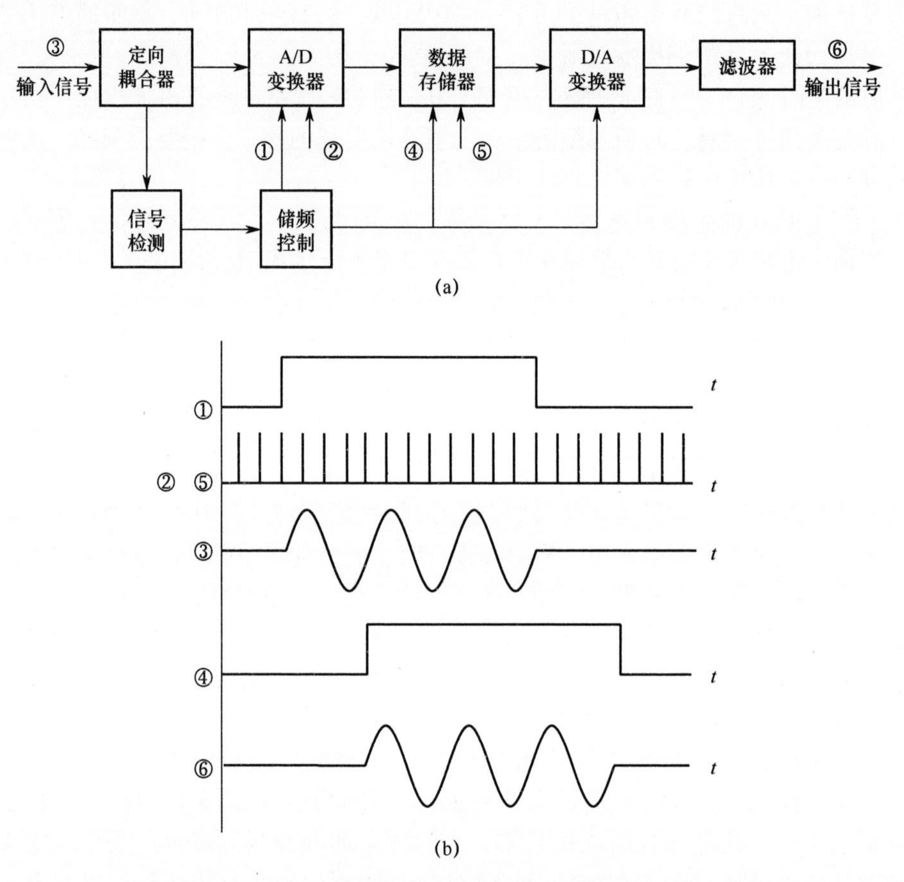

图 4.24　单通道幅度量化取样 DRFM 基本电路及量化波形示意图

⑤ DRFM 的优点

DRFM 的优点很多，首先在 ECM 设备中应用 DRFM 具备了数字处理相关的诸多优点，即可重复性、可靠性、灵活性、可编程能力及增长性能的潜力。

由于有了 DRFM，当今的 ECM 才能既作为欺骗干扰机，又作为噪声干扰机，而且 DRFM 允许实现相干和非相干两种干扰样式。相干干扰样式是对付波形编码和脉冲多普勒雷达非常重要的手段。

2）欺骗干扰技术

（1）距离欺骗干扰技术。

① 对距离自动跟踪脉冲雷达的距离波门拖引（range gate walk off，RG-WO）。这是一种用来对付距离自动跟踪雷达的自卫电子干扰技术，它捕获敌方雷达的距离波门并将距离波门拖引一定距离，然后停止拖引，使距离波门中无信号，这一过程通常是重复的。这种技术又称为距离波门捕获、拖引、欺骗、丢失、转移、选择或迷惑。用人工方法通常能有效地对抗距离波门拖引。

下述干扰过程为一般的距离波门拖引技术所采用，以对抗脉冲非相干距离自动跟踪雷达。

a. 干扰机接收到雷达信号，经最小延迟后进行放大，再发射出去，对雷达形成一个强的信标信号。

b. 由于自动增益控制的作用，信标信号使雷达接收机增益降低，同时抑制真目标的回波信号，并捕获距离波门。

c. 转发信号的延迟时间在脉间相继滞后或超前，拖离真目标信号位置的时间，等于若干个敌方雷达距离波门宽度，在拖引期间形成一个假目标。拖引函数可以取多种形状，但如果同时完成速度波门拖引，那么距离波门拖引函数的倒数应等于在时间轴上所有对应点的速度波门拖引函数。最大加速度不得超过敌方雷达距离跟踪的极限。

d. 达到拖引范围以外时，电子干扰转发器断开，或者发射瞄频噪声脉冲，使雷达无法进行距离跟踪。

e. 雷达进入再捕获状态，开始距离搜索，如果有可能，雷达再次捕获真目标。

f. 这个过程可以视需要重复进行。

实现距离波门拖引的方法很多，图 4. 25 和图 4. 26 所示为基本的方法。图 4. 25（a）所示为有一被射频存储装置隔开的两个行波管转发电路。因为距离波门拖引脉冲要在所接收的敌方雷达脉冲消失之后才发射，所以必须使用一个能储存敌方射频脉冲信号频率的装置，记忆时间等于最大拖引时间，通常为若干微秒。

视频程序装置以所接收的雷达信号获得同步触发脉冲，并能产生线性、抛物线、指数或其他所需形状的拖引函数。视频程序装置输出脉冲串中的每个脉冲导通行波管放大器而产生距离波门拖引信号。

除了产生存储的方法不同，图 4. 25（b）中的工作情况与图 4. 25（a）相同，所接收的信号由输入行波管放大器放大，然后变频成一般中频，在这里可采用多种形式的存储装置，如可以采用与图 4. 25（a）中的射频环路系统相似

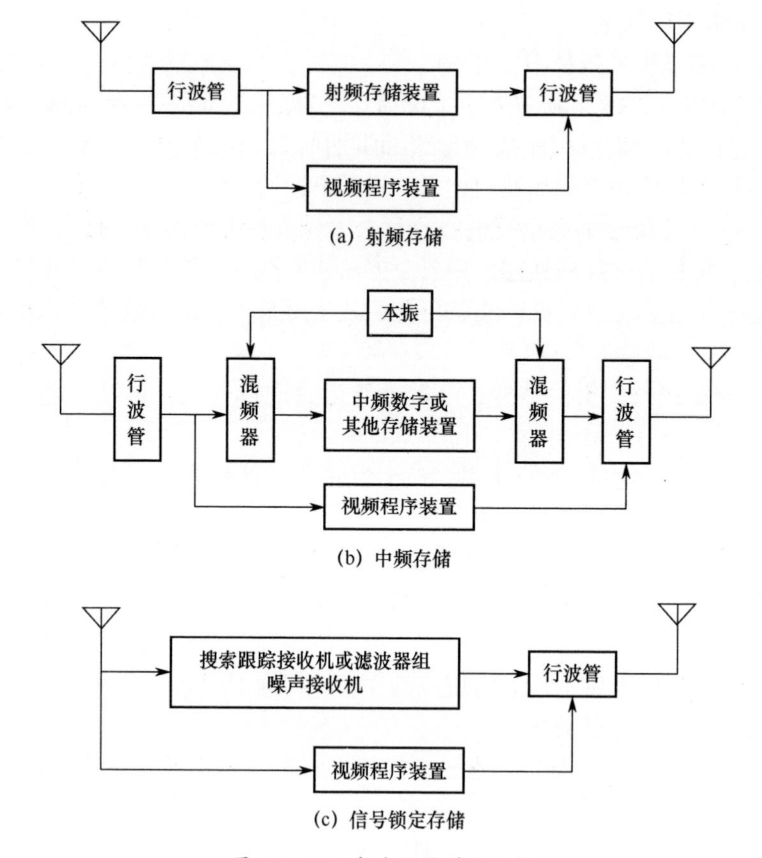

图 4.25　距离波门拖引方框图

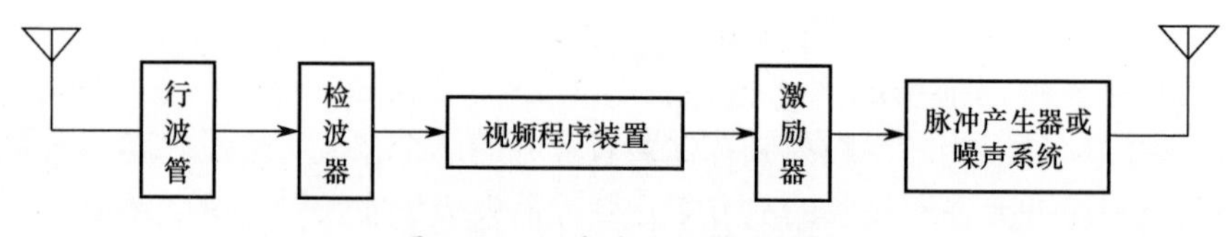

图 4.26　距离波门拖引方框图

的中频环路系统。快速数字计数器用来测量信号频率，也可以用存储装置，在该装置中保持信号频谱，并在稍迟一些时候进行读出。在图 4.25（c）所示的框图中，使用一种搜索跟踪接收机或滤波器组噪声接收机系统调谐到敌方雷达射频上，在任何情况下，所产生信号的噪声频谱都接近或包含敌方雷达信号的射频频谱。产生视频程序功能的同步方法是从雷达脉冲串中获得的，并按照需要使脉冲行波管放大器导通，从而输出距离波门拖引信号。由于这些存储装置能产生长时间的记忆，距离波门拖引电路的工作比仅受脉冲行波管放大器工作比的限制。

图4.26所示为另一种距离波门拖引电路。在这个电路中，敌方雷达的近似频率必须事先知道，脉冲发生器或噪声系统发射的射频频谱是宽的，并且带宽衰减损耗较大，因此在电子干扰方案和设计计算中须考虑这个衰减因素。视频程序装置保持与雷达脉冲信号同步，并接通信号源，以产生距离波门拖引脉冲。如果雷达是固定调谐，那么瞄准/阻塞干扰源将以瞄准噪声覆盖雷达的频率；如果雷达是可调的，那么覆盖整个雷达频段。

如前所述，视频程序装置必须与敌方雷达脉冲串同步。图4.27和图4.28演示了这些同步是如何实现的。

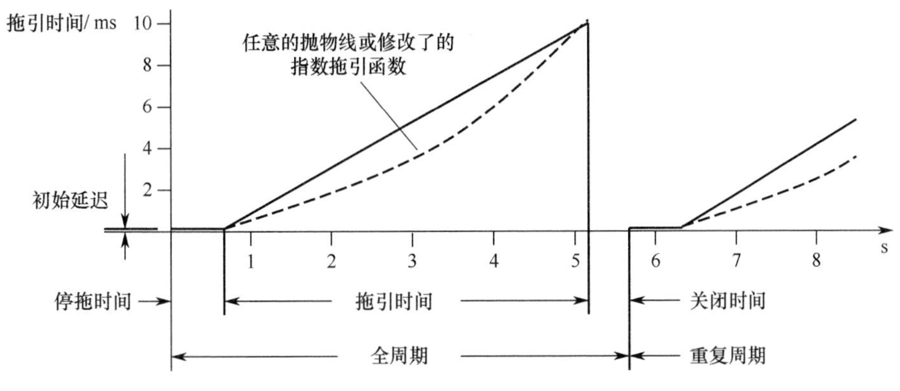

图4.27　距离波门拖引视频程序波形

在图4.27中，为了便于说明视频程序的作用过程，使用了实际数值，而在具体应用中，这些数字会有较大的不同。纵轴上的数字表示拖引时间，以微秒为单位，每微秒对应的雷达距离为492英尺（约149.96m），若需要，则可用距离表示纵坐标，横坐标表示时间（s）。由于借助于距离波门拖引掩护飞机的攻击时间相当短，因此最大拖引时间颇为重要，这将决定在一次特定的攻击中，可能有多少个距离波门拖引周期。

如图4.26所示，在电子干扰转发器中，总是存在初始延迟。为了有效地工作，这个延迟时间应为雷达距离波门宽度很少的一部分。仅是为了捕获雷达的自动增益控制，才需要停拖时间，通常为零点几秒。拖引时间可以采用各种波形。图4.27中示出了线性和抛物线两种形状，这两种波形是常用的，因为它们模拟了真目标的特性。注意，不要超过雷达的距离跟踪速度极限，否则雷达将自动地丢掉距离波门拖引脉冲。当达到最大拖引距离后，距离波门拖引系统就短时间关机，然后重复这个过程，如果再接收不到雷达信号，距离波门拖引系统将保持在不工作状态，直到另一个雷达信号出现为止。

图 4.28（a）所示为距离波门拖引系统接收的敌方雷达脉冲串，这些脉冲是周期性的，此信号经放大并被拖引，如图 4.28（b）所示。在停拖时间内，雷达脉冲得到增强而作为信标信号以距离波门拖引系统最小延迟送回到敌方雷达，典型的延迟数据为 0.15μs。在所示的停施 0.5s 的例子中，有许多脉冲被转发。进行拖引的时间为 5s，如前所述，这个 t 值可以改变，在 5s 达到最大延迟，此后距离波门拖引系统关闭 0.5s，如果需要，拖引周期可以重复进行。如果敌方雷达的脉冲重复频率为 1kHz，在一个“拖引 - 停拖”周期时间内将转发 5500 个脉冲。

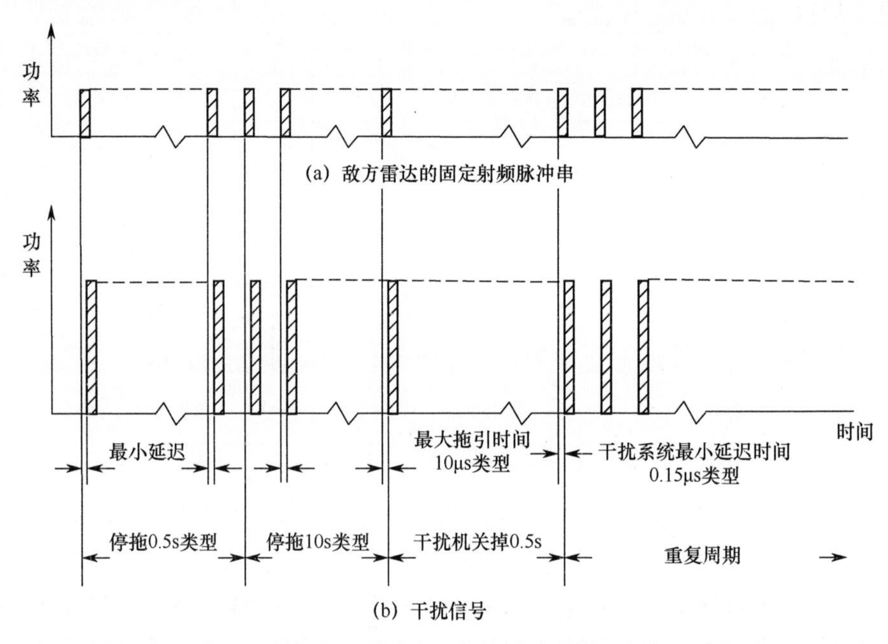

图 4.28　距离波门拖引重复频率波形

一个成功的距离波门拖引能加强同时使用的其他电子干扰技术的效果，因为一旦敌方雷达的距离波门被拖引开，就没有实际目标的雷达回波信号而仅有干扰信号进入雷达接收机，干扰信号比就变成无穷大。

② 对调频连续波雷达的距离波门拖引。

距离波门拖引是对抗调频连续波自动距离跟踪雷达的一种自卫电子干扰技术。此技术能捕获敌方雷达的距离波门，并将其拖引一定距离，然后停止拖引，留下无信号的距离波门。

调频连续波雷达是由 Hovanessian 给出的各种雷达波形中的一种，对发射的射频信号进行调频来完成距离跟踪或测量。图 4.29（a）～（d）所示为 4

个这样的调制波形。在每种情况下，发射的调频波形与接收的调频波形之间的延迟与目标距离成正比，并按照雷达双程距离来延迟。

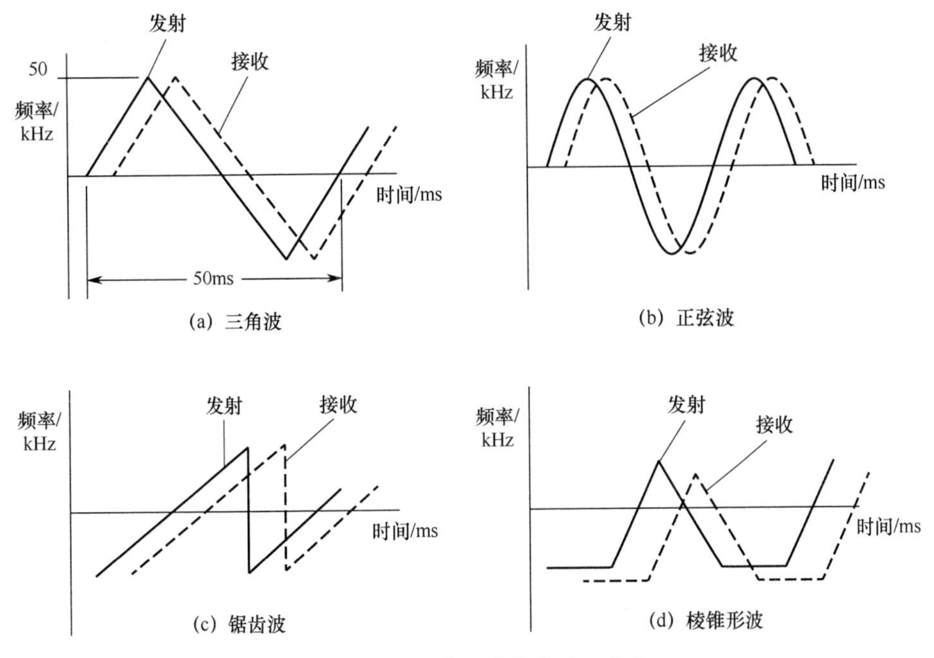

图 4.29　调频连续波雷达测距波形

在下述关于距离波门拖引的讨论中，将以图 4.29（a）三角波调制为例（下述电子干扰技术的分析，能同样有效地运用于对抗其他类型的调频波形）进行讨论。此雷达的工作频率为 10 ~ 10.5GHz，目标会产生一个约 3.4kHz（镜像时速为 100n mile/h 时）的多普勒频移。当用距离波门拖引技术对抗脉冲自动跟踪雷达时，电子干扰设备设计师必须采用某种射频存储器，以便在敌方雷达脉冲消失之后，利用存储的射频功率产生脉冲。然而在调频连续波雷达情况下，电子干扰设备输入端可连续获得敌方雷达信号功率，所以不需要射频存储器，采用先消除输入信号中有关调频测距特性所产生的很小的频率变化，然后把信号用逐步延时的调频测距波进行调制，从而完成距离波门拖引电子干扰的作用。此类系统是同时发射和接收的，所以在运载体上进行实际安装时，要求天线应有足够的收发隔离度。

图 4.30 ~ 图 4.32 将作为以下讨论的参考（图 4.31 和图 4.32 中的大写字母表示在图 4.30 中相应点的波形）。

图 4.31（a）所示为所接收到的雷达信号。此雷达频率调制波是一个三角波，如图 4.32（a）所示。假设被自卫电子干扰掩护的平台以恒定速度接近敌

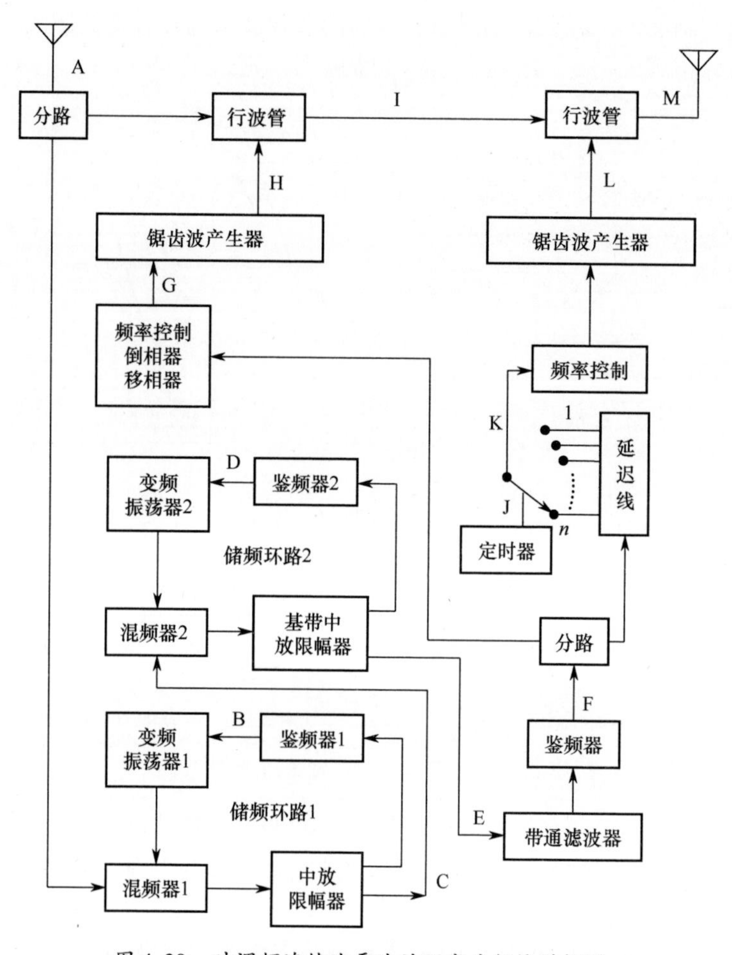

图 4.30　对调频连续波雷达的距离波门拖引框图

方雷达，则电子干扰机所接收到的输入雷达射频信号只产生单向多普勒频移。该信号馈至第一级行波管和混频器 1。本例中，敌方雷达可能工作在带宽为 500MHz 的某一固定的载频上，故在混频环路 1 中采用粗频率自动控制系统，图 4.31（b）示出了其鉴频特性。变频振荡器 1 以搜索方式工作，截获到信号时，进入跟踪状态，最后变频振荡器 1 稳定在一平均射频上，此频率与输入射频之差等于中频放大器的中心频率。变频振荡器 1 的环路时间常数比 50ms 的测距周期长，这一自动频率控制环路在输入射频范围内变化，或者其他电气和环境条件变化的情况下，将保持该平均频率值的变化在 ±0.5MHz 的范围内，图 4.31（c）所示为环路 1 的输出信号。该信号具有连续线性频谱，其频谱随时间在 1MHz 带宽内变化，此时信号载频的不确定性已被消除，但其中仍含有调频信息。此信号馈至混频器 2，混频器 2 是精密的基带自动频率控制系统的一部分，该系统带宽为 1MHz，并包括一个具有图 4.30（d）所示特性的鉴频器。此环路的锁定精度约为 ±500Hz。变频振荡器 2 环路的时间常数也较 50ms 的测距周期长，因为与混频器 2 相连的自动频率控制系统的变频振荡器，借助于基带中频放大器限幅器 2 的反馈，保持锁定在 C 点的输入信号上，从而带通滤波器将允许此环路的输出信号通过，如图 4.31（e）所示，为此，储频环路 2 的锁定时间必须大于 0.1s。在带通滤波器后面的鉴频器工作在低的视频频带内，其输出波形如图 4.31（f）所示。此波形用来测量频率偏移和确定敌方雷达调频波的各种特性，这一信号加到一个交流耦合的频率控制倒相器和移相器上，移相器要对变频振荡器 2 环路中积分所引起的相移进行补偿，通过交流耦合将有效地去掉直流分量，此倒相三角波如图 4.31（g）所示。如图 4.31（h）所示，锯齿波发生器提供一个频率可变的锯齿波，开始是负斜率而且频率是逐步增加的，此锯齿波的极性和频率随着三角波函数而变，并将对第一级行波管放大器进行线性移相变频，图 4.31（i）所示为最后的信号，由于调频信号中的测距调制已经消除，因此这种信号可以应用于电子干扰的调制。

鉴频器的输出还送至一个抽头延时线，为便于参考，现将图 4.31（a）重新画于图 4.32（a）。此抽头开关－定时电路具有图 4.32（b）所示的函数关系。此函数关系类似于在脉冲雷达距离拖引一节曾叙述过的函数关系，如图 4.35所示。图 4.32（c）所示为调制后的三角波，此三角波按照图 4.32（b）中的函数关系逐次延时 1、2、…、n，至此频率控制就建立了锯齿波序列，如图 4.32（d）所示，此锯齿波用来对第三级行波管放大器进行线性移相变频。图 4.32（e）所示为输出的射频信号。电子干扰的输出信号将偏移 ±50kHz，而三角波的频率调制波形随时间缓慢地向前移动，如前所述，在第二级行波管放大器放大之前，已消除了输入信号的测距调频分量，设计这样一个系统，其干扰信号比可高于 20dB。

③ 采用数字射频存储器的距离假目标产生器。

这是一种对付相参、非相参搜索、跟踪雷达的自卫干扰或远距离干扰技术，它以数字射频存储器为基础，接收到敌方雷达每个脉冲后都可产生许多假目标。其原理框图如图 4.33 所示。

接收到的雷达信号经过混频，将其频率降低到数字射频存储器工作的频率范围内。用一个稳定本地振荡器进行下变频和上变频，根据混频的要求，这种方法能保证输入脉冲和输出脉冲之间的相参性。数字射频存储器能够产生一个脉冲或多个脉冲，它们在时间上偏离开接收脉冲的位置。在图 4.33 中，接在降频混频器之后的功率分配器，给出被检测输入信号的频率点，并用于启动数

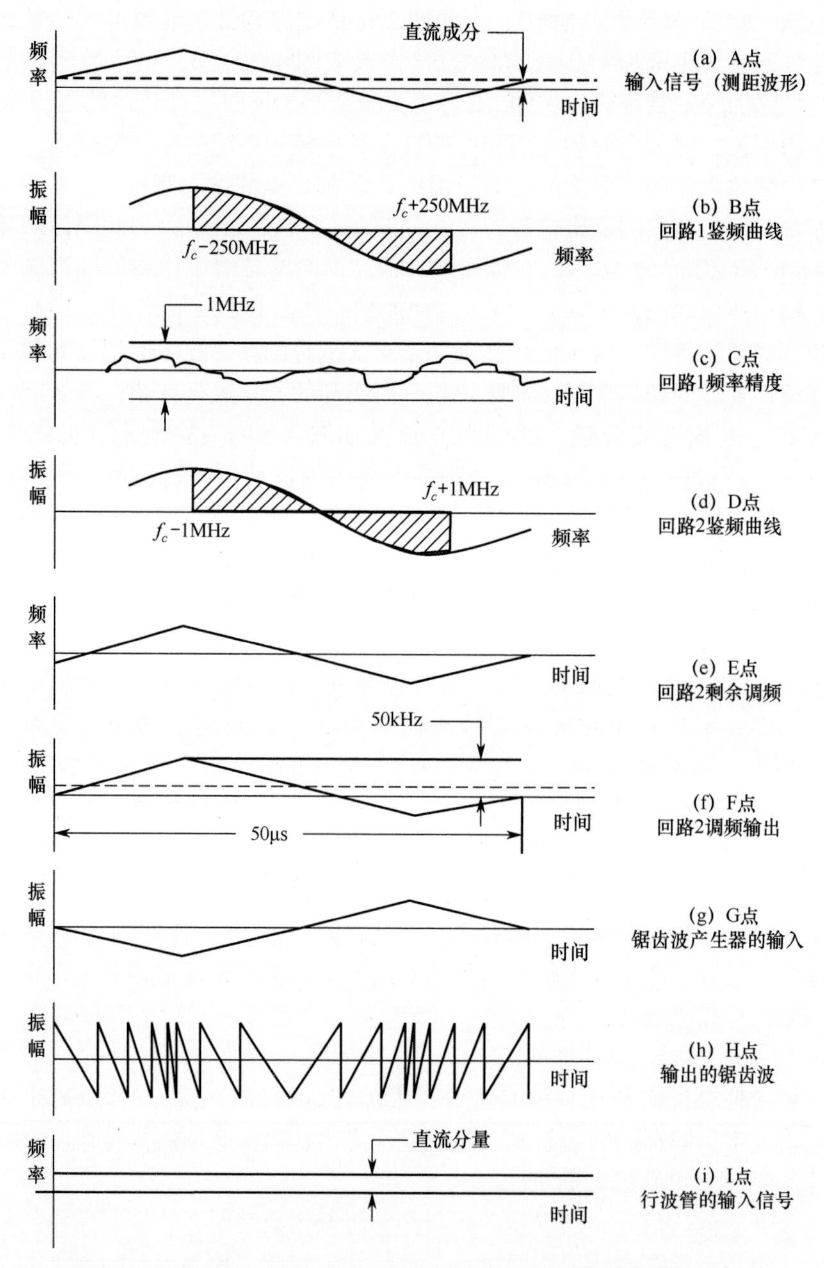

图 4.31 对调频连续波雷达的距离波门拖引框图中对应点波形（一）

字射频存储器的工作模式。数字射频存储器的输出经过放大，又混频上变频至原来的射频，再进行放大，以高功率辐射出去，送回到雷达。图 4.33（a）所

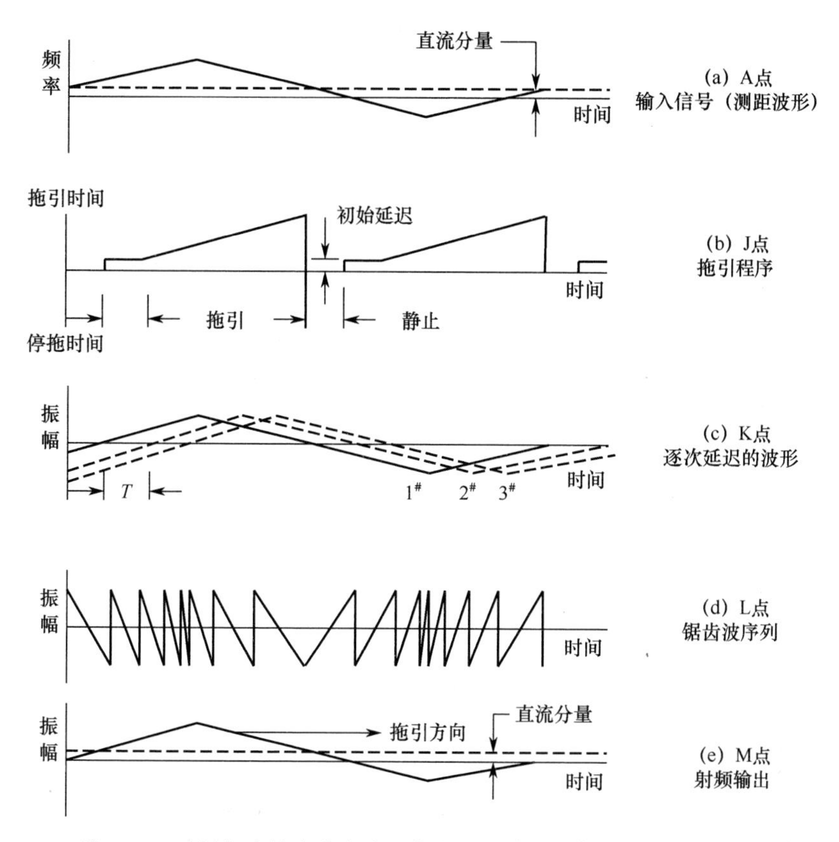

图 4.32　对调频连续波雷达的距离波门拖引框图中对应点波形（二）

示的输入雷达信号脉冲串是以下 3 种工作模式的参照脉冲。图 4.33（b）所示的距离门拖引假目标是一种自卫干扰技术，这种方法对付相参雷达是有效的，因为数字射频存储器的工作是相参的，而且如上所述，下变频和上变频的两次混频是严格控制的。

如图 4.33（c）所示，对于每个输入雷达脉冲，数字射频存储器输出的脉冲是连续不断的，直至接收到另一个输入脉冲为止。这个过程在被干扰雷达的整个脉冲重复周期中连续进行。然后数字射频存储器更新频率，再产生许多连续的输出脉冲。这样，对所有输入脉冲连续进行，从而产生一种连续波输出干扰信号，在脉冲之间没有间隔。所有这些脉冲是相参的，在雷达内部看起来是一连串脉冲，它们在距离上以脉冲宽度为分隔（或者在脉冲压缩雷达中，以未经压缩的脉冲宽度为分隔）。如果这种信号在辐射出去以前加上一些噪声调制（在图中没有表示），就可用作远距噪声干扰机的信号源。这样，只要在频率上对信号进行调制，就能产生一种高质量的噪声干扰信号。这种信号用于对付脉冲多普勒雷达非常有效，因为这种雷达在处理目标的多普勒信息时必须停留在同一频率上。干扰信号是在每个脉冲的基础上对准频率，干扰机所产生的全部噪声功率都在被干扰雷达的带宽之中，因此这是一种甚窄频带的干扰机。

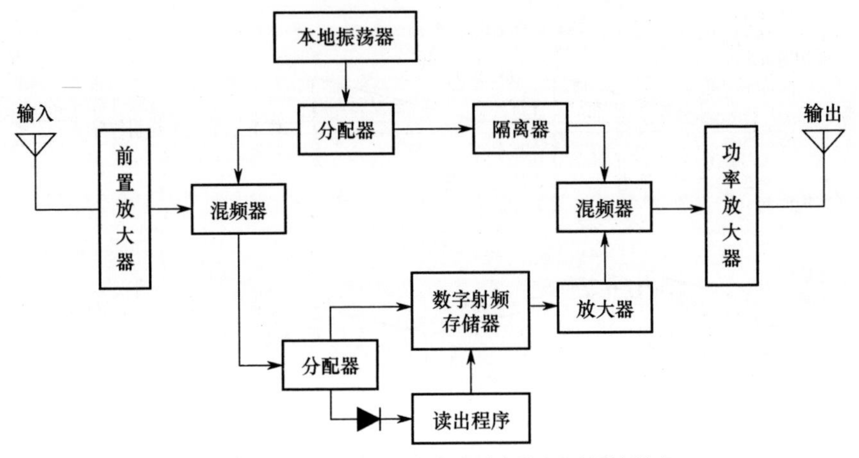

注：对付单部雷达时，可以用分频和倍频技术代替混频技术。

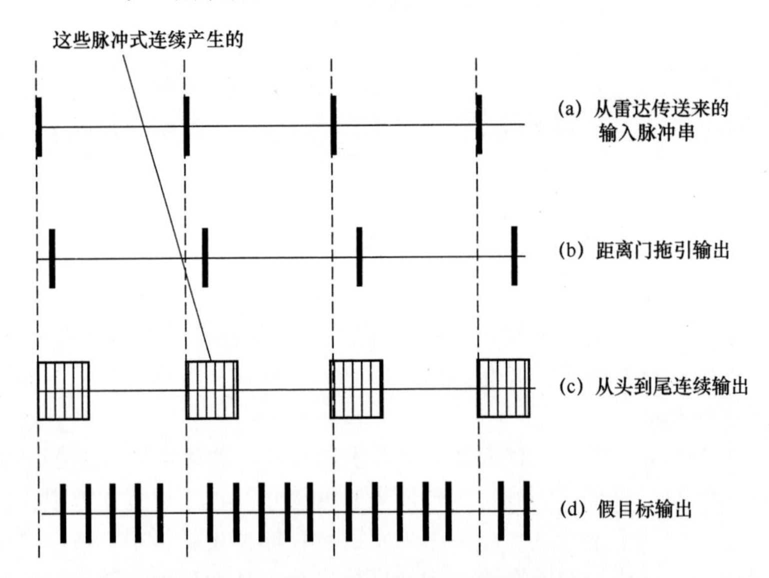

图 4.33　采用数字射频存储器的距离假目标产生器

图 4.33（d）所示为在每个输入脉冲的后面产生许多目标。例如，这些目标相互之间的距离是 10 英里（约 16093.4m）。如果远距干扰机用这种技术对付一部采用副瓣匿隐技术的雷达，那么雷达将不处理这些从副瓣进入的假目标。当干扰机干扰频率捷变雷达时，凡是距离近于飞机的假目标将不能进入雷

达，而所有处于攻击机后面排成一列的假目标，仍能进入雷达得到处理和通过，但是还是有办法能使时间上迟后的假目标有效地干扰频率捷变雷达。

(2) 速度欺骗干扰技术。

① 行波管线性移相变频（TWT serrodying）。

对射频信号进行线性移相变频的过程是用一个受控移相器使输入射频信号的载频f_i做向上或向下变频，这样输出信号的载频变为$f_i \pm f_s$，其中f_s为线性移相变频所用的锯齿波移相信号的频率。

设输入信号为

$$s_i = A\sin(2\pi f_i t) \tag{4.3}$$

式中：A 为常数。假如加入线性移相，则

$$s_i = A\sin(2\pi f_i t + Kt) \tag{4.4}$$

式中：K 为相位的恒定变化率。经整理得

$$s_i = A\sin\left[2\pi\left(f_i t + \frac{K}{2\pi}t\right)\right] \tag{4.5}$$

设$f_s = \dfrac{K}{2\pi}$为频率的变化量。

线性移相变频也可以看作载波和另一个边带抑制特性良好的单边带调制器，在干扰设备中，行波管用作放大时，还能进行线性移相变频，如图 4.34 (a) 所示。

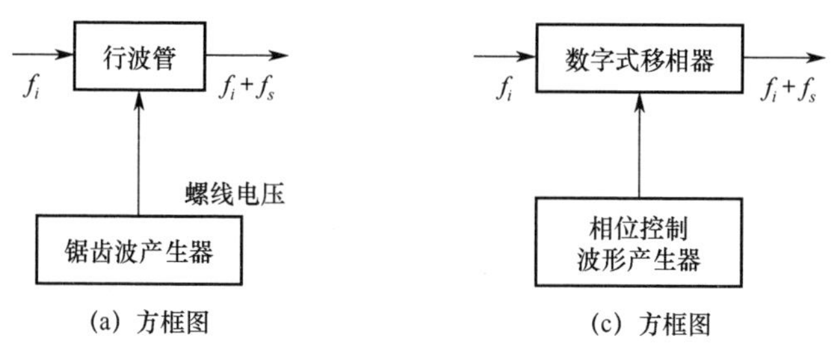

(a) 方框图　　(c) 方框图

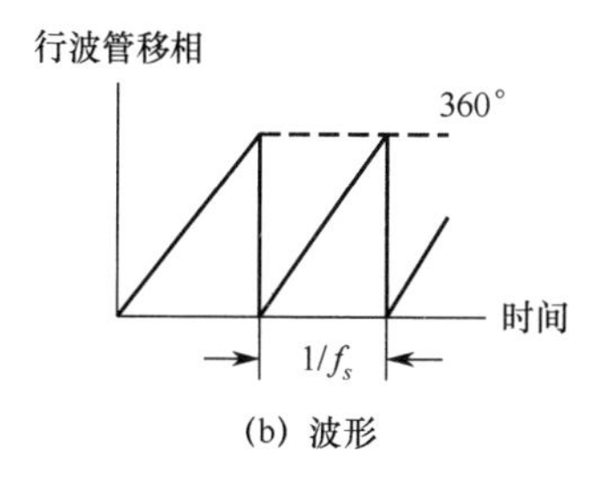

(b) 波形

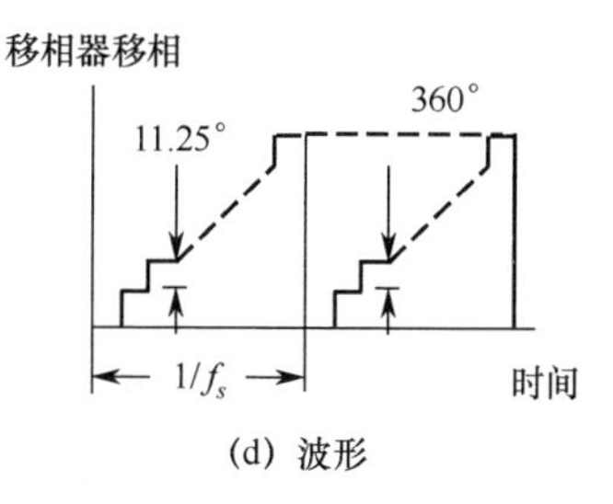

(d) 波形

图 4.34　线性移相变频过程

改变行波管螺线电压，如图4.34（b）所示，被放大了的信号的相移也就随之改变。如果此相移在总相移达到360°整数倍前一直是线性变化的，同时螺线电压很快恢复到它的原有值，那么，此输出信号的频率变化量将等于锯齿波的频率。

实现线性移相变频的另一方法是使用数字式可控移相器装置，如图4.34（c）所示。这是一组固定移相器组件，它能按正确的顺序接通和断开耦合电路，从而以步进方式改变通过该装置的信号的相移，图示的移相器组的最小固定相移为11.25°，0°~360°有32个台阶，它线性移相变频性能良好，如图4.34（d）所示。在上述两种线性移相变频情况下，每单位时间相移的直线性和回扫速度，将决定输出信号线性移相变频的好坏。

② 速度波门拖引（velocity gate walk off，VGWO）。

这是一种自卫电子干扰技术，用来对付自动速度跟踪雷达，它首先捕获敌方雷达的速度波门，并在速度上进行拖引；然后停止拖引，使速度波门内没有信号，上述过程是重复进行的。

对付自动速度跟踪雷达的典型干扰程序如下。

a. 收到的雷达信号被相干放大后，再辐射出去，给雷达一个强的转发（或信标）信号。

b. 由于自动增益控制的作用，大的转发信号引起雷达接收机的增益下降，因此抑制了真实目标信号，并捕获住敌方雷达速度波门。

c. 电子干扰转发信号的多普勒频率顺序变化，以增或减的方式拖离真目标的多普勒频率，比真目标多普勒频率高许多倍（或者下拖时，就只是真目标多普勒频率的几分之一）；拖引的速度不超过敌方雷达的跟踪能力。这可用单边带载波抑制调制技术来实现，其中的一种就是对行波管放大器进行线性移相变频。在拖引过程中，能建立起假速度目标。拖引函数可能有多种形式，但是，如果和距离波门拖引同时进行时，那么距离波门拖引函数在所有时间的对应点上的导数，应该等于速度波门拖引函数。

d. 到了拖引的极限，干扰转发器关闭，使雷达跟踪中断。

e. 雷达进入再捕获状态，同时开始多普勒信号搜索，也有可能雷达又捕获到真目标，但是，雷达也可能错误地锁定于低电平的假信号。

f. 重复上述拖引过程。

上述干扰过程是对常规的速度波门拖引技术而言的。

图4.35（a）是最常见的速度波门拖引系统，即线性移相变频的连续波行波管放大转发器的方框图。这是一种对付连续波多普勒寻的导弹有效而廉价的干扰机。如图4.35（a）虚线所示，用收发共用天线的设计方案，可以做得更

为经济。用一个环行器隔离收发信号，但是没有足够的隔离度来补偿行波管放大器的增益。因此，输入信号和输出信号被交替选用，致使发射和接收不能同时进行。敌方雷达接收机接收到工作比小于50%的干扰转发信号，仍能获得有效的干扰作用。为了延迟发射，必须存储选通的射频信号，对此，要用延迟时间等于选通周期 k 的延迟线，这个延迟必须是相干的，并且要有相当长的持续时间，为了获得这样的延迟元件，有时需要混频成中频。

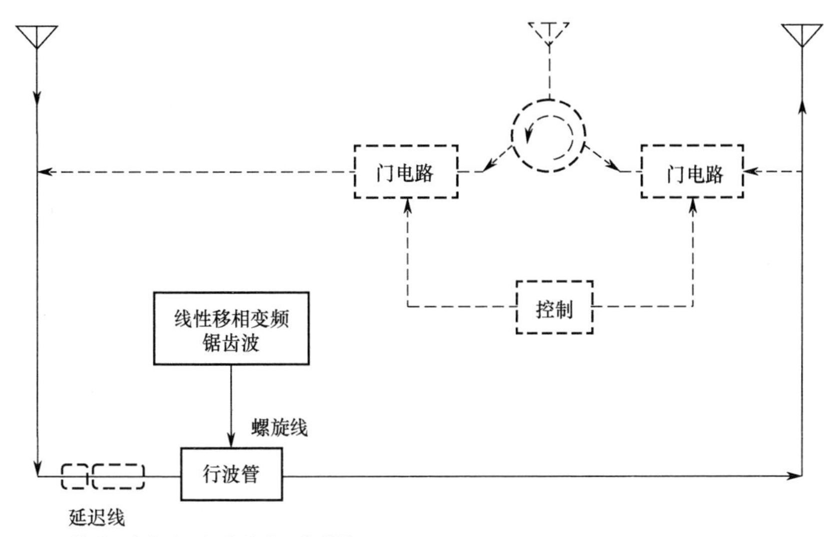

(a) 方框图

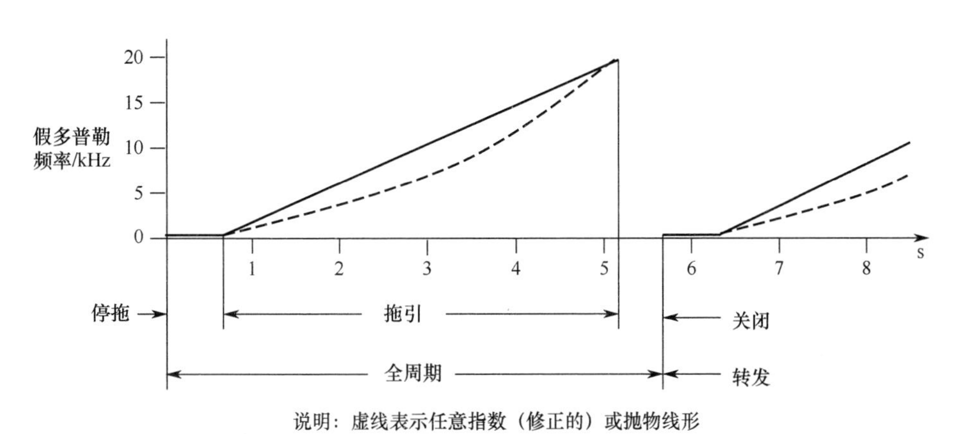

(b) 视频程序

图 4.35 速度波门拖引方框图和视频程序

为了便于说明，图 4. 35（b）用实际数字示出了视频程序过程。在实际应用中，可能与这些数字出入较大，纵坐标表示拖引的多普勒频率（kHz），横坐标表示时间（s）。如果由速度波门拖引保护的飞机的给定攻击时间仅取几十秒，那么最大拖引时间就显得很重要了，因为仅可能实施若干个速度波门拖引周期。

如图 4. 35 所示，线性移相变频电子干扰系统中总是有起始的多普勒频率，否则它要用很长的时间来产生极低的多普勒频率。

20Hz 起始频率的设计可以认为是很好的，而且也是最常用的，成功的经验证明，应使起始频率等于或小于敌方雷达多普勒分辨力的 25%。停拖时间只是为了捕捉雷达的自动增益控制，一般取零点几秒。拖引时间函数可以是各种各样的形状，如图 4. 35 中所示的直线形和虚线表示的抛物线形，或者修正的指数形状。拖引的多普勒频移不要超过敌方雷达的跟踪加速度，否则雷达会自动丢掉速度波门拖引信号。速度波门拖引系统关闭片刻，然后再重复拖引过程，如果不再接收到雷达信号，那么停止实施速度波门拖引，直到另一个雷达信号收到为止。成功的速度波门拖引有助于提高其他同时使用的干扰技术的干扰效果。一旦敌方雷达的速度波门被拖引开，就没有实际雷达目标回波信号，所以干信比变成无穷大。当同时实施速度波门拖引和距离波门拖引时，应考虑它们之间的同步问题。如果转发器使用连续波行波管放大器，必须仔细地设计系统的关闭时间。因为高灵敏度的速度跟踪系统，能跟踪宽带行波管的噪声功率，从而能在整个关闭 - 停拖 - 拖引时间周期内成功地进行角度跟踪。

图 4. 36（a）示出了进行双重线性移相变频的一种方法。用这种方法来进行线性移相变频，可使线性移相变频的起始频率为零，这里使用了串接的两个线性移相变频器。第一个是用随机调制的正向锯齿波进行调制，如图 4. 36（b）所示，其线性移相变频的频率变化范围从 f_a 到 f_b。这些频率可以选得相当高（100 ~ 200kHz），以使产生各锯齿波只需 5 ~ 10μs。第二个线性移相变频的频率是固定的，为 $(f_a + f_b)/2$，如图 4. 36（c）所示。因为它们是负向锯齿波，所以输出频率将向下移，速度随机变化的频谱将集中在输入频率附近。图 4. 36（d）所示为总的输出频谱，输入频率附近没有凹口。

③ 速度欺骗。

图 4. 37 所示为一个一般的速度欺骗系统的方框图。信号被接收后分成 n 路。如果需要，每路都可以用鉴频的方法，多锯齿波程序器和产生器给每一通道以独特的速度程序，也可用串联方法，在这种情况下，给定的输入信号不止一次被线性移相变频，所有通道的输出信号相加、放大，然后再发射给敌方雷达。

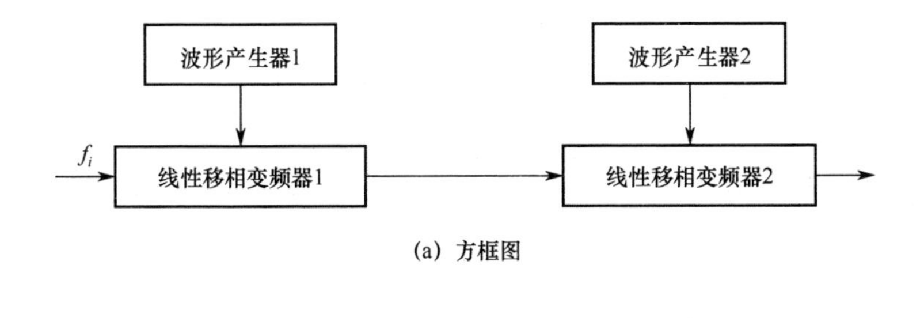

(a) 方框图

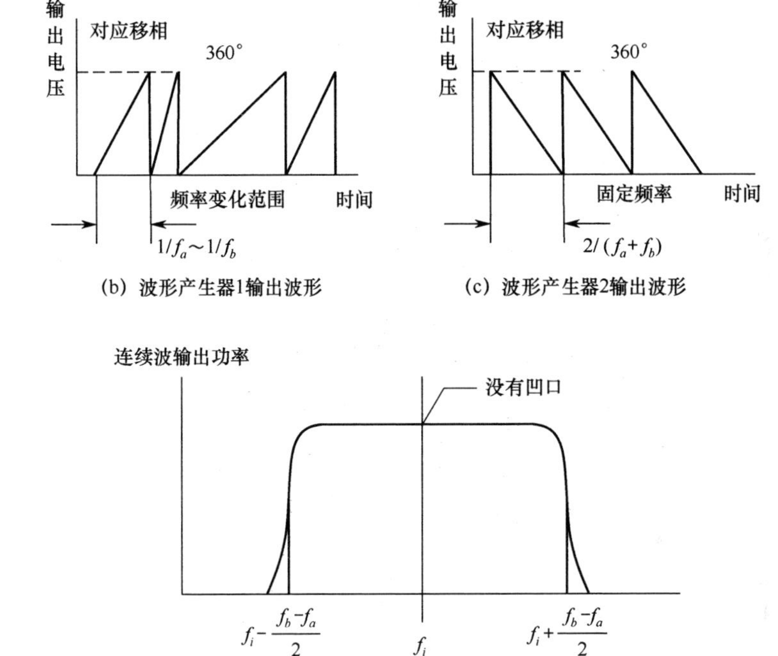

(b) 波形产生器1输出波形　　(c) 波形产生器2输出波形

(d) 输出频谱

图 4.36　双重移相变频

(3) 角度欺骗干扰技术。

① 对付锥扫雷达的逆增益干扰。

这是一种用来对付锥扫跟踪雷达的自卫角度欺骗技术，当干扰信号比为 20dB 以上时，它能使雷达很快中断角度跟踪，而在干扰信号比小到 10dB 时，也能中断角度跟踪。图 4.38（a）所示为这种干扰技术的原理框图。

行波管链由一个输入连续波行波管与一个输出脉冲功率行波管组成。每个输入雷达脉冲都在检波器 2 中检测，并用于激励脉冲产生器，脉冲产生器的用途是逐个脉冲地导通输出功率行波管，末级行波管的快速导通很重要，以便使

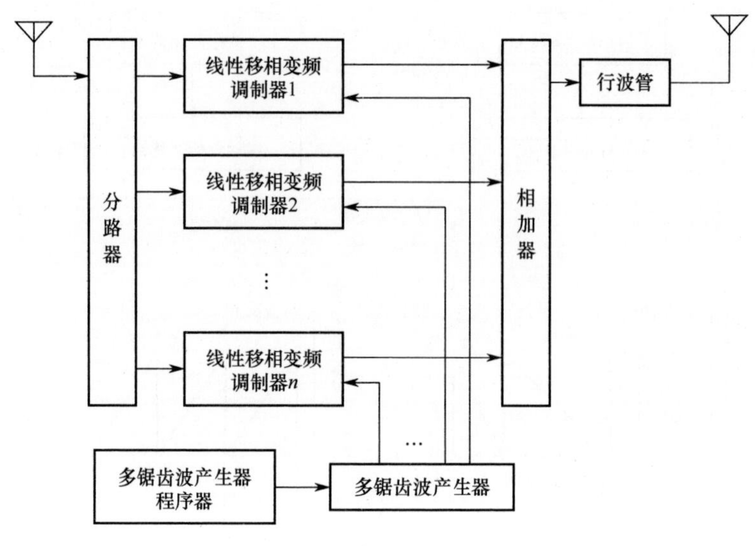

图 4.37　速度欺骗系统的方框图

转发回雷达的射频信号能覆盖干扰设备平台的反射回波的大部分。用一个合适的电平，控制脉冲产生器内一个快速视频开关波门，这个波门的控制点示于脉冲产生器方框下面，标有“波门输入”字样。另一个检波器1在尽可能大的动态范围内，对所有射频输入脉冲进行线性检波，被检出的脉冲串的调制波表示暴露式锥扫雷达的发射扫描特性，这个低电平视频脉冲串在对数视频放大器中放大。因为有时干扰系统必须工作在一个相当大的动态范围内（如干扰设备装在接近敌方雷达的飞机上），所以需要对数放大器。当雷达和飞机靠近时，对数放大作用的结果将使检波调制的输出幅度几乎保持恒定。应当注意的是，检波器1必须放在信号通路上第一个行波管之前，以消除行波管的饱和效应。

接收到的雷达射频信号如图4.38（b）所示，这个波形被检波后产生单极性的扫描调制的视频脉冲串，经对数放大器放大馈送给能恢复视频脉冲串上的音频扫描调制的矩形波串解调器。音频输出由高增益方波放大器放大。方波放大器的动态范围应调节到使它的输出只有两个状态，全通和全闭，换句话说，近似的正弦波输入放大后变成了顶部和底部被削掉的方波。方波放大器的输出被用来控制脉冲产生器的接通或断开，当脉冲产生器接通时，放大了的视频脉冲串就通过，而断开时则无视频脉冲串通过。若在方波放大器中利用奇数个倒相级，则干扰系统最后输出的干扰信号对输入雷达信号来说是反相的，如图4.38（c）所示。

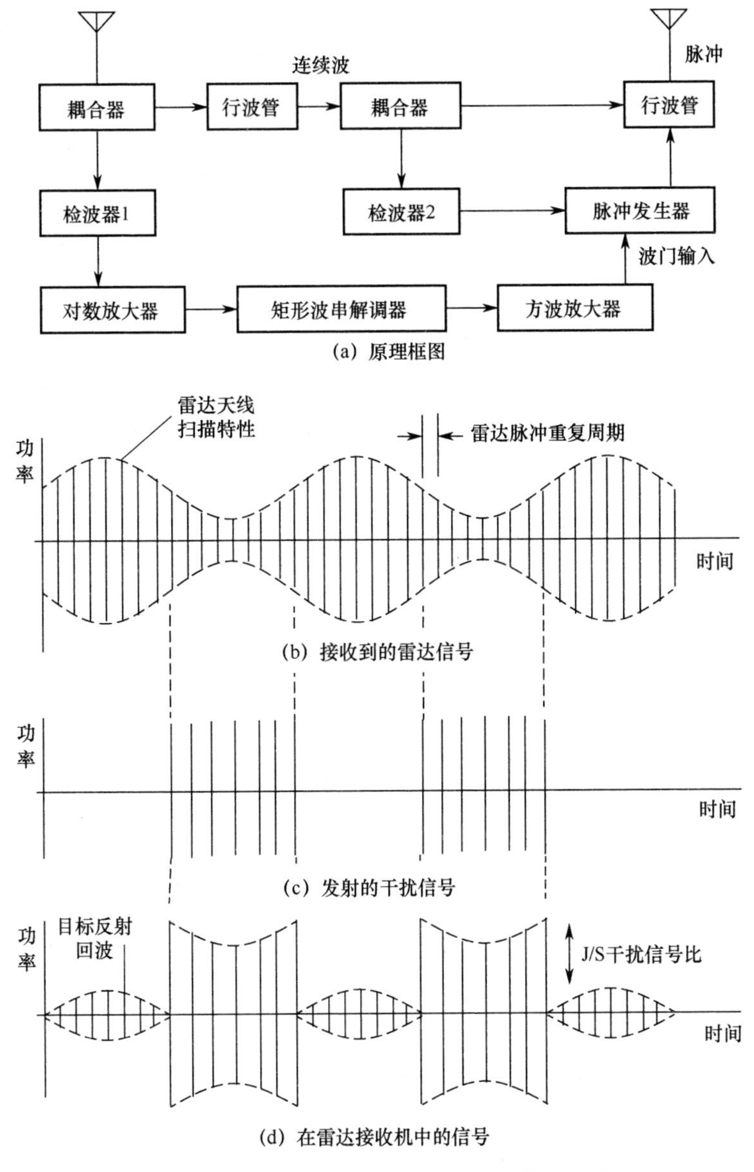

图 4.38　对付锥扫雷达的逆增益干扰方框图和波形

早期的干扰技术是利用精确的逆扫描调制的方法来实现的，即转发的波形是与输入扫描波形反相的正弦波。实际上，这种方法一般是不采用的，有三方面原因：①即使对于一个很小的实际跟踪误差，方波也会对敌方雷达提供一个完全饱和的、不准确的误差信号，这样就在闭环欺骗过程中引起极高环路增益，迅速地破坏跟踪；②当利用方波时，欺骗较为有效；③电子干扰设备设计师发现，建立一个系统时，若使它的末级行波管在整个系统的动态范围内只处于截止或饱和两种状态是比较简单的。由于敌方雷达是隐蔽扫描，因此在雷达接收机终端的雷达反射信号也将产生圆锥扫描调制，这个波形如图 4.38（d）所示。应当注意的是，在这种转发式干扰中利用一个脉冲产生器是很重要的，脉冲产生器的时延只是接收的信号脉宽的一小部分，从而使干扰脉冲基本上覆盖敌方雷达接收机中的真目标反射回波，否则，有效的干扰信号比就会大大降低。

该技术在实施过程中，还可以改变收到的敌方雷达扫描调制和干扰调制包络之间的相位，用相位稍稍超前的转发方波调制，使某些跟踪雷达能更快中断跟踪。

② 角度波门拖引。

角度波门拖引是一种自卫电子干扰技术，用来对付暴露式扫描方位－仰角边搜索边跟踪雷达，使之产生角度误差。这项技术可应用于边搜索边跟踪雷达系统，该系统的天线波束以锯齿方式不断地扫描部分空域，然后测量从开始扫描到显示器上出现目标处之间的张角来对目标进行角跟踪，以得到角度信息。

参照图 4.39（a），目标飞机的电子干扰装置接收由雷达天线方向图调制的一串雷达脉冲。机上干扰装置能测量这些脉冲串，而且能与雷达同步。图 4.39（b）所示为雷达目标回波。图 4.39（c）所示为在更高功率（干扰信号比可达 30dB）情况下的目标回波。机上干扰装置的波形产生器［图 4.39（d）］依次产生回波脉冲，以致它们返回雷达时，带有可信的天线方向图调制，但是波束峰值相对于原来的峰值被迟延一个角度 θ，如图 4.39（c）所示。θ 通常按抛物线方式递增，但保持在雷达跟踪加速度范围内，当 θ 递增到偏离真实目标许多时，该项设备关闭，然后再重复这个过程。在电子干扰装置中无须射频存储，因为全部工作就是对雷达脉冲的放大和调制。行波管放大器的功率输出受到调制，因而在电子干扰输出信号上，加上了正确的天线方向图的调制。这个电子干扰信号注入主瓣和副瓣。当雷达处于非周期性扫描程序（扫描方向基于噪声或伪随机噪声函数）时，这种技术无效。

距离波门拖引可以与这种技术一道使用，只需附加一个带有适当的时序线路的射频存储系统。这种技术主要用于干扰单部雷达，在多部雷达的环境下，干扰装置内的检测和同步线路将陷于混乱，在这种情况下，首先应在频域或时域上辨别出各部雷达，才能运用角度波门拖引技术。

③ 圆锥扫描雷达方波噪声干扰。

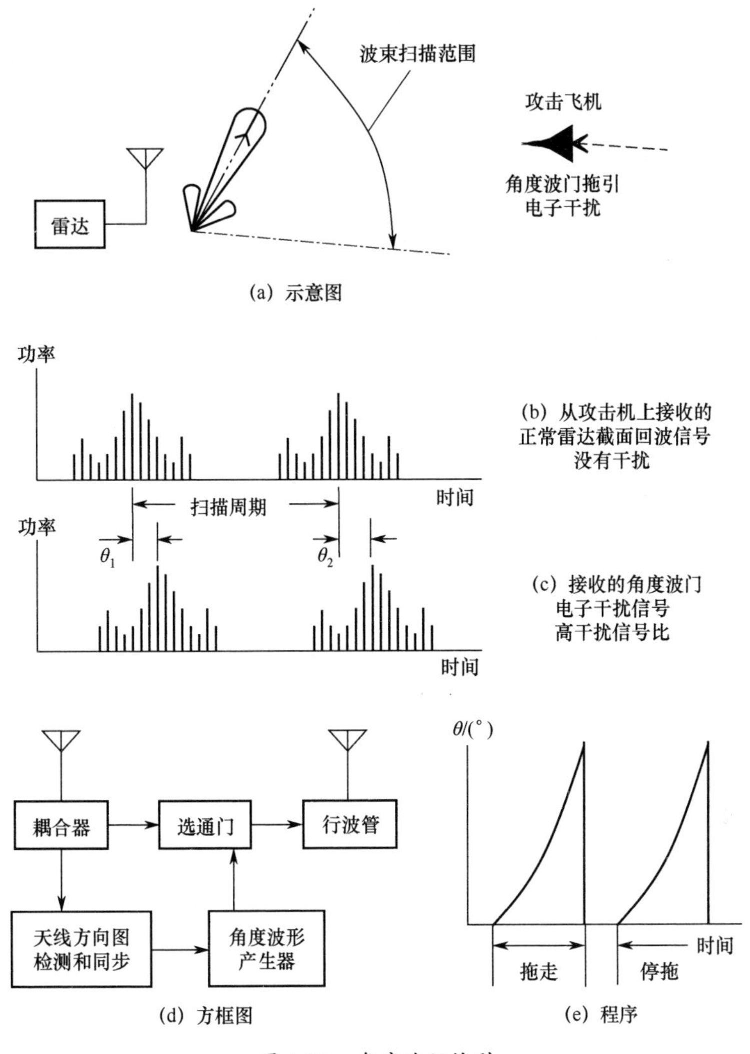

图 4.39　角度波门拖引

圆锥扫描雷达方波噪声干扰是一种用于对付圆锥扫描跟踪雷达的自卫电子干扰技术。这种技术是用经过噪声调制的方波对电子干扰转发器发射的射频脉冲串进行幅度调制。

图 4.40 所示为圆锥扫描雷达方波噪声干扰原理方框图和输出发射波形。接收到的被干扰雷达脉冲串馈送至低噪声前置放大器，然后将该信号传输到行波管功率放大器的输入端。覆盖被干扰雷达圆锥扫描频带的噪声源用来激励方波产生和放大器，放大器的输出是在整个雷达圆锥扫描频带内频率随机变化的

方波脉冲串。这些方波脉冲用来控制通断波门。来自被干扰雷达的输入脉冲被前置低噪声放大器放大后，进行检波、再放大，然后输入前述通断波门。通断波门的输出是经过随机频率方波调制的脉冲串，将这一脉冲串馈送至脉冲产生器，脉冲产生器的输出触发功率放大器的栅极。这样，只有功率放大器的栅极被触发时，功率放大器输入端的射频脉冲才能通过。这一过程的全部效能就是为了在被干扰的雷达接收机中产生经过放大并被速率随机变化的方波所调制的转发脉冲串。由于这种电子干扰的输出自始至终都是被方波调制的脉冲串，一般来说，比圆锥扫描雷达噪声干扰更为有效。这种技术要求预先知道被干扰雷达的圆锥扫描频率带宽。

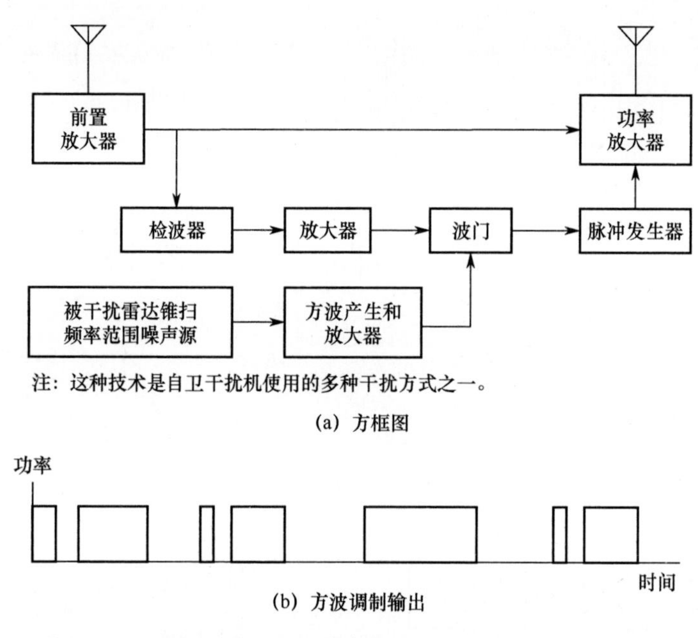

(a) 方框图

(b) 方波调制输出

图 4.40　圆锥扫描雷达方波噪声干扰原理方框图和波形示意图

(4) 组合干扰。

① 距离和多普勒假目标干扰。

距离和多普勒假目标干扰是一种自卫干扰技术，可以用于对付搜索雷达、跟踪雷达及导弹制导雷达系统。这种干扰技术所产生的相参假目标，能在脉冲多普勒雷达和宽带相位编码脉冲压缩雷达中通过信号处理并获得输出。其关键技术是数字线性移相变频系统和数字射频存储器的假目标产生器。图 4.41 所示为这种干扰技术的原理框图。

这种电子干扰系统具有一个电子干扰控制器，用数字方法控制系统的定时

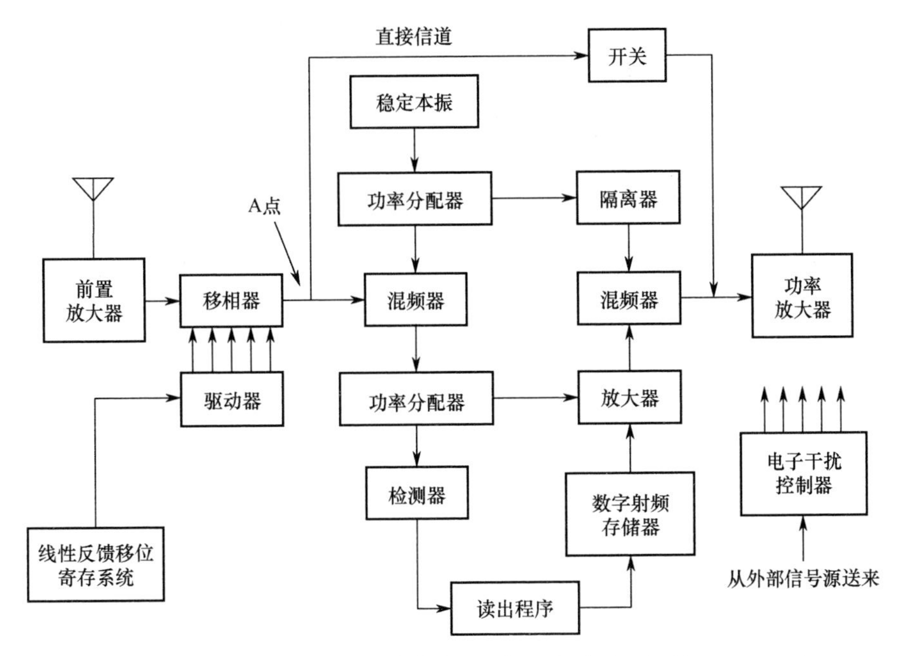

图 4.41 距离和多普勒假目标干扰的原理框图

和工作模式。电子干扰控制器既可以从一套外配的电子战支援系统接收控制信号，也可以人工操作控制。需要被干扰的雷达，其信号被接收后，经过一个低噪声前置放大器送到射频移相器，射频移相器需要采样位数多，具有较高相位分辨力的移相器。如果采用的调制信号能产生 0 ~ 2π 弧度的线性步进移相扫描，并快速返回，就能实现线性移相变频的作用。完成线性移相变频工作的电路，包含在驱动器的框图中，在电子干扰控制器引导下工作。线性移相变频技术能用于研制速度波门拖引干扰，并能用于对付多普勒雷达的多种其他干扰技术。移相器也能在驱动下产生 180°或 0°两种相位状态。使用这种工作模式时，驱动器的输入信号是从线性反馈移位寄存系统送来的，这样就能产生可以控制的稳定频谱。当移位寄存器的输出经由驱动器送到移相器时，就产生一组非常稳定的多普勒假目标。移相器的输出信号馈送到混频器，信号经过混频，其频率降低到数字射频存储器工作的基带频率。有时由于选用的电子干扰技术不同，将移相器放在第一个混频器的后面可能会有好处。移相器的带宽比射频信号的带宽窄一些，因此精度能够改善。经过下变频以后，信号分成两路通道：一路送到数字射频存储器；另一路经过检测器，送到读出编程电路。数字射频存储器准确地记忆每个输入脉冲的频率和定时时间。这种存储器能够读出信号，产生许多距离假目标，其间的距离间隔是可控的，从而产生距离波门拖引干扰（RGWO）。在速度波门拖引干扰和距离波门拖引干扰同时使用的情况下，电子干扰控制器对它们进行同步。当威胁目标是脉冲多普勒雷达时，这种同步非常重要，因为这种雷达将目标的多普勒频率与计算目标距离变化率而得的多普勒频率进行比较，以确定目标回波是否真实。数字射频存储器的输出经过放大，再混频变回到原来的射频。同一个稳定本地振荡器用于降低和升高频率的混频，使电子干扰信号保持相位的相参性。从混频器输出的信号经脉冲功率行波管放大，对准被干扰雷达的方向将干扰信号辐射出去。每个干扰射频脉冲被功率放大系统所检测，并对行波管进行脉冲调制。这些电路都包含在功率放大系统的框图中。

图 4.41 中所描述的电子干扰系统能够产生多种独立的和组合的电子干扰信号，其中，图 4.42 所示为产生的一种组合的电子干扰信号。这是一种能够产生 120 个固定距离的成串假目标信号技术，每个假目标具有不同的多普勒频率，既可以低于真实目标的多普勒频率，也可以高于真实目标。

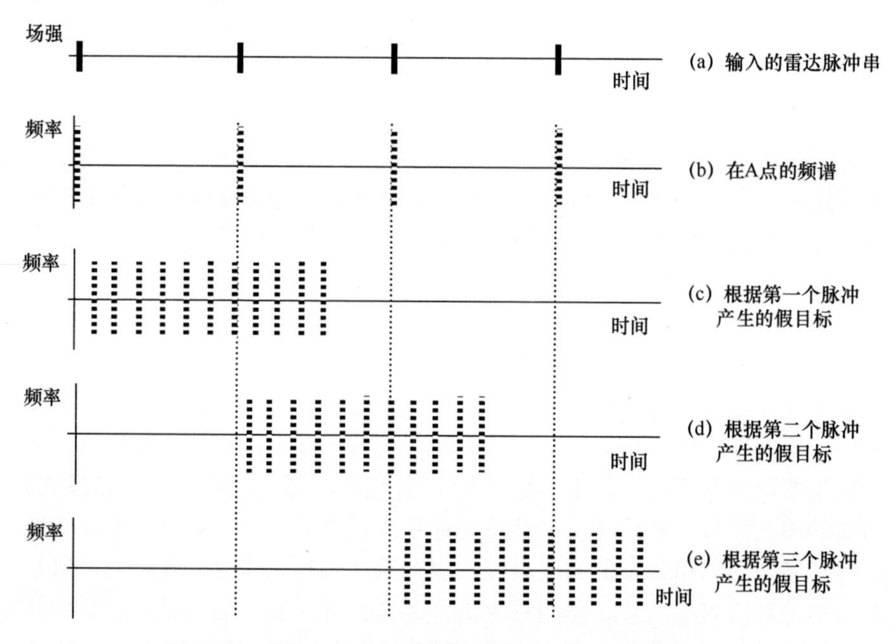

图 4.42　同时产生的距离和多普勒假目标及它们的波形

图 4.42（a）所示为被干扰雷达送来的输入脉冲串，作为参考信号；图 4.42（b）所示为移相器在 A 点的输出信号；图 4.42（c）、（d）和（e）分别所示为根据前 3 个雷达脉冲而形成的各组假目标。各组假目标的瞬时多普勒频率有 12 种，分别表示在图 4.42（b）～（e）中。这些瞬时频率是由线性反

馈移位寄存器的谱线调制而产生的。实际上，图4.41中所示的有特定距离间隔的所有脉冲，是由行波管功率放大系统同时发射的。应该注意的是，由第一个脉冲形成的某些假目标能够进入到第二个脉冲的重复周期。当很多频率不同的脉冲同时出现在行波管的输入端时，它们都将被放大，并辐射出去，然而行波管的输出功率将被它们所平分。

② 交叉极化、距离波门拖引和速度波门拖引的组合欺骗干扰。

这是一种自卫干扰技术组合应用的方式，可用来对抗脉冲多普勒跟踪雷达。它同时使用距离欺骗、速度欺骗和角度欺骗技术。图4.43和图4.44分别画出了这种系统的原理框图和时间波形。它采用两个通道：一是接收垂直极化而以水平极化发射；二是接收水平极化而以垂直极化发射。前者为了正常工作，用了一个时变移相器，理由可参考交叉极化干扰相关理论。由于两个通道共用一个线性移相变频装置，因此它们的多普勒拖引是相同的。图4.44（a）画出了在速度停拖之后的线性拖引。对于该系统而言，最大拖引的典型数值为50kHz，但也可能是另外的值，这要依赖被欺骗的雷达特性而定。两个通道都含有一个距离波门拖引分系统，两者的定时波形是相同的，如图4.44（b）所示；两者的距离波门拖引控制是公用的，因此每个通道转发的脉冲将按同一方式被拖引。根据使用情况，干扰机可用连续波输出管，不过这样产生的峰值功率较低，且敌方武器系统也可能跟踪连续波干扰机自身的噪声。由于每个通道

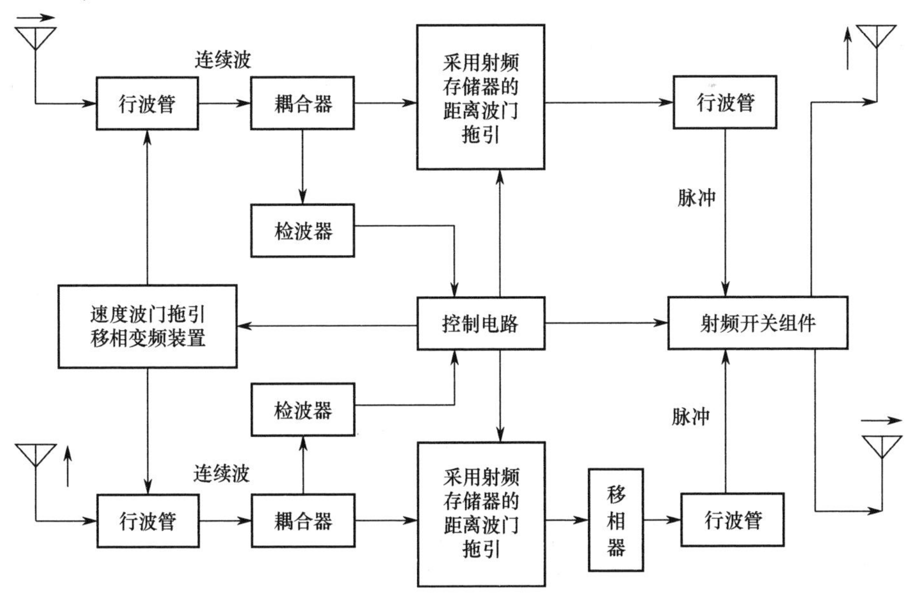

图4.43　交叉极化、距离波门拖引和速度波门拖引的组合欺骗原理框图

中使用并联的输入检波器，因此系统的工作能与雷达的脉冲重复频率同步，而与其极化无关。鉴于快速射频开关对输出天线极化的控制能力，交叉极化干扰可以在脉间运用。

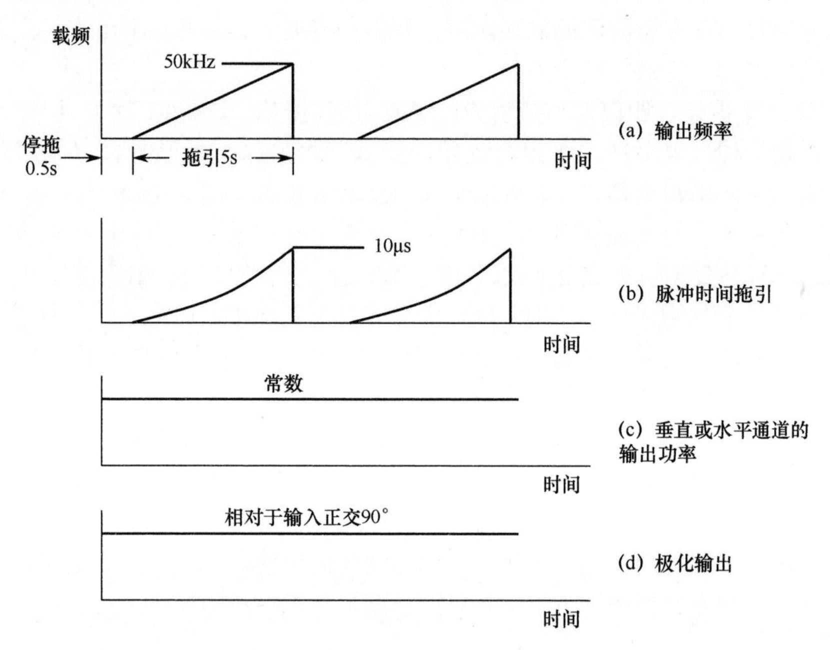

图 4.44　交叉极化、距离波门拖引、速度波门拖引和工作比递减转发的组合欺骗波形

3. 转发式干扰机

欺骗式干扰机根据干扰信号源的不同，可分为转发式干扰机和应答式干扰机。

应答式干扰机采用 VCO 代替转发式干扰机中的射频信号存储器，它不需要输入威胁雷达的射频信号，只需要输入检波后的威胁雷达脉冲包络信号和雷达天线扫描调制信号。VCO 的频率设置方法类似于引导式干扰，干扰控制单元根据决策控制命令产生各项调制信号。由于应答式干扰的信号与威胁雷达信号不相干，因此不能进行速度欺骗干扰。

由于应答式干扰与引导式干扰在组成上具有相似的特点，只要对干扰控制单元稍加改进，就可同时具有引导式和应答式干扰的能力。在这里不对应答式干扰机进行详细讨论，接下来介绍几种典型的转发式干扰机。

许多干扰系统都可以称为转发式干扰机。

图 4.45 所示为一种双管链式脉冲转发器。为了防止转发器工作的自身串扰（或自激振荡），该转发器的发射天线和接收天线要隔离，隔离度要大于转

发器系统的增益。输入管一般是低噪声的连续波行波管，输出功率管是脉冲行波管，如果需要，也可以用连续波行波管。调制器根据需要实施调幅、调频或调相。因为输出管是脉冲式的，所以需要用脉冲发生器，以便检波和放大每个输入脉冲，然后通过干扰选通门，按干扰要求启通输出管。这样的转发式干扰机必须很快放大和转发输入脉冲信号，以便使敌方雷达脉冲处理电路，不能根据目标本身雷达截面反射的回波鉴别干扰信号。转发器总延迟必须是输入信号脉冲宽度的一小部分。因为这种转发器系统在电子干扰的应用中是极为重要的。

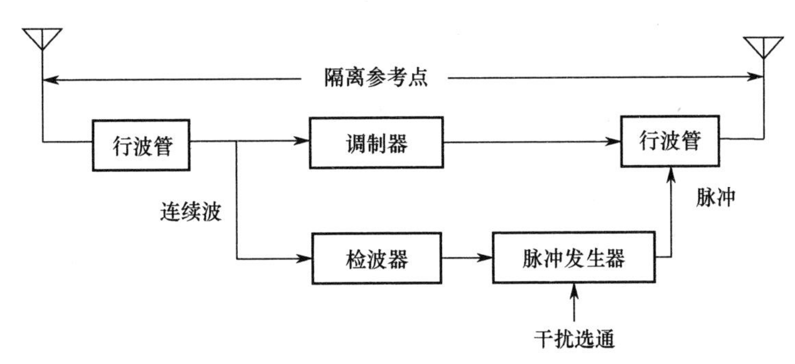

图 4.45　双管链式脉冲转发器

图 4.46 所示为另一种行波管放大链式转发器。它在图 4.45 的调制器和输入行波管之间，增加了再循环行波管延迟线射频储频回路，这称为串联储频系统。因为储频行波管是在信号放大通道里，储频行波管的增益成为转发器总增益的一部分。射频储频回路的基本作用是延迟射频输入脉冲，这样才能为距离波门拖引和有关目的而发射一个延迟的脉冲。

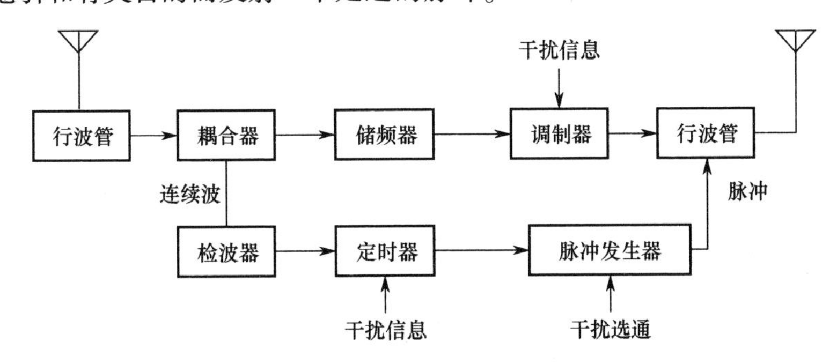

图 4.46　行波管放大链式转发器

图 4.47 所示为转发器原理框图。它把信号频率混频到一般的中频频率，再加干扰调制，这种转发器用零拍法产生输入和输出混频器用的本振频率。接

收的射频脉冲送到快速引导储频装置内，这个装置是像在距离波门拖引电路中所用的再循环行波管射频储频系统，这里，重要的一点是它在输入信号脉冲宽度的一小部分时间内锁定，并产生与输入信号频率相同的等幅输出信号。储频装置的输出信号和本振信号混频，本振的频率等于转发器的中频。这就能够使输入脉冲信号在一定时间内（此时间仅是输入脉冲宽度的一小部分时间）混频到中频。在中频，有各种长时间延迟器件可用。假如干扰设备的快速引导本振，能够在脉冲重复周期的很大一部分时间内保持其储存的频率，就能产生假目标，可用这种转发器对付脉间跳频雷达威胁信号。

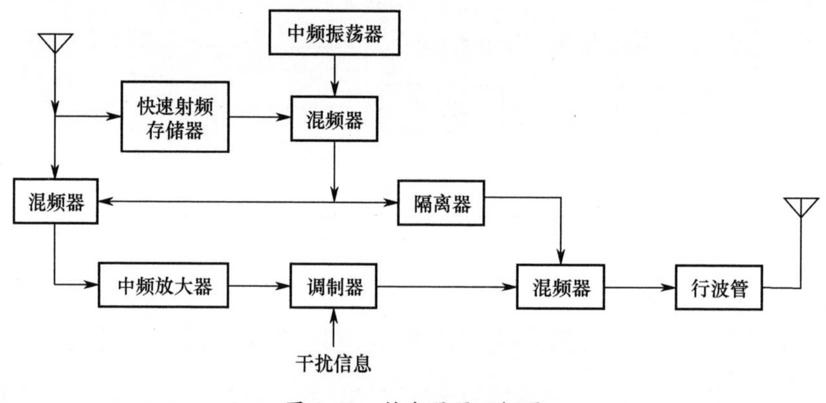

图 4.47　转发器原理框图

4.3　干扰发射分系统

干扰发射分系统的最终任务就是在敌方电子接收系统中产生干扰信号，并且使所采用的电子干扰战术、技术发挥最大的效能。电子干扰输出系统的最简单形式是功率振荡器和天线，比较复杂的形式是用许多射频功率单元与天线系统综合为一个整体。不管在哪种情况下，在由放大器或功率振荡器组成的电子干扰输出系统中的功率单元和天线系统，在频率响应、功率处理能力、多波束特性、增益、机械性能、可靠性和可维护性方面都是互相依赖的。因此本节把发射机和天线放在一起讨论。

具体选择哪种发射系统，取决于很多系统方面和经济方面的因素，要权衡每种因素对完成使命的影响。尺寸、重量、输入功率的要求和使用环境条件这些因素，都与安装电子干扰设备的运载体的类型、具体使命和所要求的有效输出功率有关；而天线波束宽度、天线波束个数、天线增益、极化，决定于具体的使命和完成使命的环境。例如，工作在接近地平线位置的大型远距离干扰机，可以用较窄的波束对频带相同、分布很宽的所有敌方接收机实施有效干扰；而在敌方视野之内的攻击机的自卫干扰机，可能需要多个波束和一个功率管理系统或一个水平全向覆盖的天线才能奏效。

4.3.1 各种干扰发射系统

1. 简单的发射系统

图4.48所示为一台简单的发射系统，它包含干扰信号部分、功率放大部分及发射天线等最基本的要素。干扰信号产生参见4.2节，功率放大就是把干扰信号进行射频功率放大，可以采用射频电子管（如行波管）或固态放大器（如微波场效应管），放大后的干扰信号通过天线发射出去。发射天线可以是全方位天线也可以是单孔径天线。当采用全方位天线，这种干扰发射系统能同时对干扰设备周围不同方向上的许多敌方接收系统实施全方位干扰。如果采用单孔径天线（如喇叭天线），可以在一定的空域范围内辐射干扰功率，当把此天线安装在飞机上时，可产生前向覆盖，它能沿飞行方向有效地施放干扰，以对抗飞机前方的威胁雷达系统。

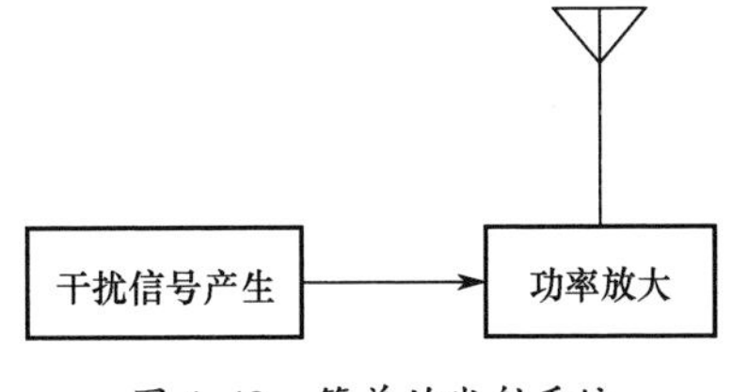

图4.48 简单的发射系统

2. 单波束、波束方向可控、高功率发射系统

在干扰发射系统中，如果要使一个波束有较大的有效辐射功率，可采用图4.48所示的发射系统。更窄波束将大大提高有效辐射功率。显然，它增加了被干扰接收机的干信比。但是，只有被干扰系统位于窄波束方向上，才会被有效地干扰，而在其他方向上，由于干扰机天线旁瓣辐射能量小，被干扰系统就不会受到有效的干扰。如图4.49所示，由外部输入方向控制信号，激励伺服系统以机械方法将窄波束控制在所需方向上。

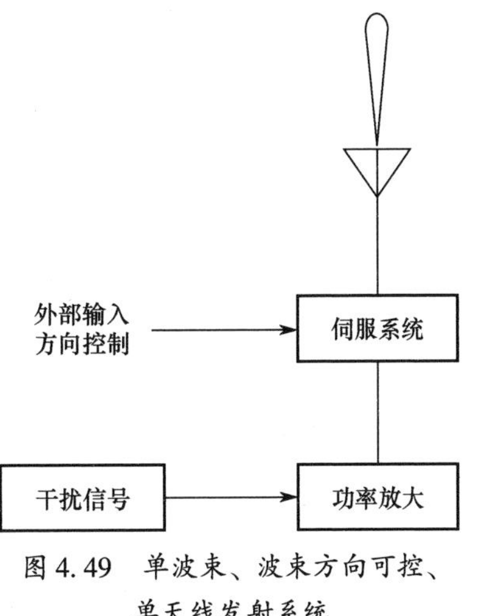

图4.49 单波束、波束方向可控、单天线发射系统

图4.50所示为另一种用机械方法控制波束方向的单波束天线干扰发射系统，它类似于图4.49所示的发射系统，只是产生波束的方法不同。在图4.50中，实

线部分天线波束在光轴位置上，该发射系统使用半球形龙勃透镜，透镜的平面上覆盖一块金属反射平板。噪声干扰源是激励位置固定的馈源，以给透镜表面馈电，这将产生向上的锐方向性波束。虚线表示围绕支点转动透镜时波束方向改变的情况。波束指向角是旋转角 θ 的 2 倍。此天线系统以三维形式工作，波束方向在近乎半球空域中可控，这是一个优点，另一个优点是在射频输出接头处，无须高功率转换，而这种转换是有损耗的，且可能产生干扰。在具体应用中，还要考虑龙勃透镜中的介质损耗。

图 4.50 所示的透镜天线进行改型就更加有用了。假如该天线系统是安装在飞机壳体上，且用半球形天线罩盖住，则可用的旋转角就限制在 ±45°内。通过改型，借助不同形式的天线波束，就有可能使其旋转角的可用范围扩展到 135°～225°，这就是说，该系统经过改型后，不仅能产生上述可移动的锐方向性波束，还可通过 180°旋转，产生宽角波束。

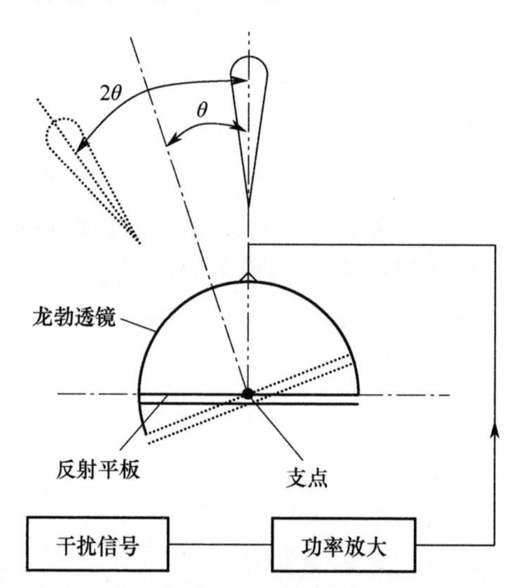

图 4.50　单波束、波束方向可控、半球形透镜发射系统

3. 单波束、开关控制、高功率源发射系统

图 4.51 所示的发射系统，能在外部信号源控制下，用一个 20dB 增益的波束向所需方向进行高功率的辐射。该系统使用 8 个仅指向不同的相似天线，各天线角间隔均等，整个天线总覆盖 120°。发射机经由天线选择开关与其中一个天线相连接，同一时间只能发出一个波束。

可是，由于高功率信号能很快地转换到任一天线上（任一指向上），因此，比图 4.49 和图 4.50 所示系统的速度要快。显然，该输出系统在任何指向上都产生同形波束。与线性天线阵波束相比较，后者在偏离中心角时，其波束形状会发生畸变。

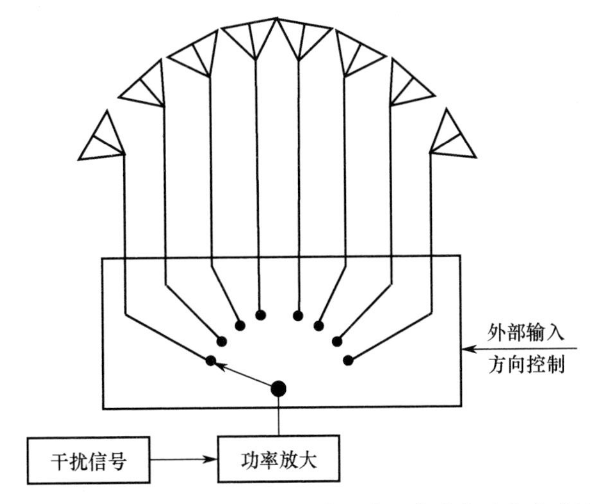

图 4.51　单波束、开关可控、多天线、高功率源发射系统

该系统需要高功率的宽带快速开关。设计这样的开关是比较困难的，使这种开关的转换时间达到几微秒是可以办到的，但如果将此开关应用于脉冲转发器电子干扰系统，因转发又附加延迟，可能就不合理了，除非在脉冲实际到达之前，预先能有某种选通脉冲用来激励合适的开关。

该输出系统的总孔径约是图 4.49 中的 8 倍。应当指出的是，这样的一组天线的体积非常大，特别是对战术飞机来说更显得大。因为这样分立安装的天线，能提供威胁辐射源的方向信息及电子干扰发射需要的反向信息，所以该系统完全可以用到测向和电子侦察的综合系统中去。

图 4.52 所示系统为图 4.50 所示的变型，表面馈电的龙勃透镜用来形成 20dB 增益的波束。该系统的优点是：天线总孔径约是图 4.50 所示系统孔径的 1/8 ~ 1/4，此尺寸的减少主要取决于带宽，但小型的宽频带射频馈源尺寸要大于仅根据波束宽度来估算的尺寸。该系统也能以三维形式使用，且比图 4.50 所示系统使用起来方便。

图 4.53 所示系统为图 4.51 所示的另一变型。它的波束形成矩阵（如巴特勒矩阵、延时矩阵、罗特曼透镜或其他组合矩阵）与天线阵连接，用来形成波束。可把天线阵按所示的那样安装在一个平面上，而不需要像图 4.56 所示那样，安装时使每个天线指向不同方向。每个天线的孔径仅需等于 120°喇叭天线的口径，这样与图 4.51 所示系统比较，能节省相当可观的机械安装空间。

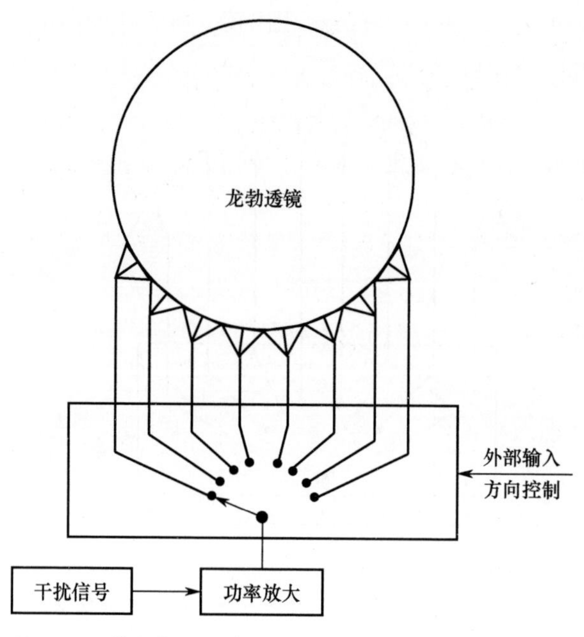

图 4.52　单波束、开关可控、透镜、高功率源发射系统

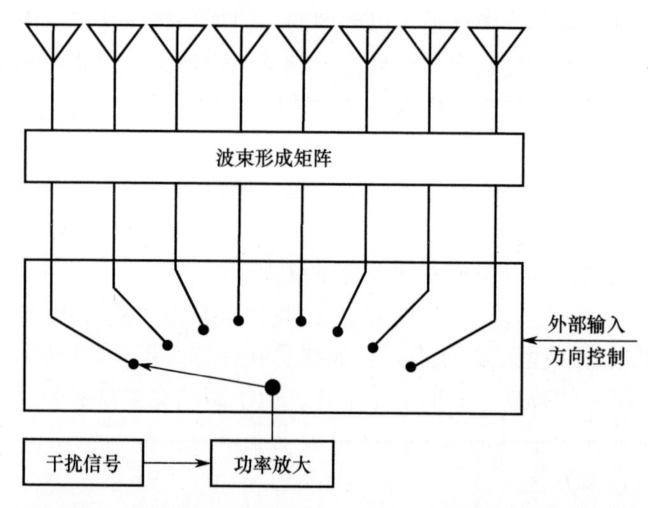

图 4.53　单波束、开关可控、天线阵、高功率源发射系统

4. 同时多波束、高功率源发射系统

图 4.54 示出了又一种发射系统。为形成所需角度覆盖，每个天线安装成不同角度，类似于图 4.54，但较之图 4.54 又有很大区别，它能同时选择多波

束。当原有功率源为400W，8路功率分配器取代了单个的400W开关。当8只50W开关接在功率分配器之后，所有天线都能被同时激励，但整个系统在任一波束中的有效辐射功率已从400W降到50W。配置这样的射频开关并不增大任何波束的功率输出能力，但能控制辐射方向。负载用来消耗无用功率。该发射系统的有效辐射功率不会比图4.48单波束单天线输出系统的大。图4.54中虚框内的射频元件，当组合在一起时，取名为开关式功率分配器。图4.55所示系统和图4.56所示系统都有这种功率分配器。

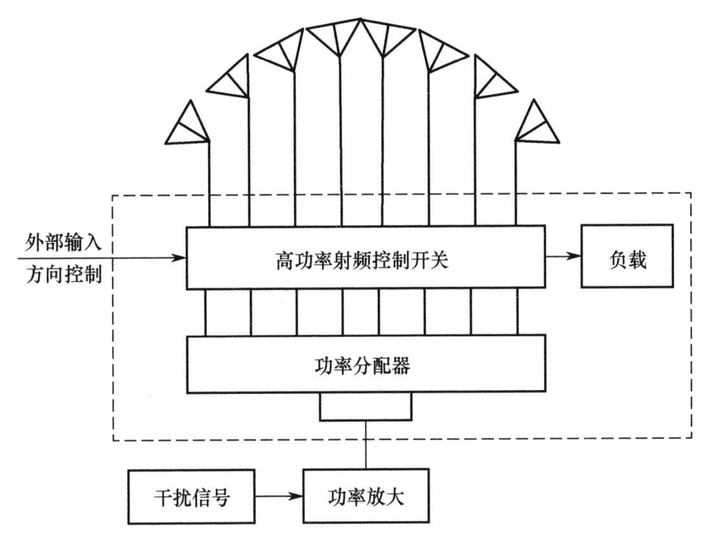

图4.54　同时多波束、多天线、高功率源发射系统

图4.54所示的系统可变为另一种形式，通过开关控制，可将总功率根据需要分配到一个或多个天线上去。换言之，前面所述系统仅限于将总的可用功率一次只分配到n个波束中去。但在某些应用中，一个输出系统应具有这样的能力：分别将可用功率分配给两个不同方向的波束，或者分别将1/3可用功率分配给3个不同方向的波束等。其实现方法是运用比较复杂的另一种开关式功率分配器，在几个窄波束天线中共分配400W功率。但这种输出系统的缺点是：该开关式功率分配器很复杂，它在发射机和天线之间多处开关连接，势必引起损耗大、可靠性差。

图4.56所示为图4.54的另一种变型。这里使用波束形成矩阵和相控阵，孔径大为减小。在波束形成矩阵和天线阵中，必须认真考虑相位跟踪要求。在相位跟踪情况下，所有天线都用来产生波束，而在其他情况下，只有当相邻波束被同时激励时，为避免相互干扰，才需要相位跟踪。另外，根据需要也可将

复杂的开关式功率分配器用于此系统。

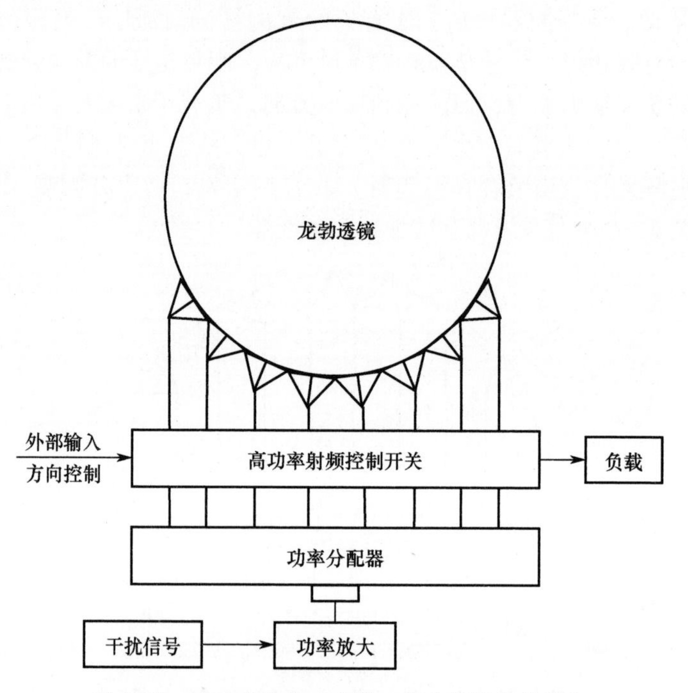

图 4.55　同时多波束、透镜、高功率源发射系统

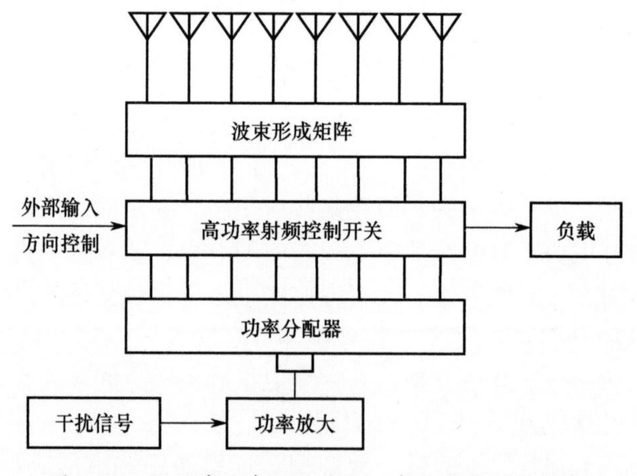

图 4.56　同时多波束、天线阵、高功率源发射系统

5. 同时多波束、低功率源发射系统

图 4.57 所示为使用低功率噪声源的输出系统。噪声源输出由功率分配器

分配，给 8 个低电平射频控制开关馈电。因为噪声功率低，可使这些开关非常快速地转接，一般小于 20ns。当需要向某一方向施放干扰时，由外部电路控制的噪声信号就激励相应的行波管，每只行波管输出功率为 50W。这些天线都具有 20dB 增益，比较大的孔径，在角度上等间隔地覆盖满 120° 方位。由于 400W 发射机和波束宽度为 120° 的单天线组成的系统，其有效辐射功率和本系统的功率相等，因此这个输出系统主要用于有效发射功率输出受到限制的系统(如在固体功率放大器中)，或者用于只要较少的必要条件就可以降低发射机平均功率的同时多波束（如对多重脉冲发射装置进行脉冲干扰时）的系统。被同时激励的相邻波束之间的干扰，是这个系统中存在的问题。为提高干扰效果，要求噪声源到各辐射天线之间的相位匹配，这是设计时需要考虑的一个重要课题。

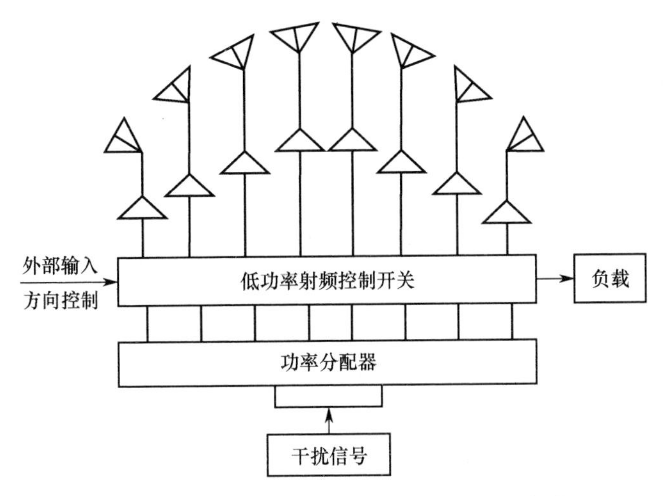

图 4.57　同时多波束、多天线、低功率源发射系统

图 4.58 所示发射系统为图 4.56 的变型。龙勃透镜用来产生不同方向的波束。较之图 4.56 系统，可减小天线口径。

图 4.59 所示为图 4.57 所示系统的另一变型。这里的低功率电平的波束形成矩阵放在 8 只 50W 行波管放大器之前。50W 行波管是天线阵中各天线的激励器。重要的是所有行波管都能为某单波束提供功率，因此能使一个单波束有千瓦的有效辐射功率。

因为行波管的组合输出功率必须分摊到各波束中去，所以，这种系统形成同时多波束时，每个波束的有效辐射功率就近乎线性地降低。由于激励和相互调制可使多波束图形产生严重畸变，因此在输出系统设计中，必须认真考虑行波管的激励电平。另外，为避免天线阵性能降低，必须认真考虑从噪声源到天

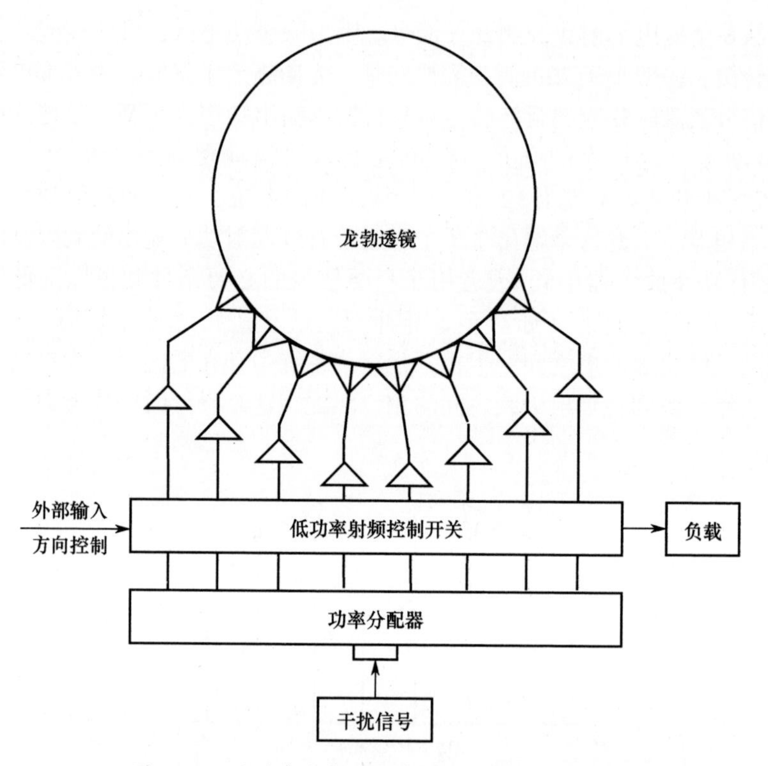

图 4.58　同时多波束、透镜、低功率源发射系统

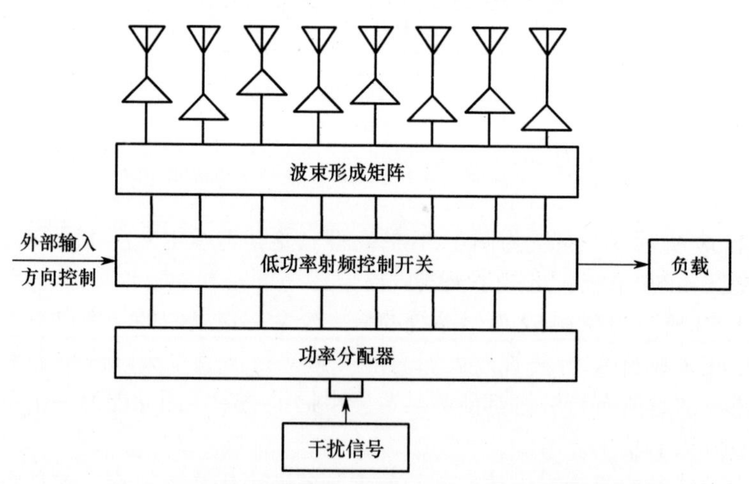

图 4.59　同时多波束、天线阵、低功率源发射系统

线的相位跟踪问题。由于该系统具有孔径小、同时多波束、波束功率高及使用了高速低功率开关技术等优点，因此，该系统在技术上体现了最好的电子干扰

输出系统。然而，如前面所讨论的，如成本等其他因素，可能限制了它的应用。

这种类型的相控阵和波束形成矩阵，也可用于接收天线系统，且可和电子干扰输出系统并列使用，以组成电子干扰接收和发射系统。

6. 同时多波束、时延发射系统

图 4.60 所示的输出系统有点类似雷达相控阵，因为它能在任何给定的方向上产生单波束。然而，它也能产生多波束，因而从这个意义上来说，它又不同于单波束雷达。该系统中的相位调制器通常是二进制的，由计算机控制，以产生所需要的波束方向。无论是铁氧体还是固体器件，都能用在高功率移相器中。为与前述电子干扰输出系统一致，这里用 400W 功率源作为射频噪声功率源。应用这种功率源去产生同时多波束，效率不高，最好由多路系统来完成。

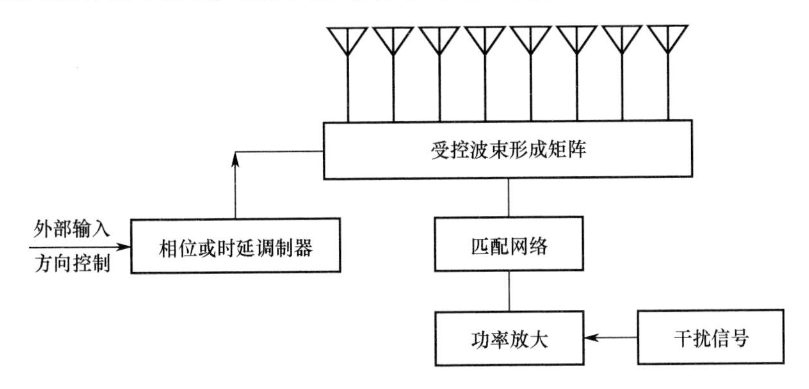

图 4.60　同时多波束、相位/时延控制、高功率源发射系统

图 4.61 所示系统为图 4.60 的定型，它在每个天线馈线上都加了一个行波管放大器，由于每个天线均有各自的激励器，因此可使用低电平噪声源，同时可用固体放大器取代行波管。该系统的优点是：如果其中一只行波管出了故障，性能虽下降了一点，但工作仍是可靠的。由于激励电平低，可使用固体移相器，而固体移相器的波束控向速度极快（小于微秒级），这样，在实施脉冲干扰时，可降低对脉冲辐射源的同时波束要求。然而，开关速度仍由移相器固有速度决定。这里需再次提醒的是，当需要多波束工作时，鉴于行波管的过激励和抑制特性，要认真考虑行波管输入端的激励电平问题。

图 4.62 所示系统为图 4.60 的变型。此处是特殊设计的，行波管起了双重作用。这些行波管既能放大，又能形成相控阵波束。通过分别改变管子的电极电位，可使每只行波管产生不同的时延，从而得到波束形成所需的相位特性。该系统的缺点是在同一时间只能在一个频率上产生相移。该系统适合工作于波

束方向快速可控的单波束系统。

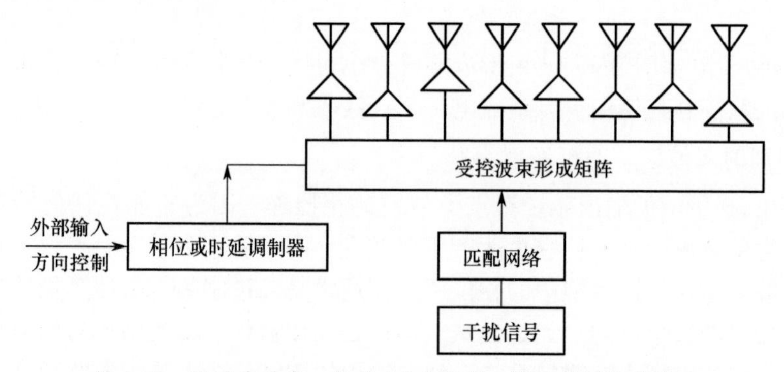

图 4.61　同时多波束、相位/时延控制、低功率源发射系统

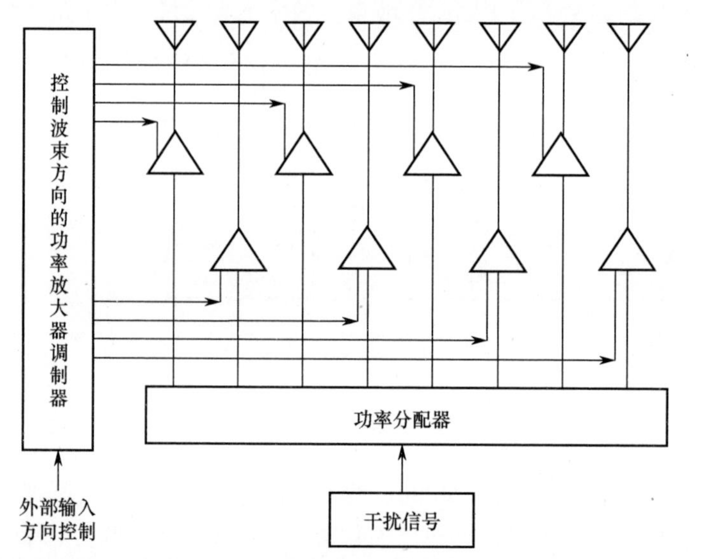

图 4.62　同时多波束、功率放大器时延控制、低功率源发射系统

4.3.2　微波功率放大技术

微波功率器件总体上可分为两大类：固态功率器件和电真空管功率器件(表4.1)。

较小的体积、较低的噪声系数、较高的可靠性和稳定性、较长的工作寿命和具有瞬时开关机能力等特点是固态功率器件的主要优点，但是半导体材料本身的一些特性也导致固态功率器件具有一些不足，如在较高频率下的输出功率只有瓦级，伴随频率的上升和带宽的加宽，输出功率下降的非常明显但器件的价格却大幅上涨。

表 4.1 电真空管器件和固态功率器件比较

特　性	电真空管器件	固态功率器件
功率	单个器件可得高峰值或高平均功率	单个器件功率低，组合可得高功率
效率	高效率器件	在相当的输出功率下，由于组合而低效
噪声	噪声系数较高	噪声系数较低
频率	工作频率较高	工作频率相对较低
工作电压	电子注要求高电压	低电压
体积和质量	因为有磁场（束流控制）、高压（束功率）、热源（热阴极）要求，所以加大了体积和质量	无磁场、高电压要求，单个体积和质量小；组合器件的低效率要求增加体积和热处理系统
成本	由于需投入大量劳动力进行制造和测试，导致单个器件造价高	高密集的组装、大规模生产应用导致单个器件成本低

在单管输出功率这一指标上，电真空管器件远大于固态功率器件。在目前应用的所有频段，电真空管都能满足雷达发射功率的要求。同样，电真空管放大器也有自身的缺点，如需外加磁场、电源电压较高、体积和质量较大、重复性较差、可靠性较低、单个器件成本较高等，这就导致它的应用范围受到了一些限制。

美国国防部电子器件领导小组于 1989 年提出了一种新的功率器件概念，即微波功率模块。它具有在一个器件中同时实现真空电子器件大功率、高效率及半导体器件低噪声、小体积等优点，克服两种器件单独工作时的缺点，具有很高的可靠性。

1. 微波功率模块

微波功率模块（microwave power module，MPM）是由小型化电真空器件与固态器件组合而成的，具有输出功率高、可靠性好、频带宽、体积小、质量轻等优点，将成为新一代电子系统的核心。

MPM 作为一种新型的微波功率器件，其最大的优势和创新主要体现在系统集成上，即将真空电子器件、固态器件、电源等领域的先进技术进行有机集成，获得 MPM 高增益、低噪声、大功率、高效率等真空或固态器件无法单独获得的优异性能，并通过采用新材料与先进的电路组装工艺获得极高的功率密度封装。

MPM 是一种新概念的微波功率放大器，它包含一个行波管、一个固态放大器（solidstate amplifier，SSA）、一个均衡器和一个高密度集成功率变换器系统。图 4.63 所示为 MPM 的组成框图。

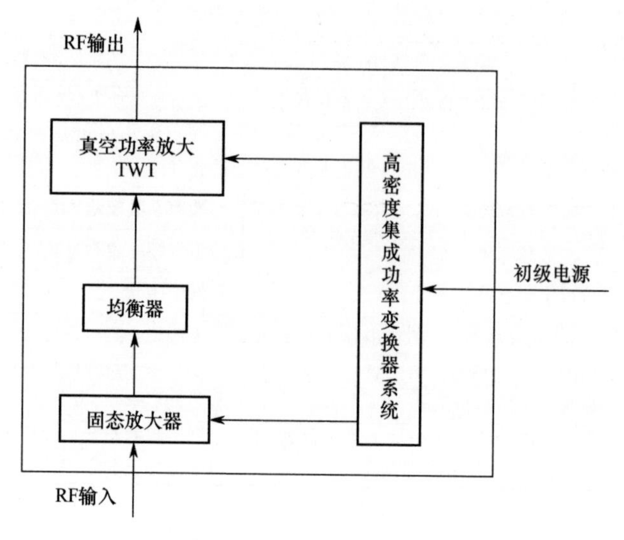

图 4.63　MPM 的组成框图

1）行波管

行波管都是用高温精密铜焊金属和陶瓷制成的。每只行波管都包括一个电子枪，为 RF（radio frequency）电路慢波结构，而且大部分行波管都采用了一个多极收集极。行波管的电子枪通常在很多 Litton 迷你型行波管中都会用到，它包括一个阴极、一个将阴极加热到足够温度从而产生电子的加热器、一个聚焦电极在电子束进入慢波结构时将其直径变小。慢波结构一般由 3 条棒和钨丝组成。电子束在慢波结构中行进时，RF 就与电子束集合在一起引入，并与电子束相互作用，其结果就是能量从光束转化到 RF 信号。RF 输出从慢波结构的终点开始。收集极的作用是从电子束中收集电子，并以热的形式散发掉剩余的能量。收集极的机械设计包括经过特别处理的铜电极，该铜电极经铜焊焊入一个陶瓷封套中。引脚引线用来完成到电极的电子连接。陶瓷封套为电极、电隔离和导热提供了机械环境和真空环境。电极经过涂层处理，以减少次级散热。

2）均衡器

行波管等电子器件作为一些电子系统的核心器件，其技术水平决定了系统性能的优劣。由于行波管固有特性的限制，在 MPM 模块的放大链中很难保证在其工作频带内做到增益不变。目前可行的办法就是采用管外均衡技术以解决这些问题。为此，需要在固态放大器和行波管之间加入幅度均衡器，以在工作频带内实现增益一致。在该领域中，我国已经自主研发出了多种性能先进的均衡器。

3）高密度集成功率变换器系统

图 4.64 所示为高密度集成功率变换器系统结构。图 4.64 左侧的 +270V DC 是主输入，作为控制和监测信号，包括 RF 开指令、高压开/关指令、高压开指示器和错误指示器。固态放大器输出、真空功率推进器在图 4.63 右侧。输入的主要功率既被发送到辅助电源，也被发送到主变极器。辅助供电产生固态放大器电压、内务处理电压、提供给行波管的加热电压和调节器开关偏压。主电源还通向干线变极器，变极器将其转化成高频 AC 电压来驱动高压变压器。高压变压器的输出驱动一个乘法器和高压过滤器电路，该电路向行波管提供阴极和收集极电压。所有的 MPM 接口信号都通向逻辑电路，逻辑电路控制行波管运行，并提供基于电压、电流和温度等级的失效保护。

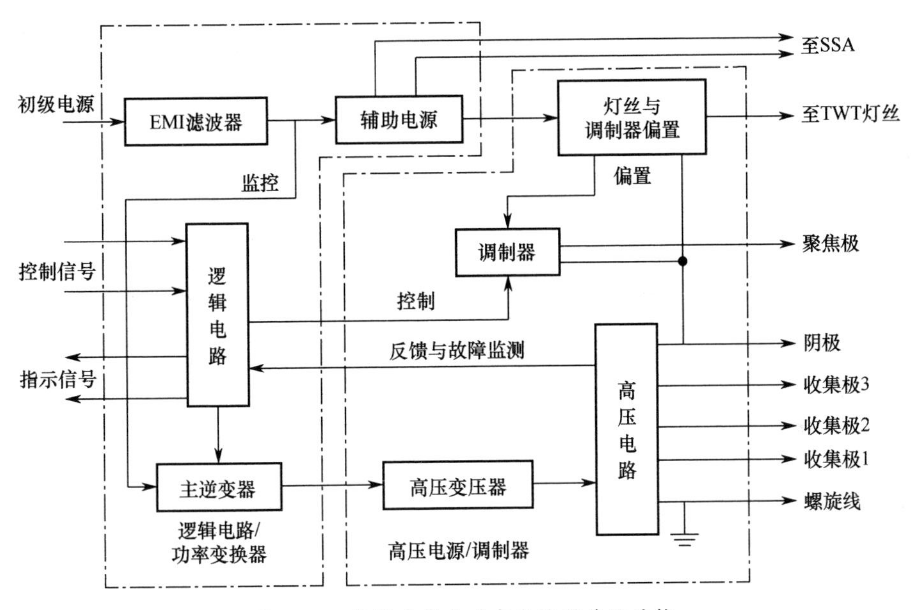

图 4.64　高密度集成功率变换器系统结构

MPM 主要有以下几个特点。

（1）大功率、高效率。MPM 的末级采用真空功率放大器（行波管）能在高电压、大电流状态下工作，因而可以获得比固态放大器高得多的输出功率。此外，行波管的散热能力要比固态放大器大得多，采用多级降压收集极回收部分电子注能量可极大地提高行波管的效率。一般固态放大器的效率为 20%，行波管放大器的效率为 33%，而采用多极降压收集极的行波管作为末级放大器 MPM 的效率可达 45%。

（2）低噪声。MPM 采用固态放大器作为激励器，一方面降低了行波管的增益要求，有助于提高效率、减少体积与质量；另一方面可极大地降低整个放大链的噪声系数。普通高功率行波管噪声系数在 35dB 以上。如果采用 8dB 噪声系数的固态放大器作为激励器，根据级联放大器的噪声系数计算公式如下。

$$NF = NF_1 + NF_2/G$$

式中，NF_1为前级固态放大器噪声系数；NF_2为行波管噪声系数；G 为固态放大器增益。

假设 G 为 30dB，那么级联放大器的总噪声系数为 9 ~ 10 dB。这样低的噪声系数在行波管中是无法得到的。

（3）可靠性高。固态激励器的引入，降低了行波管的增益要求，这不仅增强了其宽带功率的能力，而且降低了对电压的要求，提高了可靠性。另外，也相应地缩小了管体的长度。

2. 全固态微波功率放大模块

固态微波功率放大器从诞生那刻起就以极其强劲的势头迅猛发展，从 20 世纪 70 年代到今天，固态微波功率放大器已逐步扩展到微波常用的各个频段。随着微波功率晶体管（微波双极晶体管、金属氧化物半导体场效应晶体管和砷化镓场效应晶体管）技术指标的日益提高，固态功率放大管的输出功率也在不断提高，工作频率也逐步向更高频段扩展。目前硅微波双极晶体管的工作频率已接近 4GHz，在 3.5GHz 工作频率上单管宽脉冲峰值功率可达 100W。砷化镓场效应晶体管的最高工作频率可达毫米波；单管输出功率在 C 波段达 50W、X 波段超过 20W、Ku 波段接近 10W。此时，发射机组成更加灵活，可靠性和效率也可大大提高，可充分体现固态发射机的优越性。

1）全固态功率合成技术

由单个晶体管构成的放大器的输出功率不可能很高，固态发射机必须由多个单元放大器组合起来（功率合成），以达到足够高的输出功率来满足对发射机的输出功率要求。组合结构放大器是实现上述要求的有效方法。

所谓组合结构放大器，就是由多个相同的单元放大器标准组件构成的功率放大器组件。可以证明单元放大器的功率增益等于由任一晶体管所激励的晶体管个数（此值称为扇出比），并达到所需的一定输出功率值时，所需的单元放大器个数为最少。这种均匀组合结构放大器在早期研制的固态发射机中用得不多，而采用较多的是在不同层次使用不同的单元放大器，前级选用额定功率低而增益高的晶体管，末级选用额定功率高的晶体管。

2）功率合成器/分配器的类型及选择

从理论上讲，功率合成有两种途径：一种是直接采用两个相同的晶体管并联工作；另一种是电路串联工作。

（1）二进制功率合成法。

图 4.65 所示电路为二进制功率合成阵的基本构成单元。

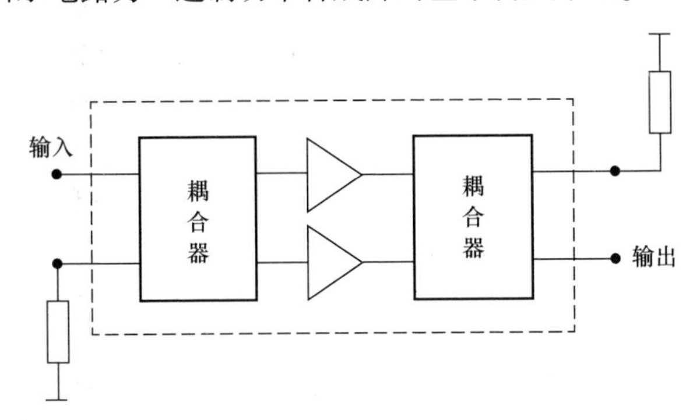

图 4.65 二进制功率合成阵的基本构成单元

图 4.64 中，两个放大器输出功率的合成是通过正交 3dB 耦合器来完成并与外部电路相连的。

一般来说，可以称图 4.65 所示的二进制功率合成阵为一阶功率合成阵，而称图 4.66 所示的合成阵为二阶功率合成阵。由图 4.66 可知，二进制的二阶功率合成阵包括 4 个放大器和 6 个正交耦合器，依此原理类推，二进制的 n 阶功率合成阵，将包括 2^n 个放大器和 $2\times(2^n-1)$ 个正交耦合器。因此，从驱动耦合器和相加耦合器的列数可直观地判定功率合成阵的阶数。

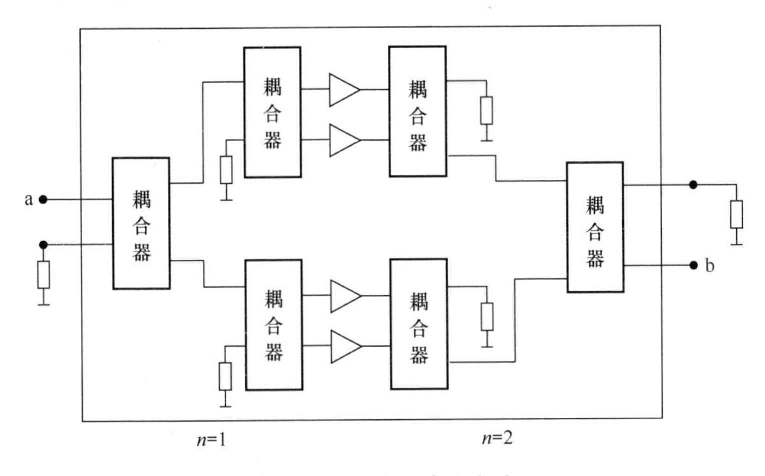

图 4.66 二阶功率合成阵

（2）串馈功率合成法。

二进制功率合成法虽有很多优点，但它也有不足之处，即它的功率合成必须是按二进制规律增加放大器和耦合器的数目。当要求合成阵功率增加不到1倍或更小时，始终都要求放大器数目增加1倍，从而使耦合器数目增加到原来的（2^n-1）倍，这显然是不经济的。

现在考虑利用串馈功率合成法来解决此问题。使用串馈功率合成法可以组合成任意数目的放大器（无论奇、偶数）。例如，利用串馈功率合成法将5个放大器组合起来，就可比4个放大器的二进制功率合成法组成的合成阵增加输出功率近25%，显然这是二进制功率合成法所无法达到的。串馈功率合成法的优点是放大器数目可任意选择，且体积小、电路损耗小，对驱动功率要求较低。串馈功率合成法一般也由分配阵、放大阵和合成阵三大部分组成，串馈功率合成阵的原理框图如图4.67所示。

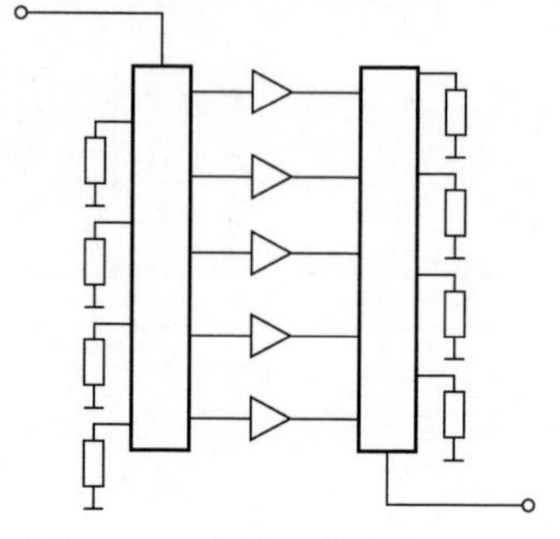

图4.67　串馈功率合成阵的原理框图

串馈功率合成阵也可以二进制方式组成新的合成阵，如图4.68所示。图4.68（a）所示的组合放大器为串馈方式，其输入/输出功率分配和合成采用的是二进制方式；图4.68（b）所示的组合放大器为二进制方式，输入/输出功率分配和合成采用的是串馈方式。

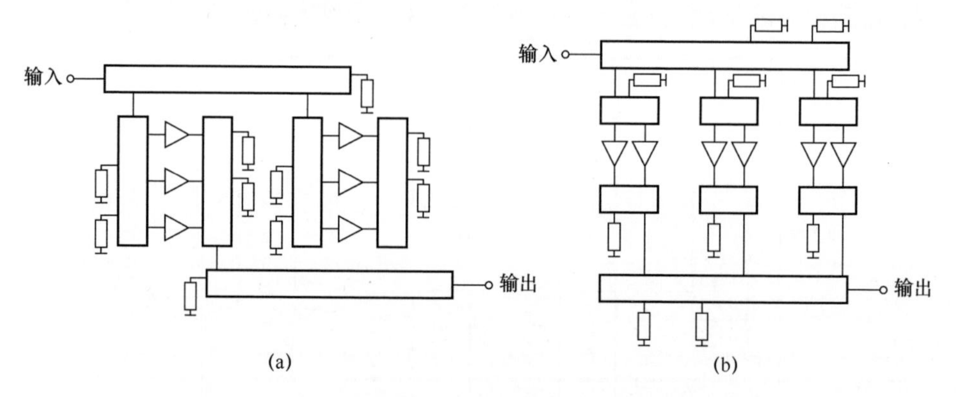

图4.68　串馈功率合成阵与二进制功率合成阵的混合形式

（3）S波段高功率全固态功率放大模块的设计与示例。

S波段集中放大式高功率全固态功率放大模块的原理框图如图4.69所示。该发射机主要组成部分如下。

① 前级功率放大器分机（图4.68中虚线内部分）。

② 末级功率放大器高功率合成部分。这部分由1/24功率分配器、24/1功

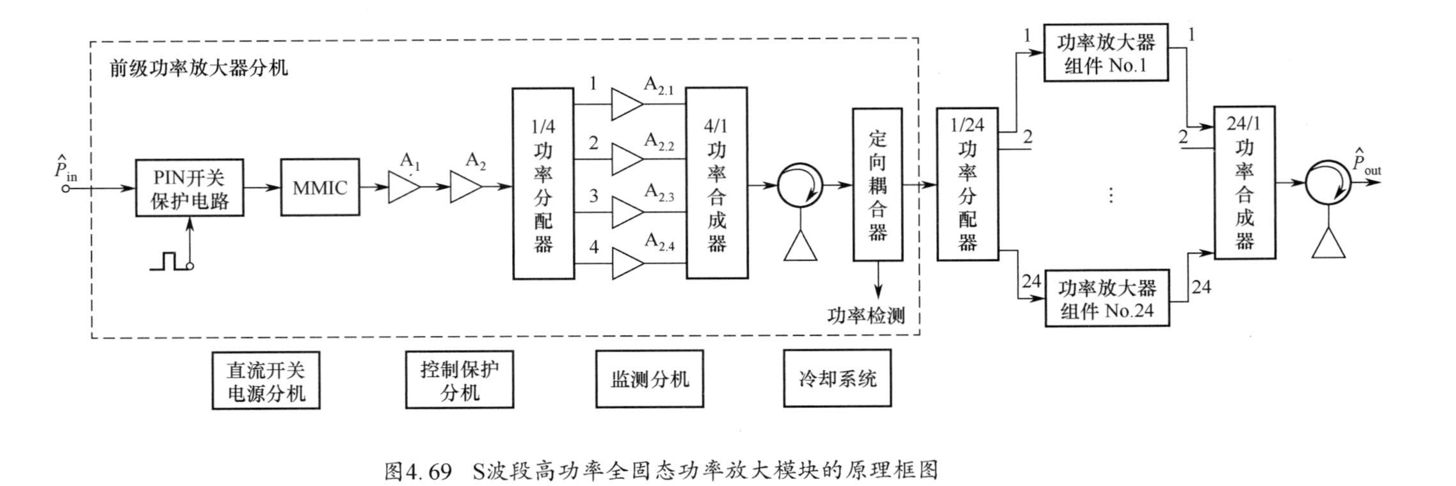

图4.69 S波段高功率全固态功率放大模块的原理框图

率合成器和功率放大器组件组成。

③ 直流开关电源分机。它由 10 个开关电源组件并联工作，且具有一定冗余。

④ 控制保护分机。发射机可自动遥控开机和关机，也可手动开机和关机。

⑤ 监测分机。它具有发射机前级功率放大器和功率放大器组件功率指示及故障报警指示功能，以及 10 个电源组件过压、过流保护和相应故障指示功能。监测分机的故障指示可定位到每个可更换单元（功率放大器组件和电源组件）。

⑥ 强迫风冷却系统。该系统具有风压接点故障告警功能。

该 S 波段高功率全固态功率放大模块具有高可靠性、长寿命、高效率等特点，发射机的主要关键技术是功率放大器组件的研制，其简要构成框图如图 4.70 所示。

设计功率放大器组件时，在 1/8 串馈功率分配器之前加入幅度均衡器以保证组件频带内输出功率的变化小于 1dB。

从上述几种集中放大式高功率全固态雷达发射机研制实例中可以得出如下结论。

① 对于集中放大式全固态功率放大模块，设计时可以充分利用前级驱动放大器的作用，将其输出峰值功率控制在几百瓦至几千瓦之间，这既可以有效地减少后面功率放大器组件的级数，又可以改善相位的一致性和组件的稳定性。

② 末级高功率放大器组件是高功率固态发射机的核心部件，输出功率电平一般设定为 1～3kW，若增加功率放大器组件数日，则全固态发射机输出功率就可以提高。在有些情况下，可使前级驱放和末级输出功率放大器组件采用同一种功率放大器组件. 其区别是仅在驱动放大器前加上一个几十瓦量级的前置放大器。如此设计可使发射机高频放大部分简化，易于实现模块化，并有利于大批量生产。

③ 集中放大式全固态发射机直流开关电源可实现标准化和系列化。电源的输出电压可根据微波晶体管工作电压的不同进行微调，一般为 30～50V。

④ 发射机控制保护分机和工作状态监测分机及相应开关电源过压、过流、过温保护及功率晶体管过热保护等，均可采用统一设计，并定位到每个可更换单元。

⑤ 冷却系统可按功耗、发热量、工作条件和环境选择强迫风冷却或一次水冷却、二次强迫风冷却等方式。

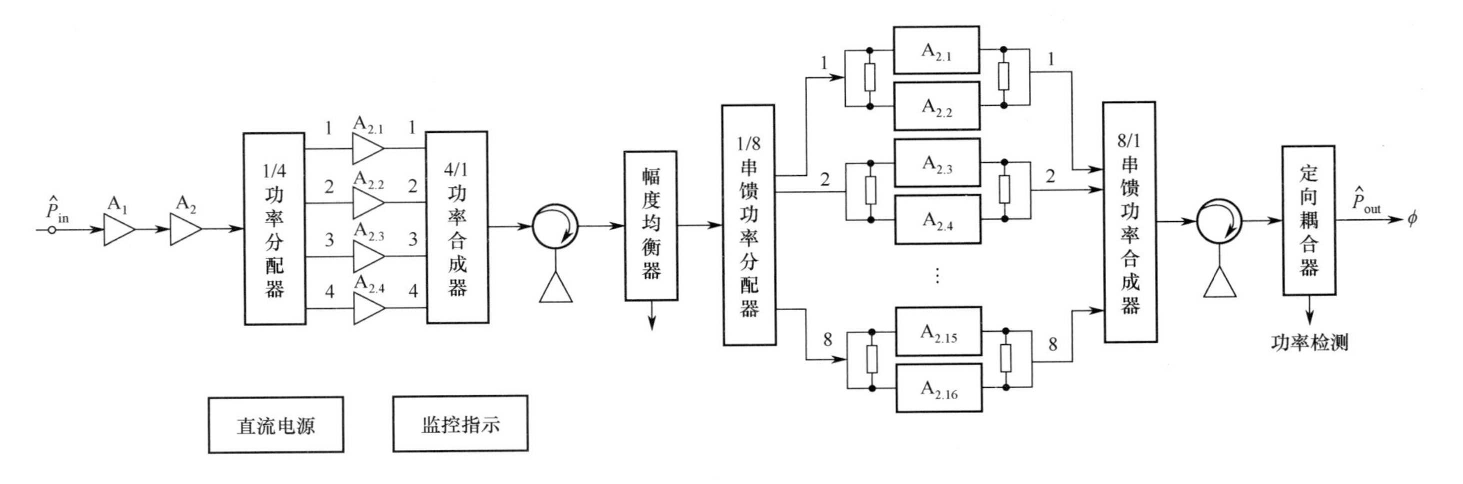

图4.70　S波段功率放大器组件构成框图

4.3.3 干扰机的收发隔离

干扰机通常采用两个天线：一个用来接收雷达信号：另一个用来发射干扰信号。收、发天线之间并非理想地相互隔离，而是在一定程度上存在着电、磁耦合。如果收发隔离不好，强功率的干扰信号就有可能进入接收通道，使接收机无法正常接收雷达信号，从而无法继续对干扰机进行引导和对干扰效果进行监视，这种情况在大功率连续波干扰时更为严重。因此，一部干扰机要能稳定、可靠地工作，必须解决收、发隔离问题。收、发隔离不好，轻则降低侦察接收机的实际灵敏度，减小侦察距离；重则干扰机形成自发自收，锁定在干扰发射频率上，不能再侦察和干扰频率变化的雷达信号或新出现的雷达信号。

干扰机的收发隔离程度称为收发隔离度，简称隔离度。通常在干扰机的收发天线端口上测量，如图 4.71 中的 A、B 两点。隔离度 g 一般以 dB 表示，即

$$g = 10\lg\left(\frac{P_j}{P_r}\right) \tag{4.6}$$

式中：P_j、P_r分别为发射天线端口处的干扰发射功率和在接收天线端口处收到的干扰信号功率。表现收发隔离基本要求的隔离度门限值为 g_j，即

$$g_j = 10\lg\left(\frac{P_j}{P_{r\min}}\right) \tag{4.7}$$

式中：$P_{r\min}$为侦察接收机的灵敏度。如果干扰机的实际隔离度 $g \geq g_j$，那么可以保证干扰机工作时不会发生收发自激，但不能保证侦收设备实际灵敏度不降低；反之，如果 $g < g_j$，则会出现干扰机收发自激。一般干扰机的 g_j约为 100 ~ 150 dB。

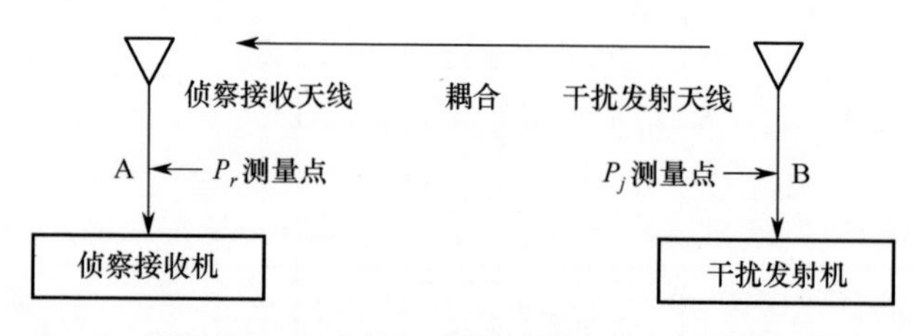

图 4.71 干扰机收发隔离度的定义和测量

解决收发隔离的方法有频率隔离、时间隔离、极化隔离和空间隔离等。

(1) 频率隔离。常用于大功率通信机或卫星通信站，此时接收、发射采用不同的频率，就能很好地解决收发隔离问题。这种方法不适用于干扰机，因为干扰要在侦察接收机引导之下在频率上瞄准侦察的信号频率。

（2）极化隔离。选择左、右旋圆极化分别用作接收和发射天线。从理论上讲，完全正交的圆极化可使双方的耦合减小至零。但实际的天线都存在交叉极化，因此极化隔离产生的隔离度仅约 10 dB。

（3）空间隔离。增大收、发天线间的间距，拉开侦察站、干扰站的配置距离，每增加 1 倍距离，可使隔离度提高 6.02 dB。

（4）减小收发天线的侧向辐射。天线设计采用低旁瓣措施，周围附加吸收材料，根据实际安装空间和周围背景，选择收、发天线彼此耦合最弱的安装位置和安装方向。

（5）在收、发天线间增加吸收性隔离屏，使其不能直接传播。对发射天线周围的金属材料表面进行电波吸收处理，降低间接耦合。

（6）时间隔离，即时分隔。由于隔离度的要求很高，而提高实际的隔离度又受到各种因素的限制，因此在许多干扰机中普遍采用收、发时分工作方式，即对干扰机的发射时间开窗，在窗口内关闭干扰发射，保证侦察接收机有足够的工作时间。

对于实际工作的干扰机，不能简单地采用某一种隔离方法，而需要综合考虑多种可能采用的隔离措施。

4.3.4 干扰机极化

为了使干扰效果最佳，干扰机应当使用与雷达相同的极化。但有几个例外，如交叉极化干扰时，干扰机和被干扰雷达的极化就不一致。电子干扰操纵员应能掌握干扰机极化和被干扰雷达极化接近的程度，以便随时实施有效干扰。下面研究噪声干扰机和线性转发器的线极化情况。

对噪声干扰机来说：

$$P_{JE} = P_J \cos^2\theta \tag{4.8}$$

对线性转发器来说：

$$P_{JE} = P_J \cos^4\theta \tag{4.9}$$

式中，P_{JE} 为有效辐射功率；P_J 为总辐射功率；θ 为干扰机辐射功率和被干扰雷达接收天线的极化角度。

线性转发器中的 4 次方关系，是由极化效应（对接收和发射信号都起作用）引起的，对噪声干扰机来说，极化效应只对辐射信号起作用，如图 4.72 所示。

如图 4.71 所示，稍微偏离精确的极化匹配，仅会引起小的损耗，当偏差为 10°时，噪声干扰机仅有 3% 的损耗（约 0.1dB）；线性转发式干扰机仅有 6% 的损耗（约 0.3dB）。然而，水平极化的雷达信号与相反极化的干扰机的互相作用，几乎能完全抑制干扰机的干扰效果。许多必须同时对付垂直和水平极化信号的干扰机，不是使用圆极化天线，就是使用倾斜极化天线。一般情况下，这样对付线极化信号有3dB损耗，但是这避免了问题的复杂性，不必对每个被干扰信号进行极化控制，同时降低了成本。

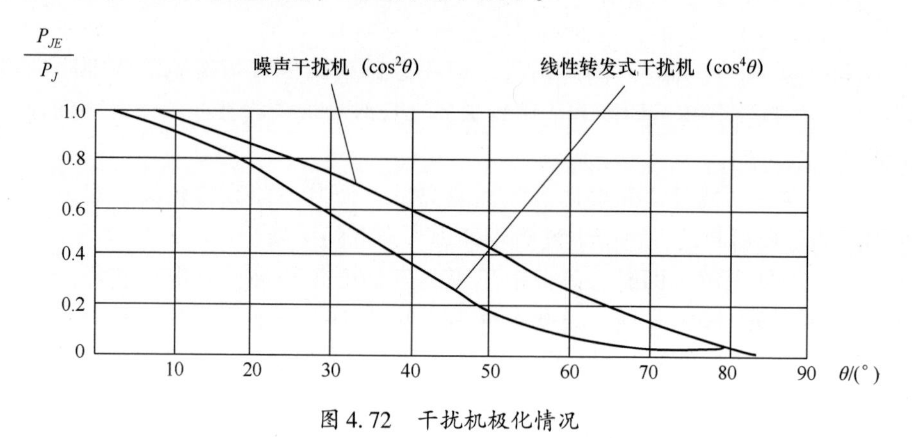

图 4.72　干扰机极化情况

1. 对抗极化对消器的双干扰机（double jammer for polarization canceller）

这种自卫或支援电子干扰技术，可降低装有极化对消器的雷达性能。极化对消器在对付主瓣噪声干扰机方面是有效的，一般能对付采用圆极化或椭圆极化电子干扰天线的自卫主瓣干扰机，它基于这样的事实：由于干扰信号的各极化分量出自一个源，因此能够相关，而雷达截面反射回波的极化分量是随机的，故不能有效的相关。

如果电子干扰设计师想在给定的频带上覆盖多个有威胁的极化，常常选择圆极化，因为所需的电子干扰资源最小。但是，如果在其中的某些受干扰雷达上有极化对消器，选择圆极化就是错误的。解决此类问题的适当办法是用两部互不相关的干扰机取代一部圆极化干扰机，即一个具有水平极化，而另一个具有垂直极化。在这种情况下，极化对消器的效果就大大降低了，因为它不能使来自两个不同源的干扰信号相关起来。应当注意的是，即使用两部独立的不同极化的干扰机进行工作，极化对消器仍然能给雷达操纵员带来反电子干扰方面的好处，这样，在执行特定任务中，电子干扰机才被迫用两部干扰机取代一部干扰机。考虑到电子干扰机的数目有限，故用极化对消器仍可降低整个干扰的效果。

另一种干扰办法是用一部干扰发射机激励两个不同极化的天线，而在一条通道上装有随机的移相器。但是，这一解决办法由于仅破坏对消器的动态跟踪能力，而不是破坏相关本身，因此不作为基本的配置。

2. 交变极化（polarization alternating）

这是一种自卫或支援电子干扰技术，它可以从一个极化快速转换到和它正交的极化，如图 4.73 所示，其转换速度和敌方雷达脉冲宽度的倒数相对应。假定测出脉冲宽度，则调整转换速度，使之与脉冲宽度的倒数严格对应，这种技术就更为有效。转发器或噪声干扰机都能够有效地采用这种转换极化的天线系统。

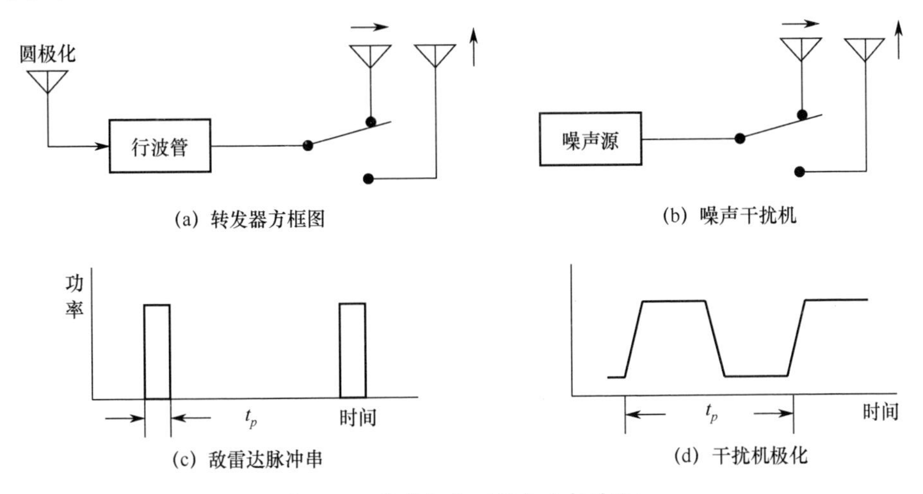

图 4.73　交变极化（极化去相关器）

这种干扰机的目的是使敌方雷达的极化对消器、相干旁瓣对消器、旁瓣消隐器或其他相关装置的性能下降。电子反干扰极化对消器利用一个辅助的正交极化天线接收通道，如果该接收通道的输出足够高，就能够用来对消来自接收机主通道的干扰噪声。如果在一个脉冲宽度期间至少改变极化一次，在该脉冲宽度内干扰机的输出就不能像没有干扰时那样好地被相关，因此对消器的功能至少降低了 1/2。图 4.73（a）所示为转发器方框图，图 4.73（b）所示为瞄频噪声干扰机方框图，敌方雷达脉冲串和干扰机的极化变化如图 4.73（c）、（d）所示。

图 4.73（a）、（b）示出了在敌方雷达脉冲宽度内，在大功率高电平上进行高速极化转换的两种技术，由于无法实现高功率的快速转换，因此它的应用受到限制。只有当接通或断开时间等于有意义的微秒数量级时，这种转换技术才是有用的。图 4.74 示出了克服这个问题的一个方法，即增加一个额外的大功率输出行波管和天线，实现小功率高速转换。开关置在位置“1”表示转发干扰状态，开关置在位置“2”表示噪声干扰状态。

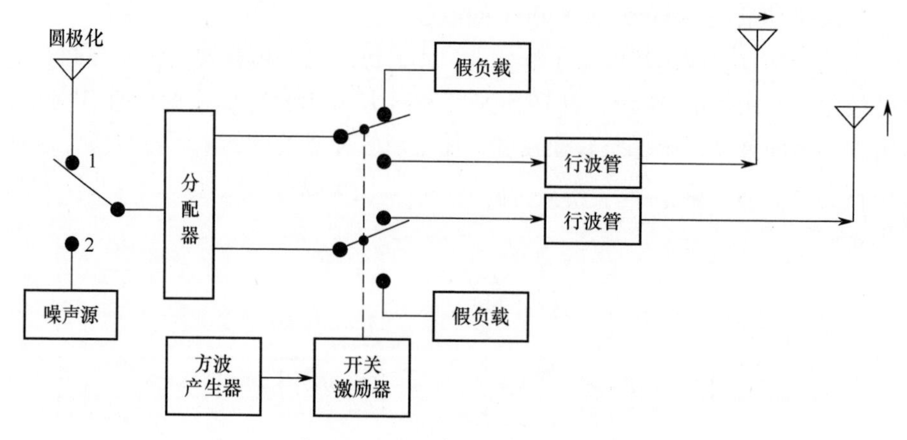

图 4.74　小功率交变极化方框图

3. 交叉极化干扰

这种 ECM 技术可对付所有的跟踪系统，它还能有效地对付雷达的某些 ECCM 技术，如旁瓣匿影技术。

交叉极化利用这样一个事实：即当天线极化与其设计时的极化相垂直时，在其天线方向图的主瓣位置上是一个零点而不是最大值，如图 4.75 所示。

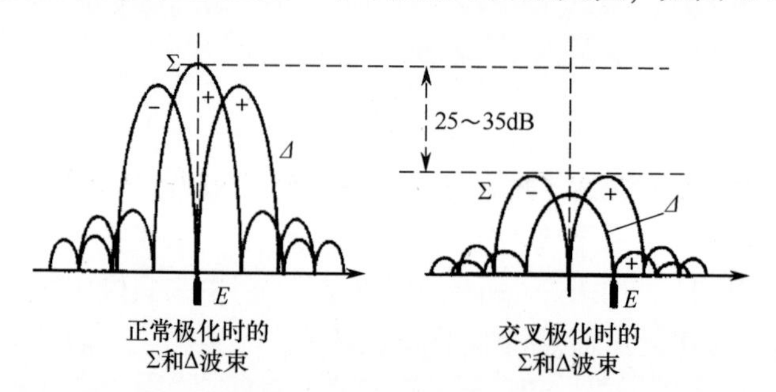

图 4.75　正常极化与正交极化的∑和△天线方向图

在正交极化情况下，跟踪雷达的平衡点远远偏离轴线。

如果天线是单脉冲型的，那么∑（和）与 Δ（差）波束的方向图如图 4.75所示，从正交极化方向图中可明显地看到∑似乎与 Δ 互换了位置。因此，目标的稳定跟踪点实际上是偏斜了一个波束宽度 θ_B 左右。

交叉极化 ECM 系统的第一个要求是能测量要干扰的雷达的极化，第二个要求是能转发一个准确正交极化的信号，如图 4.76 所示。

为估算这种系统的效费比性能，需做如下的考虑。

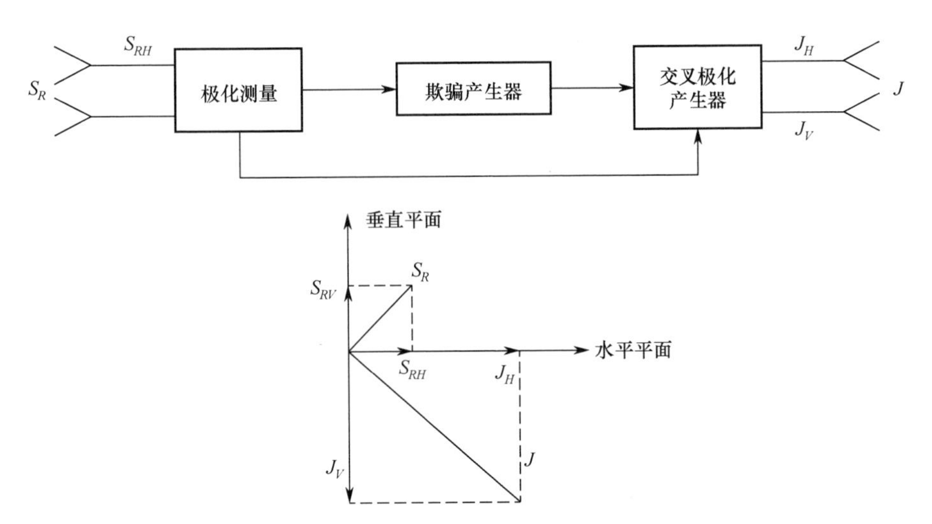

图 4.76　交叉极化欺骗干扰机的方框图

(1) 交叉极化的天线增益比具有相同极化的雷达天线增益低约 25 ~ 30dB。

(2) 如果事前没有实施 RGPO，或者雷达还没有进入跟踪干扰源的工作方式，那么交叉极化信号必须比表面回波至少强 25 ~ 30dB。

(3) 如果交叉极化产生的信号不是准确的 90°，它就含有雷达极化的分量，这将有利于雷达进行成功的跟踪。

例如，假定要干扰一部垂直极化的雷达，如图 4.77 所示，则必须产生一强的水平极化的干扰信号 P_J，如果产生的正交极化信号有 2°的误差，就会产生一个水平极化分量信号 V_{JH} 与一个垂直极化分量信号 V_{JV}，它们之间的关系为

$$V_{JV} = V_{JH}\tan 2^0 = 0.035V_{JH} \tag{4.10}$$

相对应的功率关系近似为

$$P_{JV} = 1.2 \times 10^{-3} P_{JH} \tag{4.11}$$

即

$$\frac{P_{JV}}{P_{JH}} = -29\text{dB} \tag{4.12}$$

干扰信号的垂直极化分量 V_{JV} 将会有助于雷达以一个比干扰信号功率低约 30dB 的信号来进行目标跟踪。由于雷达天线一般会使交叉极化分量衰减至少 30dB，而且干扰信号必须比真实信号强得多，因此 ECM 系统必须能以优于 1°的精度测量要干扰雷达的极化，还应能以相同的精度把信号发射出去，同时要适应在正常战斗过程中被干扰雷达与目标之间方位的相对变化。

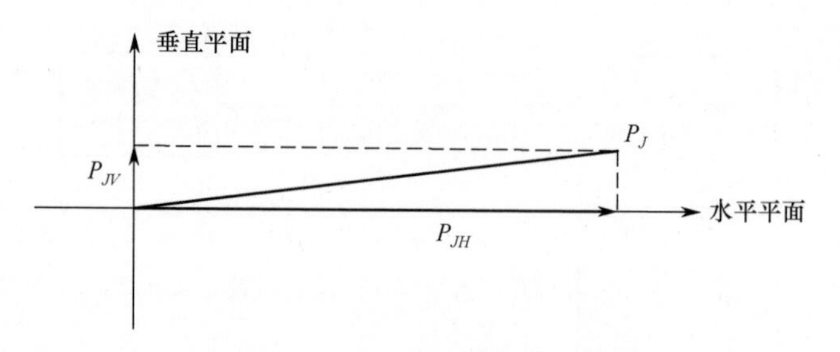

图4.77　交叉极化需要的正交精度

4.3.5　干扰效果监视

一部干扰机，除了在干扰前要完成频率、方位、干扰信号参数的引导，以及干扰输出功率和干扰波束的控制，在开始干扰后和整个干扰期间都需对干扰对象及干扰环境进行监视。干扰机在进行干扰的过程中对干扰对象及干扰环境变化的监视称为“干扰效果监视”。干扰效果监视是干扰机进行有效干扰不可缺少的重要环节，干扰效果监视的内容主要包括以下几点。

（1）干扰频率是否瞄准在被干扰雷达的频率上。

（2）干扰在方向上是否瞄准，干扰有效功率是否最佳。

（3）根据被干扰雷达或武器系统参数的变化以确定干扰是否有效。

（4）在干扰的同时，发现新信号及测量信号参数。

干扰机通过干扰效果监视所掌握的情况，便可采取相应的有效措施。例如，改善频率和方向上的瞄准，增大干扰工作比，将干扰限制在目标活动的周期上（只在雷达照射时施放干扰或进行重频跟踪）以提高干扰功率的有效利用，根据目标的变化而不断地调整干扰信号的参数等等。

一部干扰机的干扰效果监视系统，根据整机的要求，可以完成上述内容的不同项目。但至少要完成的一项监视内容就是频率上监视目标的变化，并使干扰瞄准目标的频率。

早期的干扰机，对付不调谐的雷达，可以不用专门干扰效果监视措施，只要在干扰中间断开干扰以观察目标变化即可。现代干扰机要对付的雷达性能好、数量多，就必须有良好的干扰效果监视系统。

1. 干扰效果监视方法

干扰效果监视之所以成为问题，是因为干扰功率很强，天线间的隔离度不够高，连续的干扰信号进入瞄准接收机，使之在干扰时无法观测信号。因此，实现干扰效果监视的办法有以下几种。

（1）改善天线系统的设计和增大收发天线间距离以提高收发天线隔离度，使干扰机能同时进行收发。

（2）使干扰短时间断开以进行侦察，这适用于人工操纵的干扰系统。

（3）周期性的关掉干扰或将干扰调开，并在关掉或调开的时间内进行对被干扰目标的监视（这种方法也称为瞬时观测），如图 4.78 所示。图 4.78（b）所示为将干扰关掉的方法，图 4.77（c）所示为将干扰调开的方法。图 4.77中 T_1为干扰监视时间，T_2为干扰时间，$T_2/(T_1+T_2)$ 称为干扰工作比。应尽量减小 T_1，使干扰工作比不小于99%，断开的频率也不应太高。

（4）用相位相消技术，将进入接收信道的干扰能量对消掉。

（5）用滤波法将进入接收系统的干扰信号滤除掉。

（6）对信号的频谱进行选通，连续地监视雷达信号的半个频谱，而在另一半上进行干扰，使监视和干扰同时进行。

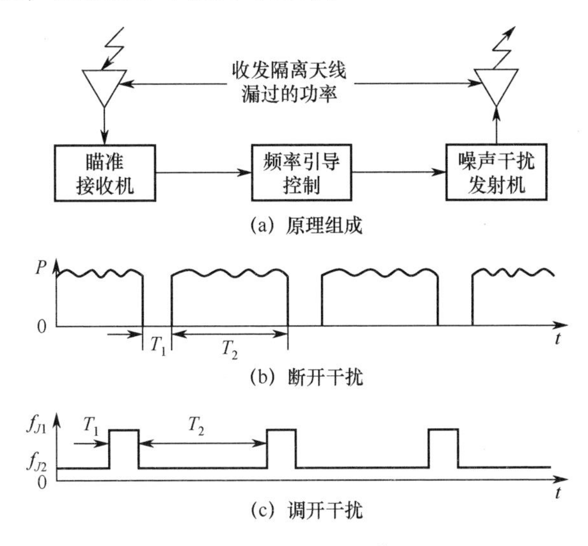

图 4.78　干扰效果监视

2. 干扰效果监视技术

1）利用射频开关将干扰功率周期性断开

一种利用射频开关将干扰功率周期性断开的监视系统，瞄准接收机接收干扰和雷达信号在显示器上监视干扰的瞄准和雷达信号的变化。干扰信号通过衰减器从发射机耦合过来，雷达信号由接收天线接收。只在干扰发射机功率加到假负载的同时接收天线才被接通，从而解决了强干扰功率对目标信号监视的影响。

这种方案适用于大功率返波管振荡器或电压调谐磁控管振荡器的噪声干扰机的功率监视。其射频开关和假负载都应具有大的功率容量，天线通断的转换速率一般为20~30Hz或更高些，以便在显示器上呈现清楚的图像。

对于主振放大式噪声干扰机，可直接控制电调主振（VCO）的输出。由于是在低功率上进行控制，因此简单易行，不必采用大功率的假负载。

对发射功率周期性的断开，技术上简单易行，但容易暴露干扰机的监视功能，雷达甚至可以利用干扰断开时间同步地进行目标的探测。

采用对消、滤波等方法进行干扰监视，不仅可以不必断开干扰发射功率，而且不会暴露干扰的监视功能。

2）利用相关技术的干扰监视系统

图4.79所示为利用相关技术将进入侦察天线的干扰发射功率对消掉的监视系统的原理图。此系统在侦察天线和瞄准接收机之间加进一个干扰对消器。这一对消器的一路信号来自侦察天线，一路是从发射机耦合出来经衰减器和相位控制器延时取样的信号。侦察天线接收的信号中的雷达信号与延时取样信号不相关，而从发射天线的隔离路径泄漏来的干扰信号则和延时取样信号相关，合适地调节取样信号的幅度和相位就可以将泄漏的干扰信号对消掉。

这种干扰监视系统可将漏入侦察天线的干扰能量大部分对消掉，而对雷达信号只有很小的损失。为了使对消效果好，要求收发天线最好具有固定的刚性安装，否则天线位置的相对变化会造成相位失配而影响对消效果。

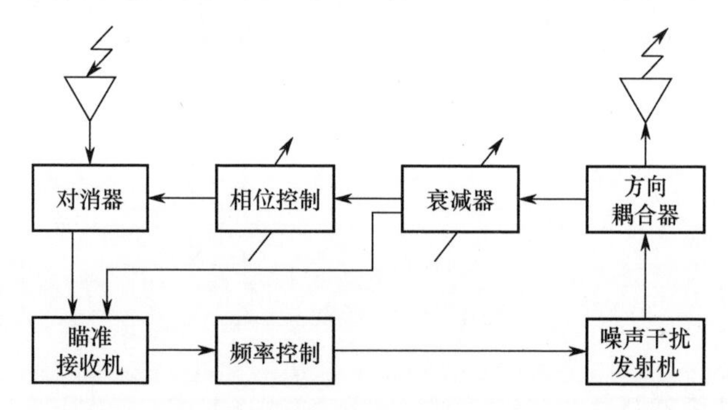

图4.79　采用相关对消技术的干扰监视系统的原理图

3）利用滤波方法的干扰监视系统

这种系统的原理图如图4.80所示。在发射系统中采用了频率可调的、能抑制干扰载频的带阻滤波器。带阻滤波器通过两组先接后断的射频开关串接到发射线路中，与这两组开关联动的还有接收系统中的单刀双掷开关，形成了两种工作状态。

（1）发射状态。这时干扰发射功率直接送至发射天线，由于侦察天线断开，没有信号进入瞄准接收机。发射出去的干扰信号频谱是一个完整的噪声调制干扰的频谱。

（2）监视状态。侦察天线开关处于位置 2，瞄准接收机和天线是接通的，这时雷达信号和由发射天线泄露过来的干扰信号均可进入瞄准接收机，但这时带阻滤波器已串入发射天线系统，发射的干扰信号的载频已经被滤除，其频谱呈中间凹陷的双峰状，当干扰载频和雷达信号频率瞄准时，雷达信号便出现在干扰频谱中间凹陷的缺口中。为了便于观察也可使雷达信号向下偏转。

实现这种方案的关键是带阻滤波器要和干扰发射机同步调谐，而且带阻滤波器和转换开关都应具有大的功率容量。

这种滤波法干扰监视系统在监视时间内仍可发射干扰信号，而不必将干扰功率完全断开。

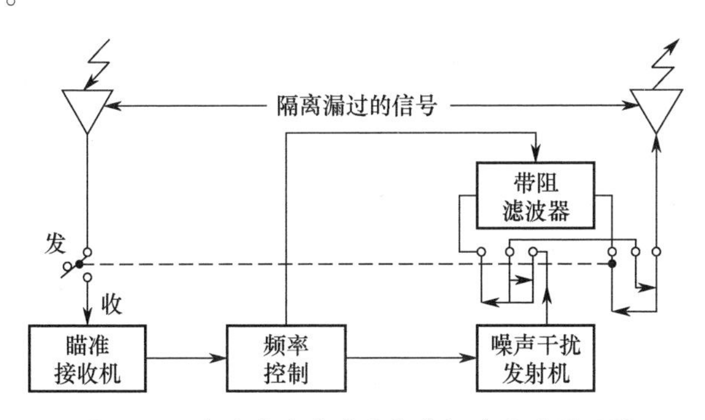

图 4.80　采用滤波法的干扰监视系统的原理图

4.4　伺服跟踪分系统

4.4.1　伺服分系统

1. 伺服分系统概述

伺服分系统是雷达干扰系统的重要组成部分，其主要功能是接收系统综合显控分机传来的控制命令和数据，将天线的方位、俯仰轴调转到指定的角度，或者根据预先设定的工作方式在规定的空域进行扫描以侦察目标或对敌方目标实施有效的干扰，并实时的根据需要向显控分机回送天线阵的方位、俯仰的角度数字量及伺服分机的各工作点的工作状态与伺服故障情况。

2. 伺服分系统的典型组成

伺服分系统一般分为方位和俯仰控制分系统。它由伺服控制单元、天线驱动单元、伺服电机、角度传感器等组成。典型情况下，只有伺服控制单元为方位、俯仰共用一套，其他部分为方位、俯仰支路驱动各有一套，伺服分机的典型组成框图如图 4.81 所示。

(1) 伺服控制单元：包括伺服控制计算机、接口控制单元，旋变激磁电源、单元 BIT 电路等。

(2) 伺服驱动单元：包括方位、仰角伺服驱动、状态控制、单元 BIT 电路等。

(3) 方位驱动电机、俯仰驱动电机及安装于方位、俯仰轴上的角度传感器。

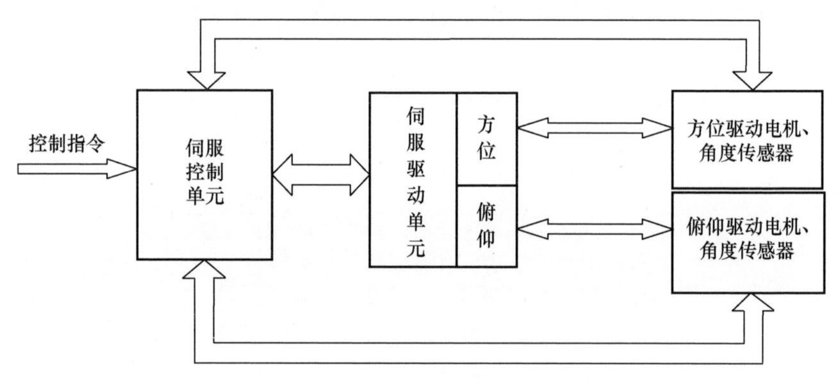

图 4.81　伺服分机的典型组成框图

雷达干扰系统的伺服分系统与雷达对抗侦察系统的伺服分系统组成与原理基本相同。

4.4.2　角跟踪分系统

1. 角跟踪分系统概述

角跟踪系统的作用，使雷达干扰系统的主天线始终对准目标，以达到有效的接收和有效的干扰的目的。

2. 角跟踪分系统的典型组成

角跟踪分系统的典型组成包括以下几个部分：角跟踪天线、放大检波组件、角跟踪接收机、角跟踪处理分机、天线机电组合及控制分机等。雷达干扰系统的角跟踪分系统的典型原理结构如图 4.82 所示。

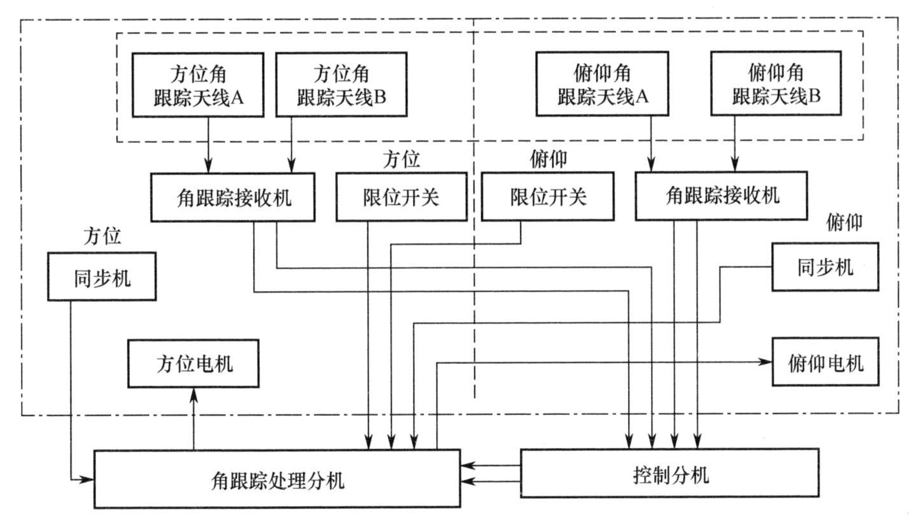

图4.82　角跟踪分系统的典型原理结构

方位角跟踪与俯仰跟踪均采用单脉冲被动跟踪原理，其原理框图如图4.83所示，其工作原理具体参见《雷达对抗原理》等相关书籍。

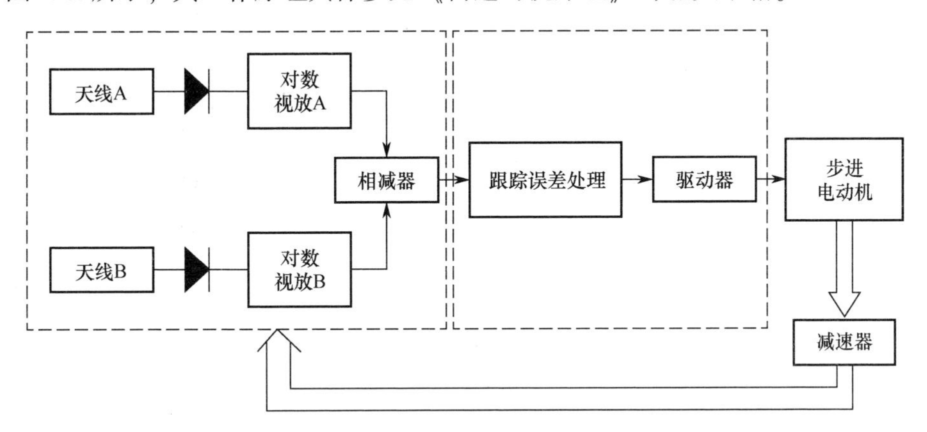

图4.83　单脉冲被动跟踪基本原理框图

角跟踪分系统每一部分的功能如下。

(1) 角跟踪天线：包括方位角跟踪天线与俯仰角跟踪天线，其主要功能为接收雷达射频脉冲信号，为角跟踪接收机提供角跟踪信息。

(2) 角跟踪接收机：先将输入的两路信号分别进行放大，然后将其进行比较输出大信号，最后经角跟踪处理机就会驱动电机使天线朝大信号方向转动，直到两信号相等时比较电路无输出，此时天线已对准了目标。

(3) 角跟踪处理机：产生方位码和俯仰码；进行误差比较、处理放大、寄存、功率驱动；天线方位扇扫、手控转换及控制；方位角和俯仰角的显示；误差信号的显示。

(4) 天线机电组合：完成天线方位俯仰的运动；天线方向的指示及限位控制。

(5) 控制分机：完成跟踪方式的选择，主要包括跟踪、扇扫、引导、检测。设定扇扫速度、扇扫范围、角跟踪接收机的增益控制和选通方式等。

4.5 显示控制分系统

显示控制分系统主要提供信息综合处理与显示，以及与各主要分机的接口，为操作员提供一个友好的人机交互界面，具备目标识别和威胁告警、发射控制、伺服控制、战术决策和对抗资源管理等功能。综合显控子系统对分选结果进行目标识别，对高威胁目标进行声光告警和干扰决策，引导干扰机对高威胁目标进行干扰，能够独立或配合其他各干扰站完成相应的战术功能，并具有系统复位功能等。

对抗资源管理也称为干扰功率管理，干扰功率管理单元是现代雷达干扰系统中的核心和灵魂，它一般由一台微型计算机及相应的接口控制电路构成，其典型原理框图及相互控制关系如图 4.84 所示。

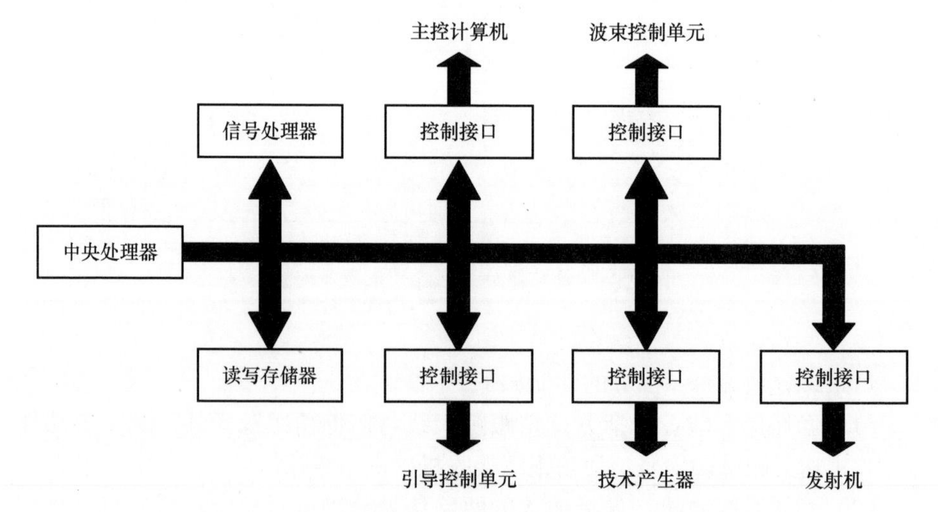

图 4.84　干扰功率管理的典型原理框图及相互控制关系

信号处理器和主控计算机首先将侦收到的雷达信号相关、分选和识别，经过识别后即可根据对敌方雷达的威胁程度对雷达进行干扰排队，得出每部雷达的威胁等级，并根据威胁雷达的数量和威胁程度进行干扰决策，以确定哪些雷达需要立即干扰，哪些可暂时不干扰，即确定干扰的优先等级，然后把干扰决策及要干扰的雷达文件传递给功率管理计算机。若雷达威胁有变化，则需及时将新的决策和新的雷达文件传递给功率管理计算机。功率管理计算机接收主控计算机送来的雷达参数和干扰决策后，就根据干扰优先级分配干扰资源。如果干扰资源有冲突，这时立即更换干扰程序，重新进行资源分配。

在干扰资源分配中，在初步分配完资源后要对干扰有效性进行预估计，如果预估计效果不好，要按被干扰雷达的优先级重新调整对各雷达的干扰程序，直到干扰效果最佳为止。分配完干扰资源就可发送控制命令，设置参数、发送启动指令对雷达实施干扰。

现代雷达干扰系统应当是自适应的干扰系统。要做到这一点，除了根据雷达威胁和数量自适应控制干扰资源，还必须实时地监视和评估实施干扰的效果，即通过侦察接收机不断地监视被干扰雷达的变化情况和整个雷达信号环境变化，对干扰的有效性做出评估，以便实时调整干扰决策方案和干扰参数，以达到最佳的干扰效果。

在采用相控阵接收或多波束干扰天线的干扰系统中，功率管理的另一个重要内容是干扰能量的空间管理。采用高增益窄波束机械转动的天线虽然可获得高的有效辐射功率，但反应速度慢；而宽波束的发射机虽然可以覆盖较大的空域，但难以提高有效辐射功率。为了既可覆盖较大的空域，又有大的有效辐射功率，现代雷达干扰系统常采用多波束或相控阵天线技术。

显示控制分系统的主要技术指标如下。

1. 信息处理功能

（1）提供电磁环境活动态势图。

（2）接收指令进入相应的工作模式。

（3）接收 ESM 站的情报。

（4）进行信息相关、融合处理。

2. 管理控制功能

（1）雷达信号识别、威胁判断、告警。

（2）对抗决策和对抗资源管理及上报。

（3）数据库管理。

（4）伺服控制管理。

(5) 发射控制管理。

(6) 频谱显示控制。

3. 显示操作

显示控制分系统大多会提供以下显示功能：表格显示；极坐标显示；地理坐标显示；九九方格显示；平面直角坐标显示；系统状态显示；频谱显示；全脉冲参数显示；伺服状态显示；键盘输入操作；鼠标输入操作。

4. 作战能力

(1) 最大分配目标数。

(2) 最大处理目标数。

(3) 反应时间。

(4) 数据库容量。

图 4.85 所示为显示控制分系统的典型原理结构简图，包括主控计算机模

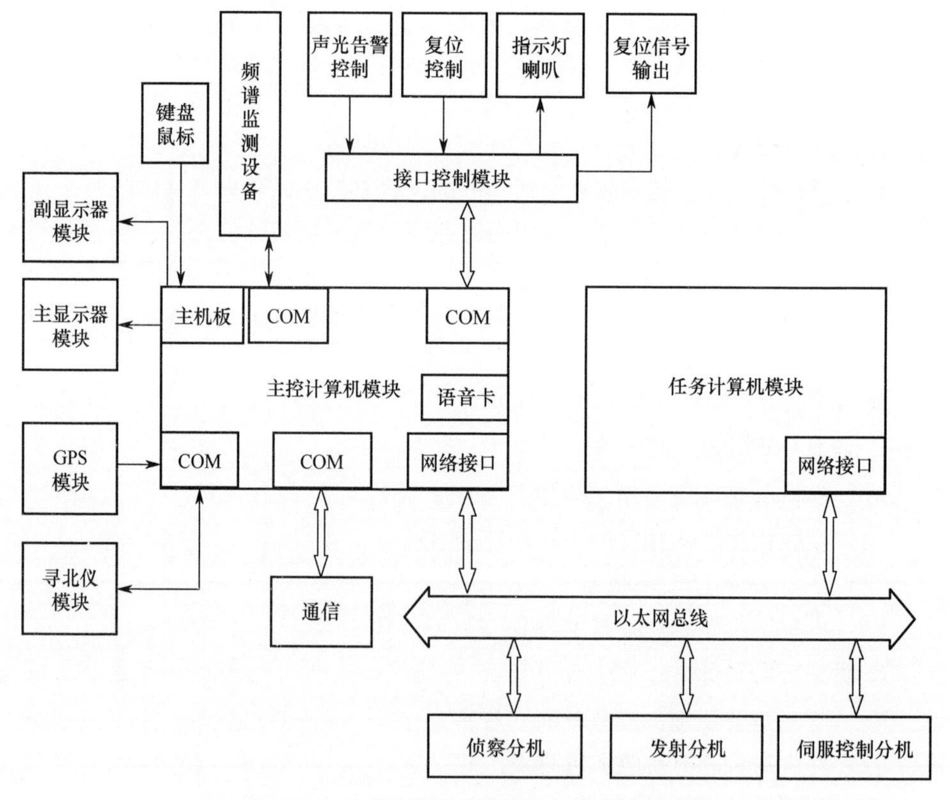

图 4.85　显示控制分系统的典型原理结构简图

块、主显示器模块、副显示器模块、任务计算机模块、操控模块（键盘、鼠标等设备）、GPS 模块、接口控制模块等构成。

（1）主控计算机模块。主控计算机模块是显示控制分系统的核心部分，主要完成信息综合处理与显示，包括各种情报信息的接收、发送、处理与显示，以及实现人机对话功能。

（2）主显示器模块。主显示器模块能以表格、图形等方式显示各种信息，同时能显示分系统或设备的工作状态。

（3）副显示器模块。副显示器模块功能与主显示器模块相同。

（4）任务计算机模块。任务计算机模块同主控计算机模块，主要用作数据处理，完成信息相关、数据融合、模拟训练等功能。

（5）操控模块。综合显控台的操控模块完成各种操作控制。

（6）接口控制模块。接口控制模块完成系统的加电/断电控制，包括复位控制和声光告警控制等。

4.6 无源干扰系统

1. 雷达无源干扰系统概述

雷达无源干扰系统的主要用途是用于作战武器系统的自身防护，即主要用于对雷达实施自卫性干扰，通常配置在被保护平台或附近。因此，雷达无源干扰系统根据其装载平台可分为机载、舰载和车载等。

雷达无源干扰系统一般由侦察告警设备、发射装置、干扰弹、控制设备等组成。其主要战技指标有：①系统的反应时间（侦察告警设备发现信号到形成所要求的干扰所需要的时间）；②被保护目标的有效雷达反射面积；③无源干扰物的有效反射面积；④覆盖波段；⑤干扰物有效滞留时间。

2. 机载雷达无源干扰系统

机载雷达无源对抗系统可分为两个系列，即机载自卫系列雷达无源对抗设备和机载掩护系列雷达无源对抗设备。机载箔条投放设备属于机载自卫系列雷达无源对抗设备，用于载机平台自身防护，主要作战任务是投放箔条干扰弹，形成雷达诱饵，对抗跟踪本机的雷达制导导弹；机载掩护系列雷达无源对抗设备主要包括大容量内装式箔条干扰设备和大容量箔条干扰吊舱等，主要用于布撒箔条干扰走廊，掩护其他飞机突防。

1）机载自卫系列雷达无源干扰设备

机载箔条和红外干扰弹投放设备是种类最多、装备量最大的一类电子对抗设备。一般包括显示控制盒、程序器、顺序器、发射器和箔条干扰弹等，有些设备还可投放一次性使用的雷达有源干扰机，如图 4.86 所示。

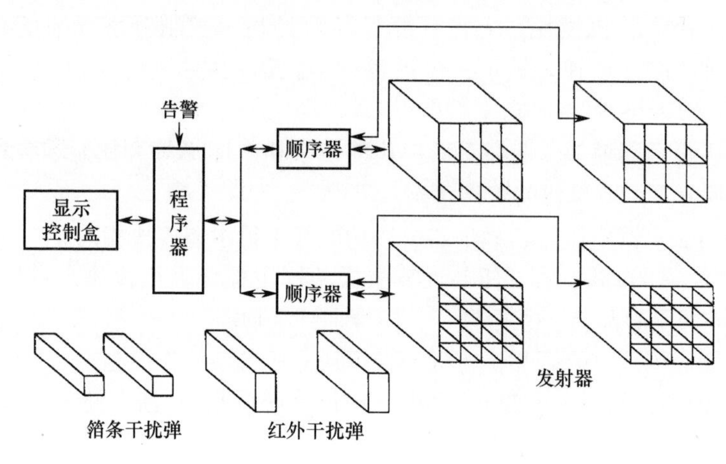

图 4.86　机载箔条和红外干扰弹投放设备

（1）显示控制盒：安装在飞机驾驶座舱中，用于显示设备的工作状态、发射器中干扰弹的余弹数量等参数，驾驶员可以通过面板上的控制开关和旋钮选择设备的工作方式、要投放的弹种及数量、投放时序，发出投放命令等。

（2）程序器：整个设备的处理中心，负责接收威胁告警信号，形成干扰弹投放控制参数，产生点火脉冲序列。威胁告警信号一般来自雷达告警接收机或导弹逼近告警设备。程序器将干扰弹点火脉冲序列送至顺序器，由顺序器将点火脉冲分配到发射器的触点上，引爆干扰弹。

（3）顺序器：由多路点火脉冲分配电路单元组成。干扰弹最终要由发射器投放出去。发射器通常由后盖板和弹匣两部分组成。后盖板上分布着一系列点火触点，将来自顺序器的点火电流传导到干扰弹的底火上去。后盖板的另一个重要作用是将发射器与飞机机体之间连接起来。弹匣是一种发射炮管阵列结构，炮管截面有圆形、正方形、矩形等形状，与之相配合，也有圆形、正方形、矩形等截面形状的干扰弹。发射器的后盖板和弹匣之间采用快速锁定装置连接，使得干扰弹装填方便、快捷。干扰弹由弹体、箔条包、底火等部分组成，依靠底火引爆将箔条推出弹体。图 4.87 所示为一种箔条干扰弹的结构图。

（4）机载箔条干扰弹：干扰雷达的原理是“质心干扰”。它的物理基础是雷达的空间跟踪点位于其分辨单元内的能量中心上。当雷达分辨单元内存在一个目标时，雷达跟踪该目标的散射能量中心；当雷达分辨单元内存在两个目标时，雷达则跟踪由两个目标共同构成的能量中心，通常把这个能量中心称为

“质心”。质心与两个目标的距离关系类似于力学中两物体自身重心与两者合成重心的关系。两个物体的合成重心总是靠近质量大的物体。同理，当雷达分辨单元里存在两个以上目标时，雷达的跟踪点则会偏向散射能量较大的目标。根据这个原理，当飞机受到雷达跟踪时，在飞机所处的雷达分辨单元内，利用箔条布设一雷达诱饵，并使得箔条云的雷达截面积大于飞机的雷达截面积。箔条云的出现使雷达跟踪点偏离飞机，飞机迅速机动飞出该雷达分辨单元，摆脱雷达的跟踪，这一干扰过程称为“质心干扰”，如图4.88所示。

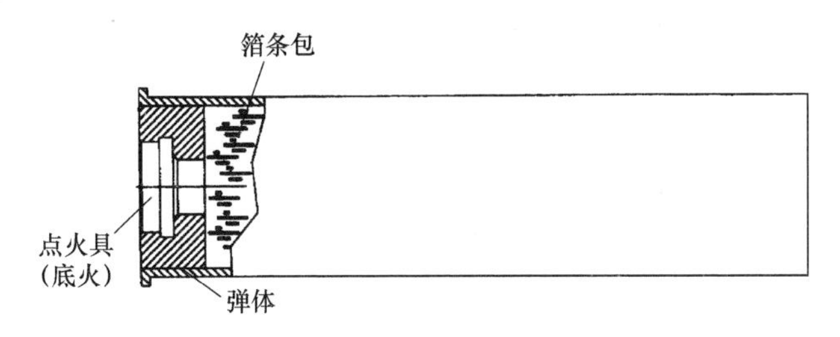

图4.87　箔条干扰弹的结构图

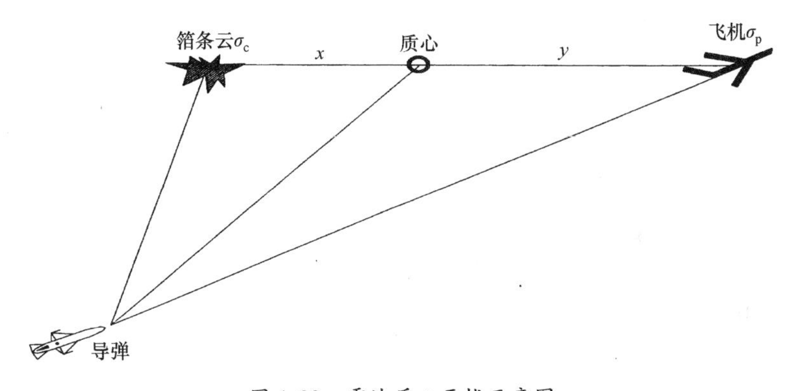

图4.88　雷达质心干扰示意图

为了保证质心干扰有效，一般要求箔条云比飞机雷达截面积大2~3倍；为了使飞机迅速摆脱威胁，要在飞机所在的雷达分辨单元内尽可能快地形成诱饵。这是机载箔条和红外干扰弹投放设备设计和应用的基本原则。

机载箔条和红外干扰弹投放设备作战效果与作战环境关系密切。威胁的方向及距离和接近速度、飞机的速度和机动能力、空域环境等因素都对作战效果有直接影响。要根据所有这些因素正确做出战术决策，这种战术决策具体体现为机载箔条和红外干扰弹投放设备的作战程序，即干扰弹投放参数和机动措施的选择方案。投放参数一般包括干扰弹的投放间隔时间、投放弹数、组间隔时间、组射数、单双发。确定上述参数的依据是前面提到的“质心干扰”原理。

要是箔条干扰弹能够有效地破坏敌方雷达自动跟踪系统，必须首先保证，在干扰云形成有效雷达截面积时，干扰云和飞机处于同一雷达分辨单元中。这是选择投放箔条干扰弹的间隔时间的主要依据。由于飞机各方向的雷达截面积不一样，投放弹数是与威胁方位有一定关系的。为了加大箔条云的雷达截面积，有时还需要双发投放，载机处于不同的高度时，大气密度也不同，在大气密度减小时，干扰云的扩散特性也随之变差，所以载机的高度也影响箔条干扰弹的投放数量。组间隔时间是投放两组干扰弹的间隔时间，前一组干扰弹在将雷达跟踪波门引开后，若雷达发现真实目标已经丢失，重新搜索跟踪目标，则应由新的诱饵继续诱惑欺骗雷达，因此投放下一组干扰弹。随着威胁源对载机攻击方向的不同，捕获载机的时间也不一样。投放几组箔条干扰弹主要决定于对付威胁源一次攻击的时间。

一般来说，迎头攻击的时间较短，尾追攻击的时间较长。早期的飞机速度低、机动能力差，主要威胁是火控雷达系统，机载箔条和红外干扰弹投放设备战术应用和相应的作战程序比较简单；现代作战飞机速度高、机动能力强，主要威胁是高速、高精度的导弹系统。因此，机载箔条和红外干扰弹投放设备不论在功能和战术应用方面，还是性能指标方面都有了显著提高。以前，机载箔条和红外干扰弹投放设备的投放参数要根据作战任务在地面预先设定，在空中不能更改，投放操作由飞行员根据作战需要控制。随后的改进是建立了与雷达告警设备的直接接口，增加作战程序并根据作战态势在空中选择合适的应用程序，使得机载箔条和红外干扰弹投放设备具有了自动对抗威胁的能力。最新的机载箔条和红外干扰弹投放设备技术发展突出体现在如下两个方面。

（1）采用最新电子技术。通过航空电子系统总线使机载箔条和红外干扰弹投放设备成为综合航空武器系统的组成部分，成为飞机作战综合指控系统管理下的电子战武器资源。机载箔条和红外干扰弹投放设备通过航空数据总线实时接收威胁源数据、航空作战指控命令和载机状态数据，做出最佳作战决策，减轻了飞行员的负担（当然，必要时也可由飞行员人工控制投放），使干扰具有较强的针对性，大大地提高了干扰效果。机载箔条和红外干扰弹投放设备的系统状态由座舱多功能显示器显示，显示方式直观醒目，投放时伴有声光提示。由于采用了超大规模集成电路芯片，使设备具有自检测功能，设备的可靠性和维修性达到了新的水平。

（2）战术应用人工智能化。由于现代战争中飞机平台面临威胁极为复杂，战场态势变化迅速，战术决策更为复杂，反应速度必须更快。因此，传统的有限作战程序及其人工决策已无法适应复杂和瞬息万变的战场环境。为了处理这种复杂、模糊、难于建立确定性数学模型的问题，采用人工智能专家系统是较好的办法。美国最新的“灵巧”机载箔条和红外干扰弹投放设备 AN/ALE-47 采用了“集中最机敏的电子战专家”经验的战术决策专家系统，能够在 100ns 内自动作出合理战术决策。

2）机载掩护系列雷达无源干扰设备

机载掩护系列雷达无源对抗设备用于大面积布撒箔条干扰走廊。多数设备直接投放预先切割好的不同长度的箔条，以覆盖足够宽的雷达波段，例如 AN/ALE-38/41 箔条投放吊舱；另一类设备则是根据雷达告警设备侦察到的雷达工作波长，将很长的箔条束实时地切割成要求的长度，投放出去，干扰相应的雷达，例如 AN/ALE-43 机载箔条切割投放器吊舱。

3）典型机载雷达无源干扰设备

美国的 AN/ALE-47 是先进的机载雷达无源干扰设备，如图 4.89 所示，它是机载箔条和红外干扰弹投放设备家族中的最新成员，它具有对威胁自适应处理和软件可编程等特点，能够投放箔条干扰弹和一次性使用的雷达有源干扰机，有 3 种作战模式。

① 人工模式。它具有 6 种预编程投放程序供飞行员选择。

② 半自动模式。根据雷达告警接收机和其他传感器系统，以及飞机航空电子系统输入的信息，选择最佳投放程序，由飞行员控制投放。

③ 自动模式。设备自动评估威胁，自动投放。

图 4.89 AN/ALE-47 威胁自适应干扰物投放系统

3. 舰载雷达无源干扰系统

1）舰载无源干扰系统概述

舰载雷达无源对抗系统的产生和发展是与反舰导弹的使用联系在一起的。1967 年 10 月中东战争中，六发苏制“其河”型舰舰导弹喷着火舌从埃及舰艇上冲出后，两发击中以色列商船，三发将以色列的“艾特拉”号驱逐舰送入海底；反舰导弹从此成为现代海战中水面舰艇的主要威胁。为了对抗饿虎扑食般飞袭过来的反舰导弹，将其拦截在空中，人们发明了反导导弹和小口径速射火炮，这称为“硬杀伤”手段。事实上，反舰导弹之所以几乎百发百中，主要是由于它有了搜寻跟踪目标的眼睛——制导系统。但是，使反舰导弹的眼睛看不清目标或看不到目标或认错目标，同样可以让它失去威力。针对各种反舰导弹的制导方式，采用相应的电子战手段，干扰其制导系统，是对抗反舰导弹的有效措施。对应于硬武器拦截，人们把电子干扰称为“软杀伤”措施。舰载雷达无源对抗系统就是对付反舰导弹的一种非常有效的电子战手段，并且已经成为现代水面舰艇的基本电子战装备。

舰载雷达无源对抗系统主要是指以箔条干扰弹为主要武器、一般兼有发射红外干扰弹及其他干扰弹能力的舰载诱饵发射系统，还包括舰用假目标系统等。舰载诱饵发射系统用火箭或火炮将箔条干扰弹等干扰器材发射到一定距离和高度的海面上空，迅速形成箔条云。宽频段的箔条可以对导弹雷达末制导系统造成欺骗干扰，也可以干扰火控雷达。

2）舰载无源干扰系统的组成

舰载诱饵发射系统由控制设备、发射装置、干扰弹 3 个部分组成。图 4.90 所示为典型的舰载诱饵发射系统的组成。

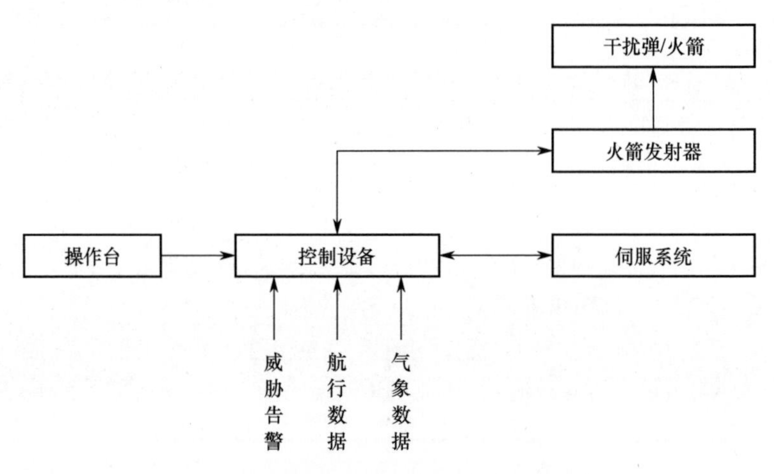

图 4.90　典型的舰载诱饵发射系统的组成

控制设备具有计算、逻辑判断功能。以军用计算机为核心的控制设备与舰上雷达侦察告警设备、情报台、导航设备及气象仪相连接，最大限度地利用来自舰载探测器的信息。设备内部装有功能很强的实时战术软件，对各种威胁迅速做出反应，按成功可能性最大的方式自动发射干扰弹，或者给出发射引导信号，由人工决定干扰弹发射，也可以完全实行人工控制。控制设备还具有干扰弹状态检测功能，显示发射装置干扰弹状态信息。发射装置有迫击炮和火箭炮两种类型，发射角度有固定的和旋转的两种形式。迫击炮式发射装置多为小口径多管炮，且一般发射角度固定，射程较近，反应时间短，以实施质心干扰为主，适用于机动灵活的中、小型舰船；火箭式发射装置口径相对较大，射程远，干扰方式多样，既能用于质心方式干扰，也可用于迷惑式干扰、冲淡式干扰和转移式干扰。为保证实现各种作战要求，常采用旋转式发射装置，多用于装备大、中型舰船。干扰弹按照口径可分为两种；一种是大口径干扰弹，如美国的 RBOC 诱饵发射系统口径为 112mm，一发干扰弹形成的箔条云雷达截面积为 1000m^2，小型舰艇只需一枚干扰弹就能得到有效保护，对于大一些的舰船，如护卫舰，需要一次齐射适当数量的干扰弹；另一种是小口径箔条榴弹，如英国的 PROTEAN 发射装置，每发箔条榴弹口径为 40mm，以 9 发弹为一组发射，箔条云反射面积为 1000m^2，对于小型舰艇发射一组干扰弹即可，对于大一些的舰船则需要多组齐射才能获得有效的保护效果。

雷达制导的反舰导弹来袭时，舰载雷达无源干扰设备根据雷达侦察告警设备提供的告警信息和当时的风向、风速，按照预先装定的程序或实时计算的结果，给出干扰弹发射信号，由发射系统将干扰弹发射到预定空间；干扰弹炸开后，箔条丝迅速散开形成箔条云，箔条云随风漂移运动，成为雷达诱饵，诱骗导弹末制导雷达，使导弹偏离舰船。舰艇则按照计算或逻辑判断结果实施机动。反舰导弹攻击规船一般经过雷达探测引导、发射、巡航、末端制导系统开机搜索、目标锁定攻击 5 个阶段。干扰设备可针对反舰导弹攻击的不同阶段，实施层次防御，通常有质心式干扰、冲淡式干扰、转移式干扰和迷惑式干扰 4 种干扰方式。

3）舰载无源干扰基本方式

（1）质心式干扰。质心式干扰的原理与飞机投放箔条干扰弹欺骗雷达跟踪相同。水面舰艇通过发射箔条干扰弹对来袭的反舰导弹实施质心干扰的过程如图 4.91 所示。导弹末制导雷达原来跟踪舰艇［图 4.91（a）］，实施质心干扰后，开始时舰艇回波与箔条云回波重叠或靠得很近，末制导雷达的跟踪波门套住两个回波［图 4.91（b）］。随着箔条云的移动和舰艇的机动，两个回波快速分开，由于末制导雷达自动增益控制电路对小信号（目标回波）的抑制，致使末制导雷达跟踪箔条云，舰艇避开了导弹的攻击［图 4.91（c）］。两个回波幅度差别不大，又靠得很近时，导弹将瞄准两者的质量中心。质心式干扰的效果与很多因素有关，如风速、风向、舰艇的航向和航速、箔条干扰弹发射的时机、箔条云与被保护目标的雷达截面积之比等。

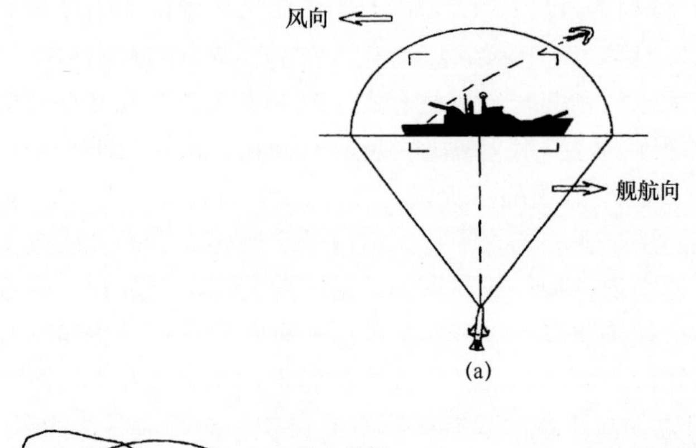

(a)

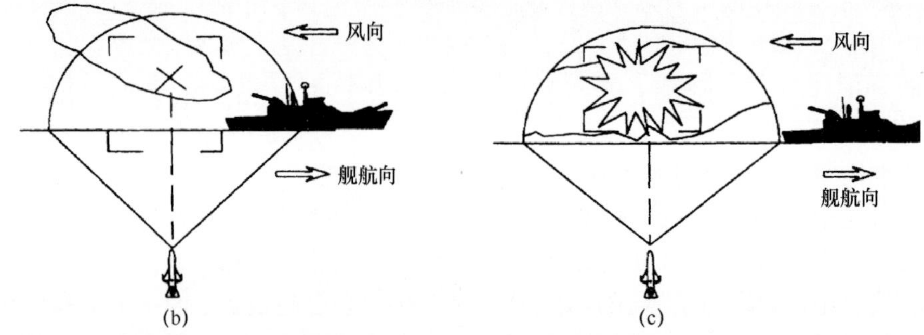

(b)　(c)

图 4.91　质心式干扰示意图

质心干扰是对抗反舰导弹的有效手段，尤其是雷达截面积小、机动灵活的小型舰船特别适合应用质心干扰，大型舰船也把质心干扰作为对抗反舰导弹的“最后一招”。

（2）冲淡式干扰。冲淡式干扰用于对付导弹末端制导系统。当发现敌方发射导弹后，在敌方导弹末制导雷达开机前，向舰船周围发射数发箔条干扰火箭，形成多个雷达假目标，使导弹末制导雷达开机搜索目标时首先捕捉到假目标箔条云，如图 4.92 所示。

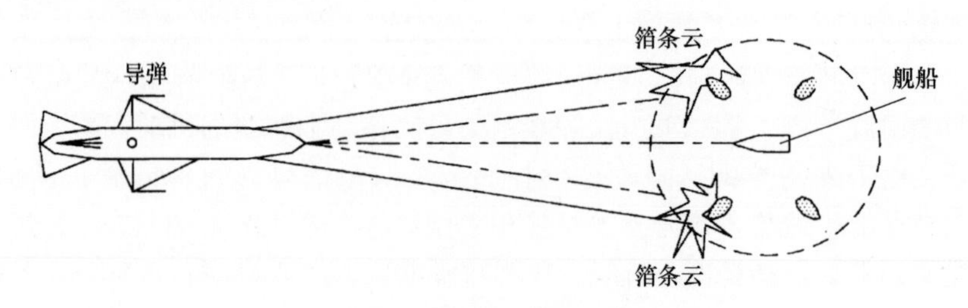

图 4.92　冲淡式干扰示意图

(3) 转移式干扰。转移式干扰是当舰艇已被敌方导弹跟踪，为摆脱被跟踪状态而采取的一种雷达无源干扰和有源干扰联合行动。在距舰较近距离上，投放箔条，形成雷达假目标，有源干扰采用跟踪波门拖引技术，将导弹跟踪波门拖向箔条云，使导弹跟踪“转移”到假目标上去，舰艇快速脱离箔条回波区，避免被直接击中，如图 4.93 所示。

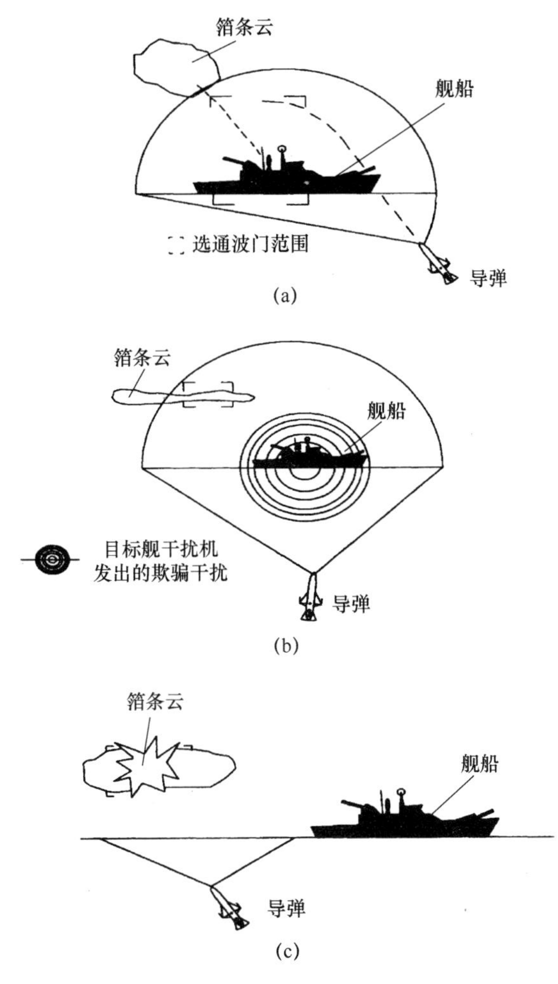

图 4.93　转移干扰示意图

(4) 迷惑式干扰。迷惑式干扰是用箔条干扰火箭布设远程雷达假目标，迷惑敌方导弹发射平台上的搜索雷达和火控雷达。舰艇雷达侦察告警设备发现敌方搜索雷达和火控雷达开机搜索目标时，用远程箔条干扰火箭向本舰周围数千米距离发射若干枚箔条干扰弹，形成多个雷达假目标。箔条云雷达截面积应与被掩护舰艇相当，使敌方雷达难以判别真假。迷惑式干扰的原理如图 4.94 所示，没有干扰时，在敌方雷达 P 型显示器上，只有舰船目标；实施迷惑式干扰后，敌方雷达 P 型显示器上会出现多个目标。

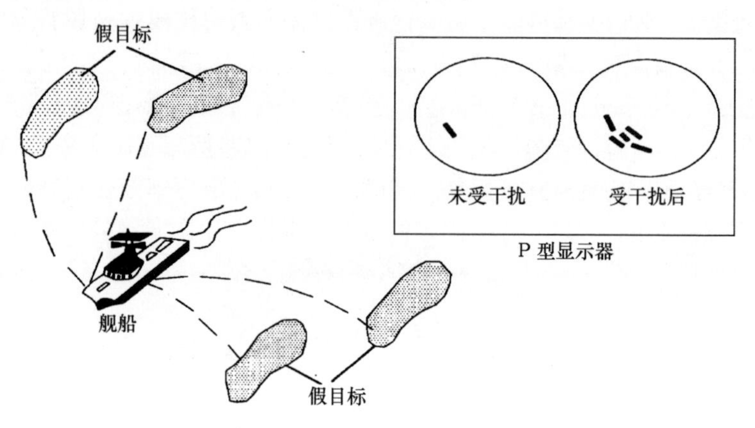

图 4.94 迷惑式干扰的原理

上述各种干扰方式的干效果还与应用时机、反应时间、箔条干扰弹的技术参数有很大关系。应用时机是战术使用问题，反应时间则是对抗设备本身的性能问题。舰载诱饵发射系统的反应时间定义为从控制设备收到告警信号到形成干扰能力的时间，其中包含控制设备解算时间、干扰弹发射及飞行时间、箔条云散开形成时间。一般来说，舰载诱饵发射系统的反应时间应尽可能短。

从 20 世纪 70 年代以来，西方国家研制和大量装备了多种舰载诱饵发射系统。Dagaie 诱饵发射系统是法国 CSEE 公司研制的装备中、小型水面舰艇的箔条干扰系统。其系统的组成如图 4.95 所示。它主要应用于近程防御。该系统的数据处理装置可与舰上的告警设备、导航设备相连接，自动控制发射程序，给出最佳发射方向和机动航向，系统反应时间极短。DAGJdE 系统的箔条干扰弹以标准的干扰弹箱为基本发射单元，单个箔条干扰弹箱含 33 枚不同发射仰角的箔条干扰弹，如图 4.96 所示，可在空中形成最大雷达截面积 5000m^2 的扇面状箔条云，依靠旋转式的发射装置，使箔条云的最大几何截面方向（也是箔条云的最大雷达截方向）迎着反舰导弹来袭方向，最大限度地发挥箔条云的利用效率，如图 4.97 所示。Dagaie 系统一般在舰艇左右舷对称配置两座发射装置，每座发射装置有 8 ~ 10 个标准干扰弹箱。该系统是目前世界上最先进的舰载诱饵发射系统之一，已被包括法国海军在内的几十个国家的海军装备使用。

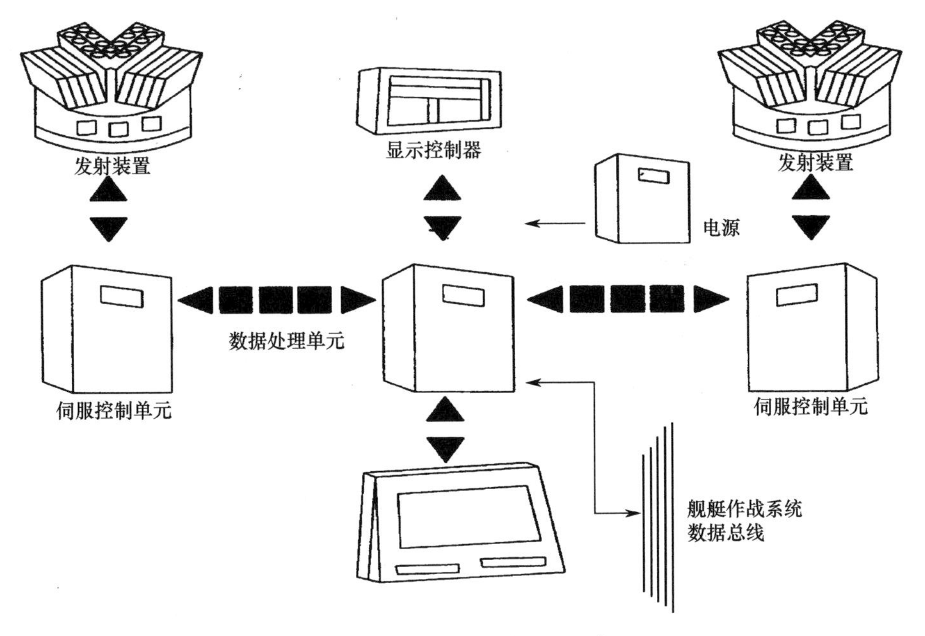

图 4.95　DAGJdE 系统的组成

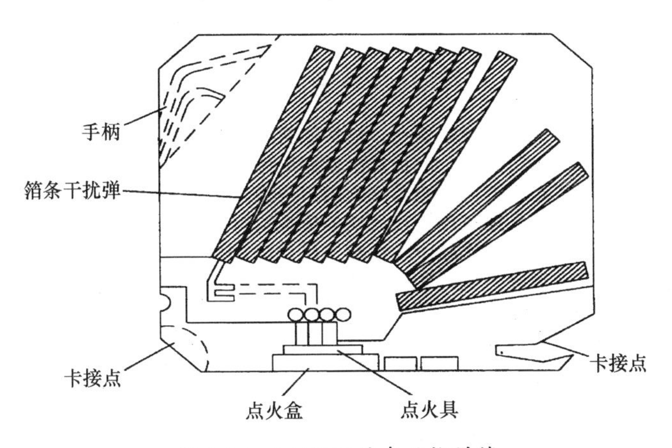

图 4.96　DAGJdE 波条干扰弹箱

随着现代军事电子科技的进步和反舰导弹的发展，舰载诱饵发射系统不再仅仅是传统意义上的雷达无源干扰设备，而将成为综合性的电子战资源，除了传统的箔条干扰弹和红外干扰弹，还有烟幕干扰弹、一次性使用的雷达干扰机、对抗热成像系统的假目标干扰弹等将加入到舰载诱饵发射系统干扰资源的行列中来。舰载诱饵发射系统的作战方式必将综合化，设备将拥有多种作战方式，保证舰艇能够在近中远多层次上实施对抗。舰载诱饵发射系统作为舰艇平台综合电子战系统的有机组成部分，系统的干扰资源综合管理能力、战术应用控制必将走向智能化，以适应错综复杂的现代战场作战环境，确保作战效能。

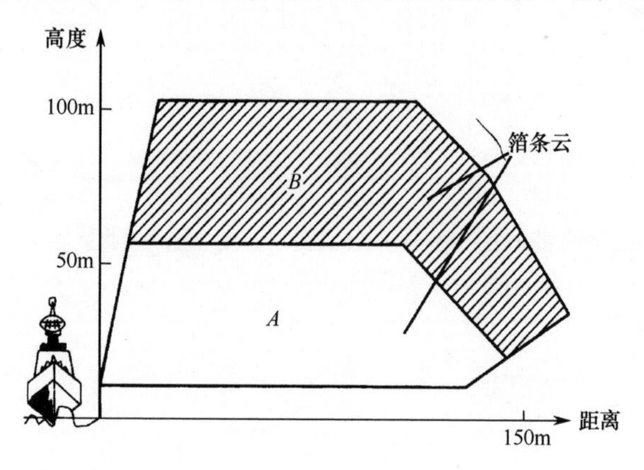

图 4.97　DAGJdE 泊条干扰示意图

4）典型舰载雷达无源干扰设备

美国、法国和英国是世界上舰载雷达无源干扰装备最先进的国家，其典型装备有：美国的 MK-36 无源干扰系统；英国的“盾牌”（shield）和“防栅”（barricade）系统；法国的“萨盖”（sagaie）和“达盖”（dagaie）系列舰载诱饵干扰系统等，如图 4.98～图 4.101 所示。

图 4.98　美国 MK-36 无源干扰系统发射器

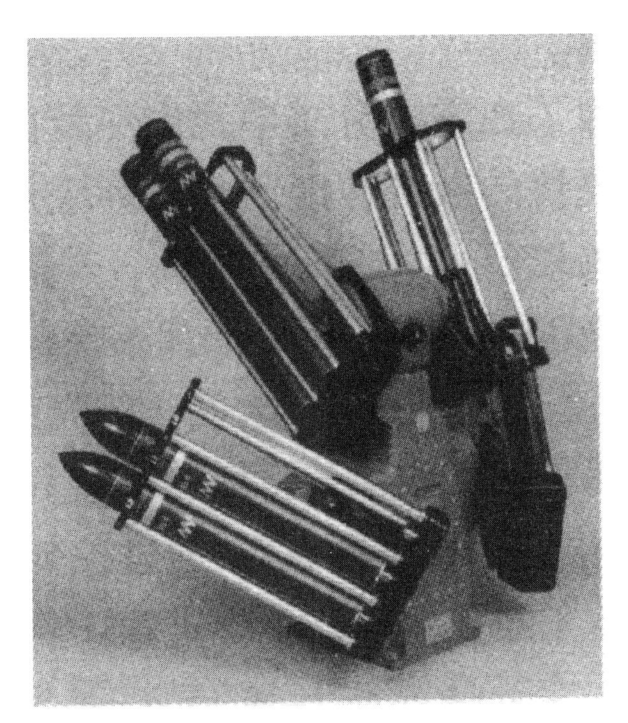

图 4.99　英国“防栅”舰载无源干扰发射器

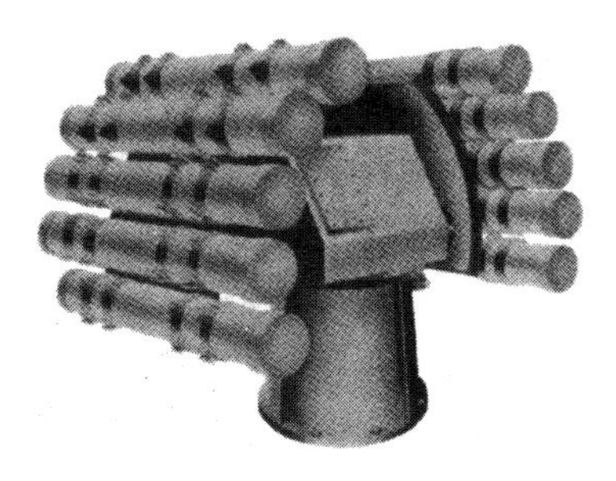

图 4.100　法国“萨盖”舰载无源干扰发射器

图 4.101　法国“达盖”舰载无源干扰发射器

随着现代军事电子科技的进步和反舰导弹的发展，舰载诱饵发射系统不再仅仅是传统意义上的雷达无源干扰设备，而将成为综合性的电子战资源，除了传统的箔条干扰弹和红外干扰弹，烟幕干扰弹、一次性使用的雷达干扰机、对抗热成像系统的假目标干扰弹等将加入到舰载诱饵发射系统干扰资源的行列中来。舰载诱饵发射系统的作战方式必将综合化，设备将拥有多种作战方式，保证舰艇能够在近中远多层次上实施对抗。舰载诱饵发射系统作为舰艇平台综合电子战系统的有机组成部分，系统的干扰资源综合管理能力、战术应用控制必将走向智能化，以适应错综复杂的现代战场作战环境，确保作战效能。

海上漂浮假目标也是对抗雷达反舰导弹的有效手段，由发射器和充气诱饵组成，如图 4.102 所示。将诱饵折叠放在发射器内，需要布放时发射出去。诱饵发射后自动充气，形成雷达反射器漂浮在海面，用于欺骗敌方雷达、引诱敌方导弹，保护己舰的安全。

图 4.102　英国海上漂浮假目标

4. 陆基雷达无源干扰系统

陆基雷达无源干扰系统主要有车载式雷达无源干扰设备和单兵应用的手持式雷达无源干扰火箭。

1）车载式雷达无源干扰设备

这种设备用于干扰战场侦察雷达、掩护炮兵发射阵地及部队机动等。利用炮位侦察雷达对炮弹飞行弹道进行探测，可推算出发射炮位。车载式雷达无源干扰设备在弹道的升弧段抛撒箔条形成干扰走廊，可以遮盖火炮的部分弹道，干扰炮位侦察雷达，掩护炮兵阵地。车载式雷达无源干扰设备还可用于投放箔条干扰诱饵，保护地面目标，对抗攻击目标的导弹末制导雷达。在野战防空作战中，在敌方飞机突防的低空或超低空域，采用箔条干扰，形成模拟地形，欺骗敌方突防飞机的地形跟踪雷达和地形回避雷达，迫使其爬高，为前方地面警戒雷达及时发现敌情并引导火力部队反突防创造条件。车载式雷达无源干扰设备一般由干扰火箭、发射系统、控制设备、运载平台等部分组成，如图 4.103 所示。控制设备是系统的信息输入、处理和设备控制中心；接收威胁信息、战场环境信息，做出本系统作战决策，装订干扰火箭发射参数、控制干扰火箭发射、管理和监控系统运行等。一般来说，无源干扰设备应有自动、半自动、人工控制多种控制方式。在自动工作方式下，系统将根据作战任务和作战环境数据输入，自动决策和控制干扰火箭发射；在半自动工作方式下，系统战术决策和发射控制以人工输入为主，并由控制设备控制运行。手动工作方式用于部分设备出现故障时，系统的部分操作由人来完成，如人工操纵发射装置转动、俯仰等。发射装置一般为发射角度可调控的多管火箭炮。干扰火箭按发射参数将箔条投放到预定空间。

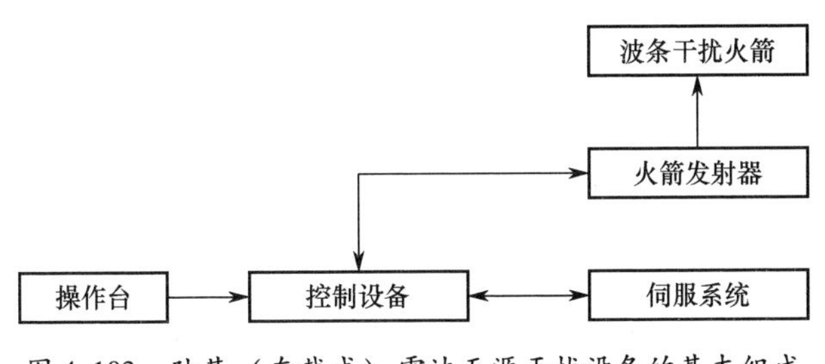

图 4.103　陆基（车载式）雷达无源干扰设备的基本组成

英国研制的 RJWpJl5ET 电子对抗系统是陆基干扰火箭发射系统，不仅是一个典型的陆基雷达无源干扰系统，更是一个具有雷达对抗、光电对抗乃至特种作战能力的综合型对抗装备。这一特点代表了陆基雷达无源干扰设备的发展趋势。它通过发射箔条干扰火箭对抗机载和导弹制导雷达；通过快速释放烟幕保护军事设施免遭飞机、激光与电视制导导弹的攻击；通过快速释放大量空中系留障碍物防御低空飞机攻击。RAMPART 用于保护机场和导弹发射阵地等关键军事区域免受空中攻击。

2）手持式雷达无源干扰火箭

这种火箭是机动灵活、具有多种用途的单兵装备，也是一种以箔条包为战斗部的小型火箭，如图 4.104 所示。

手持式雷达无源干扰火箭用于装备地面作战小分队。在前沿战场和地形复杂、交通不便的山地高原作战环境中，对敌方空对地、地对地战场侦察雷达实施无源干扰，掩护地面部队士兵、坦克、装甲车和汽车的作战行动，使之免遭来自地面或空中的袭击；或者对敌方进行欺骗性干扰，制造部队佯动的假象；在野战防空中，为己方地面警戒雷达发现敌情、引导火力创造条件；用作信号联络工具，利用它发射后所形成的箔条云为己方雷达指示目标位置或机动方向等。

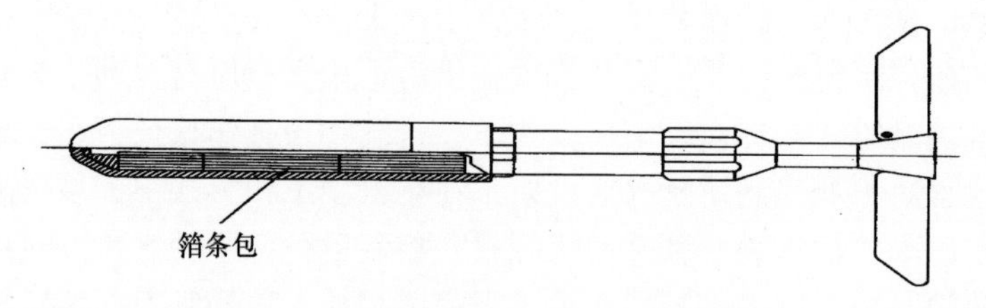

图 4.104 手持式雷达无源干扰火箭

3）典型陆基雷达无源干扰设备

较为典型的陆基干扰火箭发射系统是英国研制的 RAMPART 电子对抗系统，它不仅是一个典型的陆基雷达无源干扰系统，更是一个具有雷达对抗、光电对抗乃至特种作战能力的综合型对抗装备。这一特点代表了陆基雷达无源干扰设备的发展趋势。它通过发射箔条干扰火箭对抗机载和导弹制导雷达；通过快速释放烟幕保护军事设施免遭飞机、激光与电视制导导弹的攻击；通过快速释放大量空中系留障碍物防御低空飞机攻击。RAMPART 用于保护机场和导弹发射阵地等关键军事区域免受空中攻击。

第 5 章　雷达对抗系统的发展趋势

5.1　雷达对抗总体发展趋势

雷达对抗技术是研制高性能雷达对抗系统的基础，根据目前电子战高新技术的发展现状，雷达对抗总体发展趋势如下。

1. 扩展雷达对抗的频率覆盖范围

随着多参数捷变、米波、毫米波、扩谱、跳频等新型雷达广泛应用于战场，宽频谱响应已成为提高雷达对抗系统作战能力的一个重要方面。预计将来各种雷达对抗系统的频率覆盖范围为：雷达侦察告警 0.03 ~ 40GHz，可扩展到 75 ~ 140GHz；雷达干扰 0.1 ~ 40GHz，可扩展到 94 ~ 105GHz。

2. 提高雷达对抗侦察接收机的性能

在高度信息化的战场上，各种新体制雷达在战场上的应用比例将迅速增加，雷达对抗侦察接收机将面临高密度、高复杂波形，宽频谱捷变的雷达信号环境的威胁，因此必须提高雷达对抗侦察接收机的灵敏度、动态范围、测频和测向精度，以及适应密集、快速多变的信号环境能力，以适应未来雷达对抗的需求。

3. 人工智能在雷达对抗中的应用

人工智能是当代计算机科学的一个重要分支，主要研究用机器来模拟人的思维或决策过程，从而实现人类某些知识智能的活动。例如，学习、思考、判断、对话、图像理解、普通人类语言理解等思维活动，是一种具有人的一定智能和经验的知识系统。因此，人工智能化是今后实现雷达对抗系统智能化、自适应能力的一种关键技术。研究的技术包括：情报搜集、分析、处理和综合；目标识别和辐射源位置的实时数据处理；威胁告警和评估；干扰功率管理；多传感器信息融合及雷达对抗系统智能管理等方面。

4. 发展计算机实时控制的自适应雷达对抗技术

在现代战争中，电磁信号环境复杂、密集、快速多变，为了在这种电磁环境中对多传感器信息进行实时的综合处理，新一代雷达对抗设备必须以实时数字控制、自适应信号处理及功率管理等技术为基础，对动态变化的威胁做出快速反应。

5. 研究分布式干扰技术和毫米波对抗技术

雷达接收设备空间抗干扰措施及组网技术获得日益广泛的应用，使大功率集中式干扰机的效能大大降低。为了提高干扰效率，减小干扰功率，提出了分布式电子干扰的概念，它可以有效对抗新一代雷达系统。

6. 探讨低截获概率雷达的侦察和干扰系统

在未来高技术战场上，各种低截获概率的新型雷达将大量应用于各种作战平台，因此，必须开展对低截获概率雷达的各种截获、分析、识别、定位及干扰技术。

7. 研制新型无源干扰器材和投放技术

无源干扰是一种低成本、实用且有效的雷达对抗手段，研究新的无源对抗技术是发展雷达对抗技术的一个重要方面，主要的技术发展方向如下。

从气动特性、频带宽度、雷达反射面积、综合特性、极化形式、投放时机、效率、材料等方面研究箔条的基本特性，生产、包装工艺和运用的技术。

（1）研究能干扰多种雷达的宽频带、大容量箔条干扰技术。

（2）利用机载雷达告警系统控制投放的技术。

（3）箔条自动切割技术。

（4）提高极化干扰能力的技术。

（5）研制新型无源干扰投放技术。

（6）欺骗性更强的假目标技术。

（7）能干扰毫米波雷达的毫米波箔条、毫米波角反射体及毫米波等离子体等技术。

5.2　雷达对抗技术的发展趋势

1. 雷达告警技术发展趋势

雷达告警设备已经成功运用于多种武器平台，今后需要解决的关键技术和可能的发展趋势归纳起来有如下几点。

1）宽频带全极化天线技术

对告警设备的宽频带要求能够达到0.1～140GHz。怎样构造体积小、可靠性高，而电气性能在这么大的频率范围内尽量不发生大的变化的天线是一个技术关键。

2）小型化的测频接收机技术

雷达告警设备所要求的测频精度不高，但是要求它们简单、小巧、可靠，测频速度快，且具有多路输出。目前有两种方法可用作瞬时测频：一种是采用滤波器组；另一种是采用鉴频方式。

3）高精度测向技术

雷达告警设备利用瞬时测向技术，由于天线的安装受平台限制，所用的天线不能很多。在这种情况下，测向精度的提高比较困难。这一关键技术实际上包括两大部分：一是测向算法；二是设备与平台的集成。

4）高速信号处理技术

信号处理的高效、快速、正确是雷达告警的又一关键技术。雷达告警很大程度上是借用情报侦察设备中正在迅速发展的技术成果，但不同的是告警不能容许过长的时间。因此，实时处理就成了雷达告警设备的一个关键技术。

雷达告警设备是目前世界上使用数量最多且最成熟的电子对抗设备，其主要发展趋势包含两个方面。一是发展告警功能与支援侦察功能相互兼容的综合告警系统。随着战场雷达信号环境日趋复杂，现代雷达告警系统的结构也越来越复杂，其功能几乎与雷达对抗支援侦察系统的功能相同，因此，完全可以把这两种功能综合在一起，使一个系统同时能完成告警和支援侦察两种功能，从而大大提高系统的作战效能。典型的系统如美国为 F-22 战斗机研制的一体化电子战系统。二是把雷达告警功能扩展为战术态势评估功能，即在雷达告警系统中采用比较复杂的数据融合等新技术，把来自各种传感器的信息进行综合、合成、关联和评估，最终以战场态势图像的形式显示给机组人员，使他们能实时地掌握战场环境态势，并能自动地根据威胁环境，控制机上数量有限的有源雷达诱饵的投放时机和投放数量，以对付敌方的攻击。

2. 雷达对抗情报侦察技术的发展趋势

雷达对抗情报侦察未来需要解决的关键技术和发展趋势如下。

（1）雷达信号方位快速精确测量技术。

（2）高灵敏度与大动态范围接收技术。

（3）雷达信息的有效提取技术，包括脉内细微特征与雷达指纹特征提取。

（4）密集信号环境的适应性及对多信号的分选和识别能力。

（5）对雷达信息的有效提取。

（6）雷达信号情报分析技术。

3. 雷达对抗支援侦察技术发展趋势

雷达对抗支援侦察未来需要解决的关键技术和发展趋势如下。

（1）战场态势快速感知技术。

（2）全概率快速接收处理技术。

（3）雷达辐射源快速识别技术。

（4）雷达个体识别技术。

4. 雷达有源干扰技术的发展趋势

雷达干扰和抗干扰技术具有很强的针对性，因此新型雷达抗干扰技术的出现，总是会迫使雷达干扰人员去研究新的对抗方法；同样，新型雷达干扰技术的出现，也总是会迫使雷达抗干扰人员去研究新的抗干扰方法。因此雷达干扰和抗干扰技术总是相互促进，相互斗争而发展起来的，只要它们之间的斗争不结束，它们的发展也不会结束。为了对付当前的雷达威胁，雷达干扰呈现综合化、分布化、灵巧化的发展趋势。

1）宽带固态相控阵干扰技术

相控阵技术具有阵元功率空间合成、波束指向灵活等特点，因此它能在多个方向上同时对多个目标实施大功率干扰。固态相控阵应用固态有源阵列，比集中馈电的大功率行波管阵列或多波束行波管干扰阵列具有低电压、长寿命、高可靠性等优点。因此，宽带固态相控阵干扰技术是继20世纪70年代末期出现的多波束干扰技术之后又一个雷达干扰技术的突破。

2）分布式干扰技术

分布式干扰是为掩护特定区域内的目标或在某一区域内制造假的进攻态势，由按一定规律布放的干扰机组网而形成的一种干扰技术。

分布式干扰提出的背景：①雷达超低副瓣天线、副瓣对消等抗干扰措施的采用使得副瓣干扰异常困难，从而采用少量干扰机难以掩护大区域内的作战目标，只有应用数量众多的主瓣干扰机，才容易掩护大区域内的作战目标；②雷达组网使传统的“一对一”的干扰样式可能失效，必须发展“面对面”的干扰。分布式干扰是实现“面对面”干扰比较经济、现实的途径。

分布式干扰实施的方法：①根据所要求的目标俺护区域或佯攻区域，合理地布放干扰机，以使干扰信号能从雷达主瓣进入，且使主瓣干扰扇面覆盖所要求的目标掩护区域或佯攻区域；②干扰时机与干扰持续时间由作战指挥协同控制，使干扰时机与整个进攻计划同步；③干扰方式可以根据作战需要预置或程控、遥控，以产生掩护性的噪声干扰或假目标干扰。

3）高逼真度欺骗干扰技术

现代雷达采用脉冲压缩技术之后，脉压比可以达到几百至几千，脉冲多普勒雷达的相干积累系数也可以达到几百至几千。由于噪声干扰信号与相干雷达接收机失配，因此当目标回波信号和噪声干扰信号共同进入相干雷达接收机后，噪声干扰会产生几百至几千倍的干信比损失，故噪声干扰对相干雷达的干扰效率很低。

为了提高干扰效率，要求干扰信号具有与目标回波信号相似的特性，以使干扰信号与雷达接收机基本匹配，减少雷达接收机对干扰信号的处理损失。这种与目标回波信号特征相似的干扰信号称为高逼真的欺骗干扰。此时，干扰信号已不呈现噪声特性，而呈现假目标的特性。

为使干扰信号特性与目标回波相似，要求应用非常复杂的技术，因为现代雷达的脉内调制非常复杂，有的还要求脉冲之间射频相位相干，以便脉冲串通过多普勒窄带滤波器时能被相干积累。目前，产生高逼真欺骗干扰的主要方法是应用数字射频存储（DRFM）技术。

数字射频存储器将接收到的雷达脉冲高速采样、存储，然后将存储的雷达信号样本经过调制或延迟以后发射出去，以便在不同的速度和距离上产生假目标。由于现代雷达脉冲波形复杂、频谱很宽，为把雷达信号的细微特征存储下来，要求数字射频存储器的采样速率很高，通常达到几百至上千兆赫兹，从而给信号的采集、存储、传输、复制带来很大困难，使数字射频存储器的制作成本提高，它带来的好处是对现代雷达的干扰效率很高，而且往往使雷达难以识别和抗干扰。

4）毫米波干扰技术

毫米波雷达具有比微波雷达高得多的目标成像能力和窄波束抗干扰能力，具有比红外、激光、可见光高得多的云雾穿透能力。因此，随着毫米波功率源和毫米波器件的进展，毫米波雷达在导弹末制导设备中得到越来越广泛的应用，从而使毫米波干扰提到比较迫切的日程上来。

毫米波雷达与微波雷达在抗干扰性能方面具有下列特殊性：一是毫米波雷达波束很窄，因此当干扰装备偏离雷达主瓣方向时，侦察和干扰都比较困难；二是毫米波雷达由于大气损耗的影响一般都在近距工作，加之其波束很窄，使副瓣侦察、干扰困难，因此毫米波雷达干扰的作用时间很短，要求干扰响应时间很快；三是毫米波雷达工作频率高，工作频带宽，使频率侦察、频率引导比较困难；四是宽带毫米波功率源和宽带毫米波器件制作比较困难，为此需要采用在微波波段进行信号产生和调制，然后上变频到毫米波，最后放大等一些特殊的干扰设计技术。毫米波对抗需要解决宽带高灵敏度接收、窄脉冲处理、宽带功率放大、快速高精度方位/频率引导等一系列技术问题。

5）灵巧干扰技术

灵巧干扰是指干扰信号的样式（结构和参数）可以根据干扰对象和干扰环境灵活地变化，或者指干扰信号的特征与目标回波信号非常相似的干扰。通常前者称为自适应干扰，后者称为高逼真欺骗干扰。

灵巧干扰提出的背景：①雷达抗干扰技术不断发展，且种类繁多、变化快速，从而使单一、固定的干扰信号样式往往难以对付变化的抗干扰措施，为此必须及时改变干扰信号的样式，以适应不同雷达的抗干扰方式，取得最佳的干扰效果；②脉冲压缩、脉冲多普勒雷达具有复杂、精巧的信号特征，它们使噪声干扰的效果大大降低，为此必须发展精巧的干扰信号样式，以对付复杂的雷达接收处理器。

灵巧干扰实施的方法：①自适应干扰是一种由雷达信号检测、雷达特性分析、干扰样式选择、雷达干扰效果分析、干扰样式调整等环节构成的闭环系统，它能根据不同雷达信号的结构特征，分析雷达的工作状态和工作性能，选择干扰效果最好，针对性最强的干扰信号样式，然后根据雷达干扰效果检测分析的结果，自适应地改变干扰信号形式和参数，以使干扰效果最好；②高逼真欺骗干扰是对雷达信号精确地存储、复制，然后加以适当的调制和转发，以使干扰信号与目标回波信号的特征差异尽可能小，干扰信号与目标回波信号一样能在雷达接收机内进行匹配处理，减小干信比的损失，而且能够使干扰信号出现在所需要的雷达距离门、速度门内，形成符合战术欺骗要求的高逼真度电子假目标。

6）综合对抗技术

综合雷达对抗是为了降低或削弱敌方雷达系统的工作效能，综合利用相互兼容的多种干扰手段，对敌方雷达系统实施的干扰。

综合雷达对抗提出的背景：①雷达对抗技术针对性强，一种对抗技术（手段）通常只能对一两种抗干扰措施有效，至今还没有万能的、完美的对抗措施出现，因此只有使用综合对抗来取长补短，对付多种抗干扰手段；②单部雷达的抗干扰技术已经向综合化方向发展，如相控阵扫描、单脉冲跟踪、副瓣对消、脉冲压缩、相干积累（脉冲多普勒滤波）、变载频、变重频、变脉宽、变波形（脉内调制）等这些相互兼容的抗干扰措施，可以在一部雷达、一种工作模式中综合运用，这种综合的抗干扰措施往往会使任何单一的干扰措施失效，唯有综合对抗才能发挥作用；③雷达的抗干扰技术已经向组网化方向发展，组网雷达在空域、时域、频域上交叉覆盖，探测情报相互交联、相互补充、相互应用，它使传统的“一对一”（一部干扰机对付一部雷达）的干扰措施失效，唯有综合对抗才可能有效干扰雷达组网。

综合雷达对抗实施的方法如下。

（1）单平台雷达干扰措施的综合：①综合运用压制干扰与欺骗干扰，以便在噪声背景中出现转发干扰、电子假目标干扰，扰乱真目标回波信息，使雷达难分真假，提高了假目标干扰的效果；②综合运用有源干扰与无源干扰，使对无源干扰非常有效的对抗措施（动目标指示、动目标检测或多普勒频率选择等）遭受有源干扰（噪声干扰、电子假目标干扰等）的损害，或者对有源干扰非常有效的对抗措施（脉冲限幅取前沿抗拖距电路、单脉冲角跟踪、跟踪噪声源等）却对无源干扰（箔条干扰、诱饵干扰等）无能为力；③综合运用平台内干扰与平台外干扰，如平台上的转发式干扰与平台外的拖曳式有源诱饵综合使用，就较容易把雷达末制导导弹诱骗到诱饵上去；④雷达干扰与其他干扰的综合运用，如指令干扰与雷达干扰相结合，综合对抗导弹的中段和末段制导系统；⑤综合运用电子干扰和硬摧毁，使得对电子抗干扰非常有效的单脉冲跟踪和大功率雷达更容易遭受反辐射武器的杀伤。

（2）多平台干扰措施的综合：①大功率集中式干扰与小功率分布式干扰的综合应用，利用大功率集中式干扰掩护小功率分布式干扰机的投放，再应用接近敌方阵地的小功率分布式干扰机掩护攻击机群的突防；②远距离支援干扰与目标隐身技术综合运用，目标隐身减小了远距支援干扰的功率需求，增大了远距离支援干扰的有效掩护空域，远距离支援干扰减少了隐身目标自卫干扰的使用时间，以及隐身目标的暴露概率；③随队掩护干扰与平台自卫干扰的综合使用，随队掩护干扰减小了平台自卫干扰的压力，使它集中力量对付威胁本平台安全的主要目标。

5. 雷达无源干扰技术的发展趋势

目前，雷达无源对抗系统朝着自适应、智能化和系统综合化方向发展。投放和发射技术是实施雷达无源对抗的重要手段，要想以最少的干扰物来获得最佳的干扰效果，很大程度上取决于投放和发射技术，必须根据作战对象和作战环境实时地决策和投放干扰物。随着综合电子战系统的发展，雷达无源对抗系统将作为各种作战平台和作战体系综合电子战系统的有机组成部分，发挥越来越大的作用。

发展在射频及运动特性等多方面拟真性能较好的假目标和诱饵干扰器材，发展对付微波、毫米波制导导弹威胁的一次性使用的复合型灵巧假目标和诱饵干扰器材，不断提高干扰物和干扰器材的性能，开发新型干扰物和干扰器材，这是雷达无源对抗技术的一个永恒课题。箔条至今仍然是对雷达非常有效的干扰物，继续开发箔条的应用潜力，提高箔条的散射性能和使用性能是雷达无源对抗技术当前和今后的重要研究内容。

发展新的雷达无源对抗手段，等离子体是一种有效的电磁波吸收媒质，人工制造等离子体是一种很有前途的无源对抗技术。

毫米波探测和制导技术近年来取得了重要进展，为了对付毫米波雷达和毫米波制导威胁，发展毫米波雷达无源对抗手段势在必行，包括箔条在内的传统雷达无源干扰物在毫米波对抗中仍具有强大的生命力。

6. 反辐射攻击技术的发展趋势

1）反辐射攻击的关键技术

反辐射攻击武器主要包含两大部分，即引导设备和攻击设备。

引导设备必须有对敌方雷达位置的准确测量能力，其中，全方位、高灵敏度、高精度侦察定位跟踪技术是最关键的技术。全方位保证了对周围所有方向的雷达进行侦察；高灵敏度保证设备有较远的侦察作用距离，可在敌方雷达发现己方之前发现雷达；高精度保证测量雷达位置的准确。

对于攻击设备，无论是反辐射导弹、反辐射无人机和反辐射炸弹，弹上（机上）的反辐射导引头技术都是一项重要的关键技术，小型化高精度宽带测向技术、自适应雷达参数搜索与跟踪技术、抗雷达关机跟踪技术、抗诱饵技术、低成本设计等是导引头技术的关键所在。

反辐射武器是一次性使用的武器，战斗消耗很大，同时由于导弹（无人机等）的尺寸较小，导引头的小型化低成本设计就显得相当关键。在作战中，敌方的雷达阵地为防止反辐射武器的进攻，必然要采用很多种对抗方法，因此，上面提到的抗关机、抗诱饵、自适应雷达参数跟踪技术均成为影响反辐射武器命中率的关键技术。

2）反辐射攻击武器的发展趋势

反辐射攻击系统是电子战武器装备系列中有效的硬杀伤武器，经过 30 多年的研究，取得了很大的发展，目前正向超宽频带、复合制导、高精度、远射程（航程）的方向发展，以提高反辐射武器的攻击效果及攻击目标范围，主要的发展趋势如下。

（1）采用复合制导。

早期的反辐射武器制导方式一般采用单一的微波被动寻的导引方式，可以采用雷达关机和欺骗干扰等方法来破坏导引头的正常工作，从而影响反辐射武器的命中精度。为提高命中率，现代反辐射攻击技术在制导方法上采用了各种各样的复合制导方式。

① 被动寻的 + 主动雷达末制导（有厘米波与毫米波雷达制导等形式）。该方式主要在反辐射导弹中应用，导弹攻击轨道的初段和中段采用被动微波导引头制导，末段采用主动雷达末制导导引头制导，既可以保证对地面辐射源的确认和攻击，也可有效地对付攻击末段的各种干扰，实现高精度的攻击。

② 被动寻的 + 电视末制导。该方式在反辐射导弹和反辐射无人机中将得到一定的应用，导弹攻击轨道的初段和中段采用被动微波导引头制导，末段采

用电视末制导导引头制导，既可以保证对地面辐射源的确认和攻击，也可有效地对付攻击末段的各种干扰（烟幕干扰除外），实现高精度的攻击。

③ 被动寻的+红外末制导。该方式一般可在反辐射导弹和反辐射无人机中应用，导弹、无人机攻击轨道的初段和中段采用被动微波导引头制导，末段采用红外末制导导引头制导，既可以保证对辐射源的确认和攻击，也可有效地对付攻击末段的各种干扰（红外干扰弹除外），实现高精度的攻击，特别适用于对运动目标的攻击。

④ GPS 中段制导+被动寻的+红外\主动雷达\电视末制导。该方式主要在实施远程攻击的反辐射无人机中应用，无人机攻击轨道的初段和中段采用 GPS 制导，根据目标的大致地理坐标及无人机所处空间位置引导无人机飞行，飞临目标区前沿后采用被动微波导引头制导，末段采用电视、红外、主动雷达等末制导导引头制导，可以保证对远距离目标的攻击和对地面辐射源的确认和攻击，可有效地对付攻击末段的各种干扰，提高反辐射无人机的攻击精度。

（2）增大航程。

“百舌鸟”“哈姆”等反辐射导弹作用距离都在 20~30km，属于近程导弹，由于战机距敌方导弹阵地较近，因此比较危险，在“百舌鸟”的战例中就有这种情况。国外目前正在研制中远程反辐射导弹，增加攻击的隐蔽性和载机的安全性，如俄罗斯研制的“X31П”反辐射导弹，有效射程据称可达 100km 左右。此外，南非研制的反辐射无人机“LARK”，有效飞行距离可达 400~800km。

（3）增大爆炸威力。

采用高效能的战斗部，提高单位体积炸药的爆炸威力以扩大战斗部的有效杀伤半径（采用所谓高爆战斗部）；采用高性能的引信（高精度的激光近炸引信与高可靠的触发引信等），以便当反辐射武器处于对雷达破坏力最大的位置时使战斗部起爆，提高反辐射攻击系统的作战威力。

（4）扩展工作带宽，扩大攻击范围。

攻击目标正在由单一的雷达发展成能攻击各种辐射源的武器，导引头工作频带从传统的雷达频带（1~18GHz）分别向两端延伸，低到米波频段，高到毫米波、红外、紫外频段，这是反辐射武器很诱人的一种发展前景，从而能将世界上各种辐射源列入攻击范围内，包括了诸如各种通信设施的电磁辐射、电视发射台、核电站的电磁泄漏、发电站的热辐射，甚至一些大型工业设备的电磁泄漏等。当然，要达到这些目标，技术上将会有很大的难度。

5.3 雷达对抗系统的发展趋势

雷达对抗系统总是伴随着雷达对抗技术发展和电子战作战需求的变化而不断发展和更新的。随着雷达对抗技术的发展和电子战内涵的不断拓宽，雷达对抗装备的发展可能将主要集中在下列几个方面。

1. 雷达对抗系统趋于综合集成化

雷达对抗系统的综合集成化包括两层涵义：一是平台级的综合集成；二是区域级大系统的综合集成。

1）平台级雷达对抗系统的综合集成

平台级雷达对抗系统综合化是一种初级的综合集成系统，用于提高各种作战平台自身的雷达对抗总体作战效能，把平台内的雷达告警、雷达对抗支援侦察、雷达有源干扰和无源干扰、一次性使用有源雷达诱饵及反辐射武器等雷达对抗设备有机地集成在一起，构成一个由软件驱动，现场可编程的多功能互补和资源共享的综合雷达对抗系统，以对付敌方雷达组网的威胁。因此，平台级综合雷达对抗系统是当今雷达对抗发展的方向之一，典型的装备如美国的机载综合电子战系统 INEWS，软、硬电子杀伤一体化的电子战飞机 EA6B 及舰载综合电子战系统 SLQ-54 等。

2）雷达对抗系统与其他电子对抗系统综合集成构成区域级综合电子战系统

现代战争表明，在高技术战场上，整个作战体系的作战效能不再是各作战系统的简单相加，而是倍增关系。这就使战场上所采取的任何作战行动越来越具有整体性和系统性，从而表现出系统对系统、体系对体系整体对抗的明显特征。显然，在这种体系对抗环境下的电子战，要全方位、全高度、大纵深同时攻击敌人，其先决条件就是把战区内各平台的电子战系统和各种电子战作战手段综合集成为一个陆、海、空、天一体化，远、中、近程和高、中、低空相结合，有源干扰与无源干扰相结合，压制性干扰与欺骗性干扰相结合，支援干扰与自卫干扰相结合，雷达对抗、通信对抗、光电对抗和对其他军用电子设备的对抗相结合，以及软杀伤与硬摧毁相结合的区域级综合电子战系统，充分发挥战区内电子战的整体作战效能，以适应体系对抗的需求。因此，区域级综合电子战系统已成为电子战今后发展的总趋势。典型的装备如英国和法国已研制用于区域级的综合电子战指挥控制系统，英国马可尼公司研制的电子战作战指挥系统（EWCS），该系统由高速计算机、大屏幕显示器、各种微机和软件以及接口部件组成，系统能综合处理来自卫星、遥控飞行器获取的情报，区域性地面情报以及雷达、通信和声纳等传感器获取的情报，并在数据库的支持下，实时地对所有威胁目标进行检测、分析、识别、显示、数据融合与评估，统一控制有源干扰机、有源雷达诱饵、箔条干扰弹、红外干扰弹、漂浮式假目标等有源和无源电子战软杀伤武器，以及抗反辐射导弹诱饵、近程武器系统（CI-WS）、点目标防御导弹（PDMS）等硬杀伤武器协同作战，因此该系统具有指挥控制多个平台电子战系统和硬武器系统协调行动的能力，安装在旗舰上能综合控制海上编队的电子战能力。

法国汤姆逊研制了舰载电子战作战指挥控制情报系统，它是由电子战指控系统和 C^3I 系统综合构成的，可用于取代现有平台的作战指挥系统。该系统通过 TAVITAC 作战信号情报系统或一台专用处理机，把机载电子情报侦察吊舱、舰载、机载电子支援和电子情报系统，各类通信情报系统，各种测向设备、分析器、舰载、机载干扰机，以及反雷达和红外假目标发射等综合在一起。系统能综合处理来自各种传感器所获取的威胁辐射源信息，并自动、瞬时和有选择地变为舰艇的战斗指令，以协调电子战软硬杀伤武器与其他硬杀伤武器的行动。系统具有指挥控制各平台电子战系统协同作战的能力，装在旗舰上，就可把来自本舰电子战指挥控制系统处理的和其他舰艇经 C^3I 数据链传送来的数据，加以数据融合和相关处理，形成舰队战斗指令，以综合指挥控制海上编队电子战行动，使各舰的电子战系统按照旗舰的统一指挥协调行动。

南非也在研制一种多平台综合电子战系统，它是在师级战术电子战指挥控制中心的统一控制下，把各旅级和旅级以下各级的电子支援侦察、电子干扰和各级战术电子战指挥中心综合在一起，而构成的战术级多平台综合电子战系统。

总之，区域级综合电子战是高技术战争体系整体对抗的必然结果。可以预计，随着高技术战争的发展，特别是信息战概念的形成和运用，这种区域级电子战的综合集成将进一步得到发展，并成为信息化战争制胜的关键手段。

2. 升空无人机雷达对抗平台迅速发展

1）无人机的特点

当代的无人机已发展成为能够遂行电子对抗侦察、电子干扰、反辐射攻击及战场目标毁伤效果评估等多种电子战任务的多用途电子战平台，受到军事部门的高度重视。与有人驾驶电子战飞机相比，无人机具有许多独特的优势。

（1）较完善的隐蔽突防能力。无人机体积小、质量轻，易于采用低可观测性的隐身技术，雷达散射面积小，不易被敌方雷达发现，因而可飞临敌方目标区或危险地区上空实施近距离的电子战任务。

（2）有效提高电子干扰效果。作为电子干扰使用时，它可飞临高威胁目标上空盘旋飞行。对雷达辐射源实施近距离的阻塞干扰、假目标欺骗干扰和无源箔条干扰，因而可用简单的小功率干扰机，在最佳位置施放干扰，特别是由于能够接近目标进行干扰，因而不需要太精确的目标瞄准、频率引导，就可实施阻塞式干扰，从而既可大大提高干扰效果，又可避免阻塞干扰对己方电子设备造成的破坏。

（3）软、硬杀伤结合。用导引头与战斗部相结合的反辐射无人机，能够利用敌方雷达信号作为制导信息直接摧毁敌方雷达辐射源和杀伤操作人员，给他们造成强大的心理压力。

（4）其他。无人机还具有操作简单、部署快捷灵活、实时性强、可回收及效费比高和避免飞行员伤亡等优点。

因此，在未来信息化战场上，作为一机多用的无人机是战场信息获取和信息压制的一种理想电子战平台，各种用途的电子战无人机与各种电子战手段相结合，互为补充，成为战术电子战的一个重要组成部分。

2）无人机的类型

20 世纪 80 年代末，特别是海湾战争以后，世界上已掀起一股发展军用无人机的热潮，重点研制和装备电子战用的无人机，概括起来有下列几种类型。

（1）战场侦察、监视无人机。这类无人机是今后一段时间的重点发展方向。该无人机通常可装备电子情报和通信情报侦察设备、合成孔径成像雷达及红外照相机等侦察设备，主要用于在战场纵深地区遂行电子情报侦察、目标监视和战场目标毁伤效果评估任务。典型的装备如美国在波黑使用的“蚊”“捕食者”无人机等。

战场侦察、监视侦察无人机的发展和应用，为航空电子侦察增加了一种新的手段，与有人电子侦察飞机相比，其性能更优越、使用更经济。种种迹象表明，侦察无人机将成为 21 世纪的主要侦察力量和战场侦察主角，它将与电子侦察、照相卫星一起担负全球的侦察与监视任务。

（2）电子干扰型无人机。这类无人机主要是装备雷达对抗、通信对抗和光电对抗等电子战设备，飞临目标区上空对敌方雷达、通信、光电等军用电子设备实施近距离压制性干扰或欺骗性干扰任务，以掩护攻击机群的安全突防。典型的电子干扰型无人机如美国在海湾战争中使用的“先锋”干扰型无人机、美国陆军的“苍鹰”无人机及德国与法国合作研制的“杜肯”无人机等。

预计电子干扰型无人机将成为 21 世纪信息化战场上实施先期防空压制掩护攻击机群安全突防的重要手段之一。

（3）诱饵型无人机。这类无人机的作用是在战区前沿利用有源雷达转发器或无源箔条、角反射体等模拟攻击飞机，以引诱敌方雷达开机和发射导弹攻击，为己方情报搜集、确认已查明的雷达辐射源的配置情况和位置，发现潜在的新威胁提供目标指示；模拟大型机群或舰艇编队进行佯攻，以迷惑敌人，使其防空雷达无法判明敌情；在攻击机群到达之前，投放大量无源干扰箔条，使作战空域饱和，干扰和压制敌防空系统。因此，诱饵无人机在未来高密度电磁信号环境中支援攻击机群安全突防有十分重要的作用，是今后无人机发展的重要方向之一。典型的诱饵无人机如美国在海湾战争大量使用 BQM-74 和 ADM-141、以色列研制的 DelilaIo 型 SANOM 一次性使用的诱饵无人机。

（4）反辐射无人机。反辐射无人机是未来信息化战场上用于对敌防空电子系统进行先期攻击，以压制敌方防空，掩护己方攻击机群实施空中打击的一种重要电子战硬摧毁武器装备。它可飞临敌方目标区上空巡航待命，一旦导引头截获和跟踪敌方防空雷达辐射源，就对准辐射源直接俯冲攻击和杀伤操纵人员。因此作为“先发制人”硬杀伤的反辐射无人机也是今后无人机系统发展的重要方向之一。目前正在研制或装备的反辐射无人机有几十种，其中典型的如美国的 AGM-136A “默红”、以色列“哈派”反辐射无人机、南非的“云雀”反辐射无人机等。

3. 发展平台外一次性使用的有源雷达诱饵

就隐身平台自我保护措施而言，雷达干扰仍是重要的平台保护措施之一。但为了避免暴露平台本身，除了尽可能应用小功率干扰机，更注重于采用平台外一次性使用的有源雷达诱饵，以诱骗导弹末段攻击的末制导系统，使其偏离瞄准目标而自毁，而不是利用复杂而昂贵的机载雷达干扰机对导弹攻击的全过程实施干扰。因此，平台外自卫干扰新概念为对抗导弹攻击开辟了一种极有希望的自我保护手段，它与平台内的自卫雷达干扰机相配合，既可减轻对平台内干扰机的要求，简化干扰机的结构，又可更有效地提高平台的自卫能力和隐身能力。

目前，国外正在研制或装备的一次性使用有源雷达诱饵有自由飞行式和拖曳式两类。自由飞行式有源雷达诱饵有投放式、伞挂式和空中悬停式 3 种形式。投放式有源雷达诱饵如美国海军研制的“通用一次性使用有源雷达诱饵”Gen-X，由海军战斗机上的标准 AN/ALE39 和 AN/ALE-47 无源干扰发射器发射到离飞机危险区外一定距离后，按指令搜索雷达目标，如搜索到目标信号，便发射与雷达信号特征非常相似的干扰信号，欺骗各种雷达制导导弹的攻击。伞挂式有源雷达诱饵如英国的“海沃”，该诱饵在软件控制下可产生复杂的干扰波形，对导弹末制导雷达实施最佳干扰。空中悬停式有源雷达诱饵如澳大利亚的 Nulka，在截获到来袭反舰导弹的末制导雷达信号后，使用大功率转发该雷达信号，以欺骗导弹的攻击。

拖曳式雷达诱饵是利用绳缆或光纤等把投放出去的诱饲拖曳在离飞机或舰

艇一定距离处。其中，机载绳缆式拖曳诱饵有美国空、海军正在装备的“先进机载一次性使用诱饵”ALE-50，主要用于对抗地空导弹和控制高炮的单脉冲和脉冲多普勒雷达威胁；机载光纤拖曳式诱饵如美空、海军正在研制的“综合防御电子对抗系统”中射频对抗子系统采用的“更灵巧”的大功率有源雷达诱饵，它不仅能转发威胁雷达的信号，而且能利用各种干扰技术来诱骗威胁导弹。

用于保护舰艇免受反舰导弹攻击的舰外有源雷达诱饵有美国海军的舰载TOAD有源雷达诱饵、LURES雷达浮标诱饵和舰载拖曳式小型无人机等。TOAD有源雷达诱饵安装在一艘离舰艇约300m处的小型船只上。当诱饵截获到威胁导弹的雷达制导信号后，立即自动转发一个合适的回波信号，把来袭导弹引偏。LURES诱饵浮标是一种以火箭为动力、漂浮在海面上的有源雷达诱饵，由舰载MK36无源干扰发射器发射，用于保护驱逐舰级的舰艇，拖曳式小型遥控飞行器有“飞行雷达目标”FLYRT和“渴望雷达诱饵”ATD两种。FLYRT由小型固体火箭从MK36无源干扰发射器发射后，绕着舰艇做预编程航线飞行，并截获反舰导弹的末制导雷达信号，经放大后转发出去，形成诱饵目标，是一个重复转发式雷达诱饵；ATD飞行器是用光缆与舰艇相系，用光纤电缆给飞行器上雷达干扰机传送控制信号。据称这种小型遥控飞行器可容纳不同的有效载荷，以承担多种任务。

4. 加速发展反雷达硬杀伤武器

近代高技术局部战争表明，随着攻防体系日趋严密和完善，无论在进攻或防御过程中，任何作战平台都会受到敌方的各种雷达探测预警网的严密监视、跟踪，以及陆、海、空多维平台的“灵巧武器”多层次拦截打击。因此，为使作战平台以最小的损失率顺利完成战斗使命，其首要使命就是压制敌方雷达探测预警网和雷达控制的综合火力网。目前采用的对敌方防空压制的电子战手段，一是采取专用的电子干扰飞机和机载自卫干扰系统，干扰敌方防空雷达和武器控制与末制导雷达，使其失效；二是更彻底地采取硬杀伤的防空致命性压制兵器，“先发制人”地摧毁敌方各种防空和末制导雷达使其永久失效。因此，加强反雷达硬杀伤能力已成为今后雷达对抗的优先发展方向，主要手段包括反辐射攻击和高功率微波杀伤等。

1）改进和研制新的反辐射武器

目前应用最广泛的防空压制武器是反辐射导弹。自从1964年美国在越南战争中使用第一代“百舌鸟”反辐射导弹以后，中间经过改进的第二代AGM-78A“标准”型反辐射导弹，到1981年发展了第三代高速反辐射导弹AGM-88A“哈姆”。1991年的海湾战争中，美军发射了2000多枚“哈姆”导弹，约击毁伊拉克250部防空雷达，充分显示了反辐射导弹的威力。为了提高导弹的攻击能力，目前已对“哈姆”导弹进行改进，其中包括采用更先进的小型化导引头，加装含有已知威胁雷达信号特征的数据库等。目前正在发展采用毫米波导引头的第四代“哈姆”反辐射导弹，以及研制空-空、空-舰、地-空、地-地等新型反辐射导弹。反辐射导弹载机从20世纪60年代的F-105发展到目前的F-4G“野融鼠”型、F-15、F-16、F/A-18战斗机及EA-6B电子干扰飞机等。加强对敌方防空压制的另一种重要手段是发展“反辐射无人机”和“反辐射炸弹”。

2）研究新概念对敌方防空压制武器平台

为了适应21世纪防空压制的需求，目前美国正在研究对敌方防空压制的新概念，它包括“反应性防空压制”“先发制人摧毁”和诱饵。反应性防空压制是平台级对敌防空压制，主要用于保护飞机免受地-空导弹的攻击。其主要反雷达杀伤平台是安装“哈姆”反辐射导弹、ALQ-213“哈姆”目标导向系统吊舱等。目标导向系统用精密测向技术将目标距离、仰角和方位数据传送到驾驶舱的战术态势显示器上，使飞行员能在关键的“已知距离”（导弹瞄准距离以内）状态下发射“哈姆”反辐射导弹。

“先发制人摧毁”是战役级对敌防空压制，主要任务是系统地摧毁难于预料的移动式地-空导弹发射阵地，为该地区的攻击部队铺平通道。因此，这种反雷达硬杀伤不是为攻击机群提供保护（不仅仅是摧毁敌雷达天线），而是直接用于大量摧毁敌地-空导弹，为攻击机群的纵深突防扫清道路。

3）发展高功率微波武器

由于当代高技术武器和作战平台中依靠雷达的占绝大部分，因此，破坏摧毁武器和平台中的雷达系统就成为雷达对抗的主要目标。近年来，为了适应未来高技术战争新的雷达对抗需求，西方国家正在研制杀伤破坏力更强的高功率微波武器，包括可重复使用的高功率微波定向发射武器和电磁脉冲武器。这类武器发射千兆瓦级脉冲功率的微波能量，以接近光波的速度直接照射目标，可烧毁雷达系统中的电子器件、电路和敏感的传感器，使其造成永久性的损伤而失效。

5. 无源探测定位系统将成为一种新的电子战装备

从无源探测定位系统的特点和工作原理可以看出，它在现代强电磁环境中占有与雷达有源探测定位同等重要的地位，是未来对付空中预警机、电子干扰飞机、隐身飞机等高威胁目标及其他大功率辐射源的重要电子战手段。美国把无源探测定位看作是一种重要的反预警机、反隐身手段，目前已在研制一种用于反预警机的远程无源定位系统。英国执行的一项地面防空系统计划中的重要组成之一就是利用3～4个站组成无源探测系统对辐射源或干扰源进行跟踪和无源定位。俄罗斯已研究一种用于定位大功率辐射源的“卡尔秋塔”无源探测定位系统。捷克研制出用于探测隐身飞机的“塔玛拉”无源探测定位系统。

可以预计，在未来高密度复杂的强电磁环境中，作为一种重要电子战手段的无源探测系统的作用将日益突出，特别是利用无源探测网与雷达有源探测网组成的“新型”探测定位网在21世纪的防御系统中占有特殊的地位，它与隐身技术相结合，将使敌人强大的攻击体系从优势转为劣势。美军指出，今后防御系统将普遍采用有源、无源和遥感等相结合的综合探测技术，以对付密度日益增强的威胁目标，因此，无源探测已被美国列为国防部关键技术之一。

6. 研制分布式电子干扰系统

为了实施分布式电子干扰，必须研制体积小、质量轻、价格低的分布式干扰机，提供简便实用的投放手段或运载平台，并能实施干扰控制。

1）分布式干扰机

分布式干扰机通常是投放到敌方空域或地域上的一次性使用的干扰装置，因此干扰机到被干扰目标之间的距离大约是大功率集中式干扰机的1/10。

分布式干扰实施主瓣干扰和多方向干扰，能挫败敌方的低副瓣天线、副瓣匿隐、副瓣对消、波瓣自适应调零等抗干扰措施，分布式干扰与大功率集中式副瓣干扰相比，由于挫败了敌方的空间选择抗干扰措施，可使干扰功率降低40～60dB。

综合考察距离因素和抗干扰因素，为在敌方接收机中产生一定的干扰强度，分布式干扰机的有效辐射功率大约可比集中式干扰机降低60～80dB，分布式干扰机的数量与要求的干扰压制区域、被干扰设备的空间选择抗干扰措施有关，一般为几十部至上百部。分布式干扰要求的发射功率低，这是研制体积小、质量轻、价廉的分布式干扰机的基础，也是减小分布式干扰总体耗费的关键。现代微波集成技术和高能电池的发展，为研制质量轻、体积小的分布式干扰机提供了技术基础，分布式干扰机的批量生产，也有利于降低它的生产成本。美国德克萨斯仪器公司应用单片微波集成电路和砷化镓技术生产的GENE-X投掷式干扰机，是一种超小型的有源干扰诱饵，可放在手掌心里，可以用AN/ALE-39箔条弹投放器投掷，这实际上就是一种小型的分布式干扰机。

2）分布式干扰机的投放手段

由于分布式干扰机通常质量为公斤量级，体积为拳头大小，因此投放设施可以轻小、价廉。投放设施也是影响分布式干扰机总体耗费的重要因素。

分布式干扰机的投放手段可以是炮弹、火箭、飞机、小型无人机、气球、风筝及人工摆放等。

炮弹、火箭一般用于地面投放，飞机掷投或小型无人机、气球、风筝运载一般用于空间投放，主要用于对雷达网或 GPS 的分布式干扰。

3）分布式干扰机的控制

为了降低分布式干扰机的成本，分布式干扰的控制应尽量简单，如果是集中控制，那么仅仅是发送开机、关机指令。为减小成本、体积、质量，分布式干扰机也可以不要外界控制，收到被干扰目标的信号后自行干扰，信号消失自行关机，这样可以节省电池消耗，也可以免除安装指令接收机的需要。

综上所述，随着电子战装备技术、战术应用的发展及当代高技术发展的推动，21 世纪的雷达对抗将进入崭新的阶段。不仅在装备上会出现新一代软硬杀伤功能更强的雷达对抗系统，而且装载的平台多样化、对抗手段综合化、系统功能自动化、智能化、作战空间立体化，从而能给敌方的雷达网构成致命威胁，在综合电子战中扮演着重要的角色。

5.4 无线电引信对抗技术的发展趋势

随着电子技术的飞速发展，无线电引信对抗技术也和其他电子对抗技术一样，得到了很大的发展，分析研究国内外无线电引信干扰设备的性能以后，可以看出引信对抗技术有以下几个发展趋势。

1. 发展快速、准确的引信干扰技术

越来越多地采用计算机、直接数字频率合成器（DDS）、射频功率合成等新技术，使引信干扰更加快速和准确。

目前，先进的炮位侦察雷达（如美国的 AN/TPQ-37 型雷达）能精确测量引信的位置，可用来引导引信干扰设备的干扰天线指向，并控制施放干扰的时间，避免过早地施放干扰。这样，既可节省干扰能量，又不会启动引信的抗干扰电路，提高了干扰效率。

2. 开展干扰导弹无线电引信的研究

目前，引信干扰设备大都针对常规弹无线电引信。导弹是一种能自动寻的的武器，它能自动跟踪目标，命中目标的概率大，杀伤力大，为此人们开始把目光瞄向导弹的近炸引信，想要通过干扰的办法使导弹早炸、迟炸，消除导弹对目标的威胁。

干扰导弹引信比干扰常规弹引信困难得多。首先，由于导弹的价值远远高于炮弹，导弹的体积和质量比较大，因此，导弹引信比炮弹引信复杂得多，性能也先进得多，具有更强的抗干扰性能。其次，导弹引信的工作时间十分短，地-空导弹或空-空导弹引信的工作时间约为 0.1 ~ 0.5s，对其干扰十分困难，随着电子技术的飞速发展，尤其是计算机技术、数字储频技术、直接数字式频率合成技术的飞速发展，已经有可能研制出快速、准确、先进的干扰设备。可以相信，在不远的将来，干扰导弹引信的先进设备便会出现，使引信对抗的技术水平跃上一个新台阶。

3. 向多用途综合干扰的方向发展

无线电引信对抗设备使用的机会是有限的，只有当敌人使用无线电引信时，才能使用，不打仗或敌人不使用无线电引信，无线电引信干扰设备便派不上用场，为此有人在引信干扰机的基础上，增加了雷达干扰、通信干扰支路，研制成兼顾雷达对抗、通信干扰的引信干扰设备，提高了设备使用效率，成为集雷达对抗、通信对抗、引信对抗于一身的综合对抗设备。

参考文献

[1] 陈学楚．装备系统工程［M］．2版．北京：国防工业出版社，2004.
[2] 王汉功．装备全系统全寿命管理［M］．北京：国防工业出版社，2003.
[3] 耿艳栋．军事航天系统工程［M］．北京：国防工业出版社，2007.
[4] 杨建军．武器装备发展系统理论与方法［M］．北京：国防工业出版社，2008.
[5] 薛惠锋．系统工程技术［M］．北京：国防工业出版社，2007.
[6] Richard A Poisel. 通信电子战系统导论［M］．吴汉平，等译．北京：电子工业出版社，2003.
[7] 孙东川，林永福．系统工程引论［M］．北京：清华大学出版社，2004.
[8] 黄振和．电子对抗装备学［M］．北京：解放军出版社，2004.
[9] 胡来招．无源定位［M］．北京：国防工业出版社，2004.
[10] 丁鹭飞，耿富录．雷达原理［M］．3版．西安：西安电子科技大学出版社，1994.
[11] 熊群力．综合电子战——信息化战争的杀手锏［M］．北京：国防工业出版社，2008.
[12] D C 施莱赫．信息时代的电子战［M］．北京：国防工业出版社，2000.
[13] 杨林．信号互相关实现密集信号脉冲配对［J］．电子学报，1999（3）．
[14] 侯印鸣．综合电子战——现代战争的杀手锏［M］．北京：国防工业出版社，2000.
[15] 赵国庆．雷达对抗原理［M］．北京：电子工业出版社，1999.
[16] James Tsui. 宽带数字接收机［M］．杨小牛，等译．北京：电子工业出版社，2002.
[17] 向敬成，张明友．雷达系统［M］．北京：电子工业出版社，2001.
[18] Merrill I Skolnik. 雷达手册［M］．2版．王军，等译．2003.
[19] 赵国庆．雷达对抗原理［M］．西安：西安电子科技大学出版社，1999.
[20] James Tsui，数字宽带接收机特殊设计技术［M］．张宏伟，译．北京：电子工业出版社，2014.
[21] Phillip E Pace. 低截获概率雷达的检测与分类［M］．陈祝明，等译．北京：国防工业出版社，2012.